"十二五"国家重点图书出版规划项目
世界兽医经典著作译丛
小动物外科系列 ❹

Small Animal
Soft Tissue Surgery

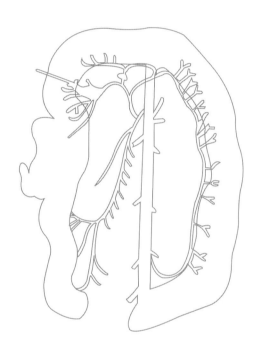

小动物
软组织手术

[美] Karen M. Tobias　编著

袁占奎　主译

U0260329

中国农业出版社

Manual of Small Animal Soft Tissue Surgery

By Karen M. Tobias

ISBN: 978-0-8138-0089-9

©2010 Karen M. Tobias

北京市版权局著作权合同登记号：图字01-2014-0699号

图书在版编目（CIP）数据

小动物软组织手术 ／（美）托比亚斯（Tobias，K.M.）编著；袁占奎译. —北京：中国农业出版社，2014.5（2019.3重印）
（世界兽医经典著作译丛）
ISBN 978-7-109-17544-0

Ⅰ．① 小… Ⅱ．① 托… ② 袁… Ⅲ．① 动物疾病－软组织损伤－外科手术－图解 Ⅳ．①S853.42-64

中国版本图书馆CIP数据核字（2012）第317117号

中国农业出版社出版
（北京市朝阳区农展馆北路2号）
（邮政编码100125）
责任编辑　邱利伟

北京通州皇家印刷厂印刷　　新华书店北京发行所发行
2014年5月第1版　　2019年3月北京第4次印刷

开本：889mm×1194mm 1/16　印张：22
字数：560千字
定价：255.00元
（凡本版图书出现印刷、装订错误，请向出版社发行部调换）

本书翻译人员

主 译

袁占奎

副主译

刘 敏 田 萌

参译人员（排名不分先后）：

徐晓林

中国农业大学教学动物医院

李 慧

中国农业大学教学动物医院

何 丹

北京农业职业学院

李越鹏

中国农业大学教学动物医院

马燕斌

中国农业大学教学动物医院

陈宏武

中国农业大学

田 萌

中国农业大学教学动物医院

刘 敏

中国农业大学教学动物医院

袁占奎

中国农业大学动物医学院

主 审

董悦农 潘庆山

《世界兽医经典著作译丛》总序

引进翻译一套经典兽医著作是很多兽医工作者的一个长期愿望。我们倡导、发起这项工作的目的很简单，也很明确，概括起来主要有三点：一是促进兽医基础教育；二是推动兽医科学研究；三是加快兽医人才培养。对这项工作的热情和动力，我想这套译丛的很多组织者和参与者与我一样，来源于"见贤思齐"。正因为了解我们在一些兽医学科、工作领域尚存在不足，所以希望多做些基础工作，促进国内兽医工作与国际兽医发展保持同步。

回顾近年来我国的兽医工作，我们取得了很多成绩。但是，对照国际相关规则标准，与很多国家相比，我国兽医事业发展水平仍然不高，需要我们博采众长、学习借鉴，积极引进、消化吸收世界兽医发展文明成果，加强基础教育、科学技术研究，进一步提高保障养殖业健康发展、保障动物卫生和兽医公共卫生安全的能力和水平。为此，农业部兽医局着眼长远、统筹规划，委托中国农业出版社组织相关专家，本着"权威、经典、系统、适用"的原则，从世界范围遴选出兽医领域优秀教科书、工具书和参考书50余部，集合形成《世界兽医经典著作译丛》，以期为我国兽医学科发展、技术进步和产业升级提供技术支撑和智力支持。

我们深知，优秀的兽医科技、学术专著需要智慧积淀和时间积累，需要实践检验和读者认可，也需要具有稳定性和连续性。为了在浩如烟海、林林总总的著作中选择出真正的经典，我们在设计《世界兽医经典著作译丛》过程中，广泛征求、听取行业专家和读者意见，从促进兽医学科发展、提高兽医服务水平的需要出发，对书目进行了严格挑选。总的来看，所选书目除了涵盖基础兽医学、预防兽医学、临床兽医学等领域以外，还包括动物福利等当前国际热点问题，基本囊括了国外兽医著作的精华。

目前，《世界兽医经典著作译丛》已被列入"十二五"国家重点图书出版规划项目，成为我国文化出版领域的重点工程。为高质量完成翻译和出版工作，我们专门组织成立了高规格的译审委员会，协调组织翻译出版工作。每部专著的翻译工作都由兽医各学科的权威专家、学者担纲，翻译稿件需经翻译质量委员会审查合格后才能定稿付梓。尽管如此，由于很多书籍涉及的知识点多、面广，难免存在理解不透彻、翻译不准确的问题。对此，译者和审校人员真诚希望广大读者予以批评指正。

我们真诚地希望这套丛书能够成为兽医科技文化建设的一个重要载体，成为兽医领域和相关行业广大学生及从业人员的有益工具，为推动兽医教育发展、技术进步和兽医人才培养发挥积极、长远的作用。

农业部兽医局局长
《世界兽医经典著作译丛》主任委员

原书编写人员

Catherine Ashe, DVM
Cabarrus Emergency
  Veterinary Clinic
  Kannapolis, NC
Scrotal Urethrostomy

Paige Brock, DVM
Knoxville, TN
Rectal Prolapse

Jessica Carbonell, DVM
Veterinary Specialists of
  South Florida, Fort
  Lauderdale, FL
Ovariohysterectomy

Erika Gallisdorfer
Banfield, The Pet Hospital,
  Denver, CO
Cystotomy

Kandace Henry, DVM
Alameda East Veterinary Hospital, Denver, CO
Cystostomy Tubes

Rebecca Tolbert Hodshon, DVM
University of Tennessee Veterinary Teaching
  Hospital,
  Knoxville, TN,
Feline Perineal Urethrostomy

Cam Hornsby, DVM
Legion Road Animal Clinic,
Chapel Hill, NC
Urethral Prolapse

Katherine Kottkamp
Animal Emergency Center, Milwaukee, WI
Perineal Hernia

Sarah Lane, DVM

Animal Medical Center of East County, El
  Cajon, CA
Prepubertal Gonadectomy

Marina Manashirova, DVM
Purdue University
  West Lafayette, IN
Prescrotal Urethrostomy

Ashley McKamey, DVM
Heartland Animal Hospital,
  Boiling Springs, SC
Episioplasty

Martha Patterson, DVM
Camden Animal Clinic
Camden, TN
Prostatic Omentalization

Tara Read, DVM
Ragland & Riley Veterinary Hospital, Rickman,
  TN
Renal Biopsy Techniques

Robert Simpson, DVM
Kingston Animal Hospital, P.C., Kingston, TN
Abdominal Incision

Sharon Stone, DVM,
Valley Animal Hospital,
  Tucson, AZ
Pyometra

Rachel Tapp, DVM
Banfield, Charlotte, NC
Anal Sacculectomy

Amy Joy Wood, DVM,
University of Georgia Veterinary Teaching
  Hospital, Athens, GA
Cryptorchidectomy

前　言

在过去的20多年里，我有机会教授成千上万的学生和兽医不同内容的外科知识。根据听课人员的反馈，我了解到一些事情。普通门诊的兽医呼吁能够在软组织手术方面提供更多的培训，且对那些能够使手术进行得更快、更容易和更成功的小提示和小技巧格外有兴趣。另一方面，这些兽医不想从书本上将无关的信息剔除掉，自己提炼出关键点。他们也喜欢写实的图片，这些图片包括了血管、肠系膜和其他会影响操作的组织。兽医专业学生也在寻找一本他们能够带进实验室或手术室的手册——一本将在培训和职业生涯的所有阶段都对他们有帮助的书。多年来，我从他们那里获得了很多鼓励，鼓励我将我的幻灯片和笔记作为各种教育资源。然而，最终能够完成这本《小动物软组织手术》的冲动来自于田纳西大学兽医学院的2008级学生。在为他们提供培训的第三年，有10余名学生向我咨询申请实习医生的机会。我的答案总是一样的：他们需要向大家证明他们有进取心、动力和交流技巧，就能在申请者中位于前列。我意识到我不可能设计出那么多的原始方案；因此，我提议写一本书来代替。最后，有18名学生成为了本书的撰稿人。在接下来的1年里，2009级的三年级学生编辑了各章，并提供了必要的反馈，尤其在对操作的说明方面。在这些学生的帮助和配合下，本书得以完成。

这就是《小动物软组织手册》一书的故事，我期望这只是个开始。希望在您的参与下，我们能够在将来的版本中加入新的技术以及新的提示和技巧。

Karen M. Tobias

执业兽医，教授

美国田纳西州立大学

目录　Contents

目录　Contents

PART 1

第一部分 皮肤手术
Surgery of the Skin

1 一期伤口闭合
Primary Wound Closure

伤口愈合几乎立即开始于皮肤被切开之后。首先，血凝块形成，密封伤口，为细胞移行提供支架。愈合的炎性期大约在受伤后6h开始。白细胞移行到伤口内开始进行清创。它们还会释放细胞因子、生长因子以及其他能够刺激血管向内生长和组织修复的化学因子。受伤3~5d后，肉芽组织开始代替纤维栓子填充伤口。此时，伤口强度相对较弱。当胶原蛋白的含量增加后，伤口强度开始逐渐增加。胶原累积的最快阶段发生在受伤后的7~14d。在2~3周后，随着胶原含量和纤维方向的改变，伤口开始成熟。

切开的伤口在清洁并缝合之后，上皮在48h内移行并越过切口。上皮还会向伤口内生长并包裹缝线，形成一条通道，这使伤口看起来好像发生了感染。在受伤后10~15d，这些向内生长的上皮开始退化。

伤口愈合会受到各种因素影响，这些因素包括活动、张力、血液供应不良、贫血、营养不良、皮质类固醇、辐射及抗肿瘤药等。系统性疾病如糖尿病、肝脏或肾脏功能失调、猫白血病或肾上腺皮质机能亢进会延迟伤口的愈合。当伤口发生水肿或感染，或者是含有异物或坏死碎片时，愈合时间也会延长。使用激光切开皮肤会增加炎症和坏死的风险，降低伤口的拉伸强度及整形效果。不同物种动物的伤口愈合速度也有区别，例如，相对于犬，猫切口伤的强度增加速度更慢。

通常，当采用Halsted手术原则时，一期伤口闭合更容易成功。这包括：轻柔的组织操作，精确的止血，足够的血液供应，严格的无菌处理，避免张力，仔细的组织对合以及闭合死腔。犬和猫的皮肤伤口通常缝合两层。缝合皮下组织能减少出血、死腔和张力，并且去皮对合能促进上皮化。

术前管理　　诊断和支持疗法的选择应依据不同患病动物的情况。长时间手术时应预防性使用抗生素（在诱导时静脉内给予单次剂量，并在2~6h后给予第二次），因为在手术时间增加到60~90min后感染率会增加一倍。伤口应广泛剃毛和准备，尤其当需要放置引流或推进皮肤时。

手术

可以使用间断或连续缝合法来闭合皮下组织和皮肤。当伤口张力过大或组织完整性成问题时，最好采用间断缝合法。连续缝合法操作起来更快，并且当缝合皮下组织时，在伤口内留置的异物相对较少。如果手术部位是创伤性伤口或者缝线切断了的组织，使用连续缝合法缝合的皮肤更容易发生开裂。使用十字缝合法有助于减少间断缝合法的缝合时间。十字缝合在打结时，可以在第一和第二次缠绕之间留一定的空隙，以便术后组织发生肿胀时释放一定的张力。

相对于简单间断缝合，使用包埋皮内缝合对合皮肤可以带来更理想的整形效果。皮内缝合很难用于缝合薄的皮肤和长切口。比如子宫卵巢摘除术和去势术形成的短切口，可以使用连续皮下—皮内缝合法快速缝合切口。通过使用这种方法，皮下缝合可以直接转换为皮内缝合，将线的末端与皮下缝合开始时的缝线末端打结。

在多数动物，可以使用圆针和3-0可吸收单股缝线闭合皮下组织。使用棱针或圆针及3-0或4-0可吸收线进行皮内缝合。在大型犬，也可以使用圆针及2-0单股可吸收缝线闭合真皮层。最好使用吸收时间≤120d的缝合材料。通常使用3-0尼龙或其他不可吸收材料缝合皮肤。穿线的位置和缝线间的距离应根据皮肤的厚度决定。

在打结时，当缝线末端受力不均匀时，缝线会在不经意间形成一个或半个滑结。通常，由于过度使用优势手，惯用右手的人在拉缝线右侧末端（一般是缝线较短的或呈环状的那端）时会用力过度。另外，很多外科医生在打结时会将持针钳缠绕在缝线中。这样做会提起缝线，使之前的方结滑动。半边滑动缠绕很容易辨认：缝线一端平叠，另一端直立。若采用方形缠绕，缝线的两端都应保持水平。外科缠绕，也就是第一次为双重缠绕，相对于单次缠绕打的结来说更难形成滑动，这是因为双重缠绕可以带来更大的摩擦及抗张度。外科结与普通方结的牢固度相同。在缝合时可以直接将持针钳放在切口另一侧，用非惯用手将线绕到持针钳上，然后一边均匀拉动线尾一边看着结直接落在切口线上，这样可以防止形成滑结。在使用某些单股缝线打方结时，非惯用手可能需要更用力地拉线，以形成方形缠绕。

手术技术：皮下-皮内缝合

1 从切口的远端开始进行皮下缝合，也就是从常规皮内缝合起针处的对侧开始（图1-1）。例如，当惯用右手的外科医生站在犬的右侧时，闭合腹部切口时应起始于切口的左侧末端。

2 在皮下组织内，在手术伤口的一端垂直切口缝一针。

3 打两个结，游离端至少预留2.5cm。缝线游离端留置止血钳，使其远离伤口。

4 进行简单连续皮下缝合。

5 如果切口内皮下组织很少，进行全层缝合，包括每侧切开的皮下组织边缘。

　a. 对于切开后露出大面积皮下脂肪的切口，使用的缝合方法类似Lembert缝合。在切口的一侧，从皮下脂肪内入针并从相邻处穿出，垂直于皮肤边缘。在切口对侧使用相同的穿针法，使切开的皮下组织边缘翻转，以利于对合时更平滑。

　b. 连续皮下缝合至切口末端。

6 一旦缝合至切口末端附近时，立即开始变为皮内缝合（图1-1）。

7 穿针时在皮内穿行一段距离并轻度重叠（图1-2）。

8 在切口末端，由浅至深缝合最后一针真皮（图1-3）。穿针时从真皮内穿入，并从与留下线结游离端相邻的皮下组织内穿出。

9 缠绕4次，打两个结，平行切口拉线（图1-4）。剪断缝线较短的一端。

10 如果结没有被包埋，在剪断针尾的缝线前，将线穿入切口内、线结上方和皮下组织下方的空隙内（图1-5），并从切口外侧的皮肤穿出（图1-6）。

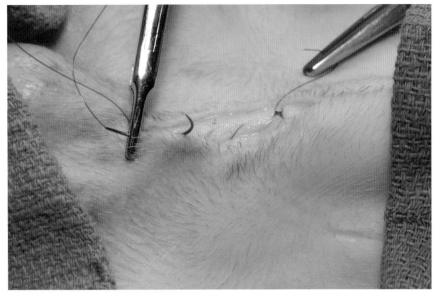

图1-1　皮下-皮内缝合法。从远端开始缝合皮下，将线结末端留长（照片中止血钳夹住的位置）。一旦缝到切口末端附近，立即开始变为皮内缝合。

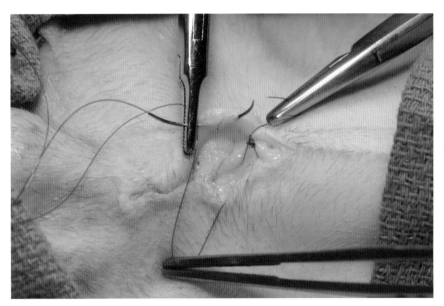

图1-2　在皮内穿行一段距离，并与对侧进针处稍稍重叠。

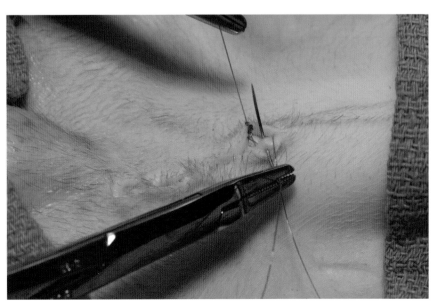

图1-3　在切口远端由浅至深缝合最后一针，从皮内进针并从皮下组织下层穿出。确保针的末端和线结的末端相邻。

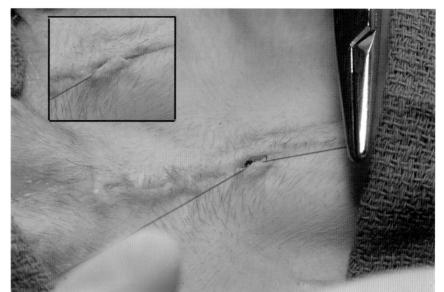

图1-4 进行4次简单缠绕，沿切口纵向拉线以对合皮肤边缘（小图）并包埋线结。

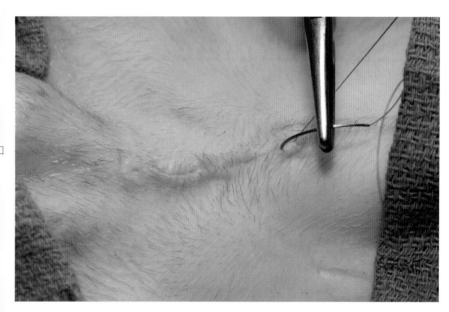

图1-5 为了进一步包埋线结，将针穿入切口内，从皮下组织和线结之间穿过。

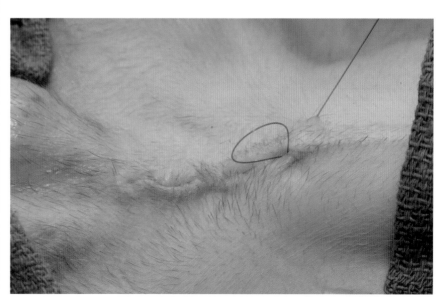

图1-6 从皮肤外侧出针，拉紧缝线将结拉入皮下。

手术技术：皮内缝合

1 从靠近拿持针钳的手的一侧切口末端开始缝合。如果操作者用右手，那么从切口的右侧末端开始缝合。

2 在靠近操作者的切口边缘，从深至浅入针，针穿过下层皮下组织并从上方的真皮穿出（图1-7）。穿针时使针垂直于皮肤边缘。

3 跨到对侧，由浅至深进针，针首先穿入真皮并向下从皮下组织穿出（图1-7）。

4 确定两根线的末端互相靠近并且都位于跨过切口的缝线之前（也就是跨过切口的缝线远离切口末端的一侧）。如果跨过切口的线位于两个线尾之间，打的结就无法被包埋起来。

5 做4个单次方形缠绕，平行切口拉线以将结埋至皮下。

6 在真皮内进行水平褥式缝合。

  a. 用镊子将皮肤外翻显露真皮以帮助缝合。

  b. 针在皮内行进距离至少5mm，缝合时始终保持针在真皮层内（图1-2）。

  c. 在切口对侧进行缝合。缝合的起点应位于之前缝合的出针点靠后一些的位置（图1-8）。当缝线跨过切口时，这会使缝线向后微微成一定的角度，并促进对合。

7 对于皮肤较薄的动物，在距离切口末端0.5cm处进行最后一针皮内缝合；而对于皮肤较厚的动物，最后一针始于距切口末端1cm处。

8 在皮肤边缘远端由浅到深缝合一针，针从真皮穿入并从皮下穿出（图1-9）。缝合时针垂直于皮肤边缘。

9 留下2~4cm的线圈并在相邻的皮肤边缘由深到浅缝合一针，从皮下入针并从真皮出针（图1-8和图1-9）。两个线圈都应位于皮下组织深层。

10 越过远端，由浅至深缝合另一针。确定出针处位于线圈相邻的皮下组织下层，跨过切口的缝线不能位于针尾和线圈之间。

11 做4个单次缠绕，打两个结，拉线时平行于切口线（图1-4）。

12 如果结没有包埋进去，在剪断线之前将结送入皮下组织下方。

  a. 剪断结游离端的缝线。

  b. 重新夹针。

  c. 手掌握持针钳进针，针尖垂直向下，紧挨着结，这样针可以穿入切口的缝隙中（图1-5）。

  d. 将针从皮下组织下穿过。

  e. 将针向上从切口一侧的皮肤穿出（图1-6）。

  用力拉线以将结拉入切口内。剪断保留的缝线末端。

图1-7　开始皮内缝合，由深至浅缝合一针（左图），进针处位于皮下，出针处位于真皮。由浅至深缝合第二针（右图），穿针处位于真皮，出针处位于皮下。

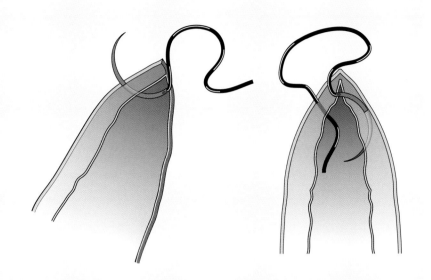

图1-8　缝合时平行于皮肤边缘，与对侧出针处轻微重叠。开始打最后一个结，由浅至深缝合一针，然后由深至浅，在两针之间留一个线圈。

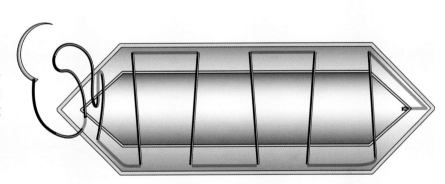

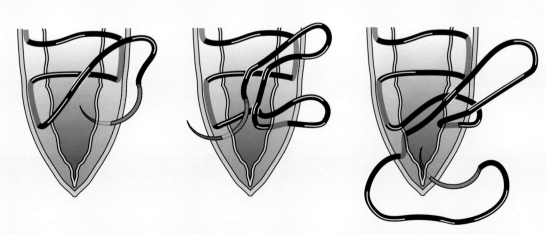

图1-9　包埋最后一个结，由浅至深穿一针（左图）；留下线圈并由深至浅缝合第二针（中图）。由浅至深缝下一针（右图），线尾与刚才留下的线圈打结。

手术技术：十字缝合

1 从远端皮肤边缘外侧0.5~1cm进针。在距另一边皮肤边缘相同距离处出针。

2 以同样方法缝合第二针，平行于第一针，间距0.5~1cm（图1-10和图1-11）。

3 做一个外科缠绕，收紧缝线但不要压迫皮肤（图1-12）。

4 做第二个缠绕，在收紧缝线时与第一个外科缠绕之间留一个小线圈。

5 在第二个缠绕上做第三和第四个缠绕，线圈上形成一个牢固的结（图1-12和图1-13）。

6 为了对合因皮肤厚度不同或皮下组织不对称而产生的不对称皮肤边缘，在较高一侧入针浅一些，较低一侧入针深一些（图1-14）。这可以使两侧穿针的厚度相同，当第一个结收紧时，皮肤会在同一水平面上。

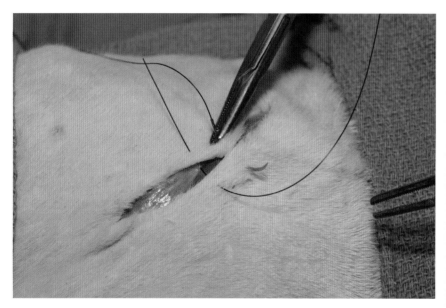

图1-10 十字缝合。垂直于皮肤边缘进针。

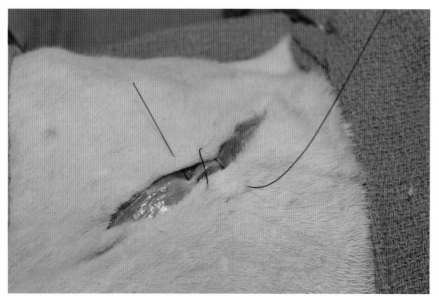

图1-11 第二针平行于第一针。

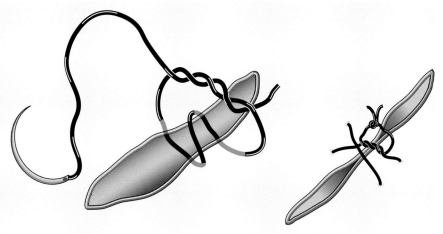

图1-12 如果皮肤有张力，做一个外科缠绕来对合皮肤边缘，并在外科缠绕和第二个缠绕之间留一个线圈。

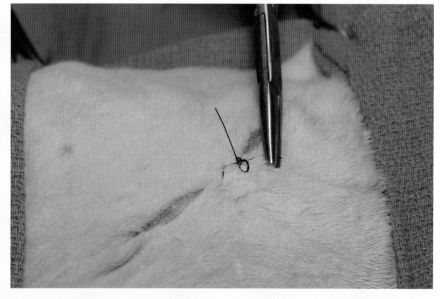

图1-13 最终外观。缝合后的皮肤应保持平整。

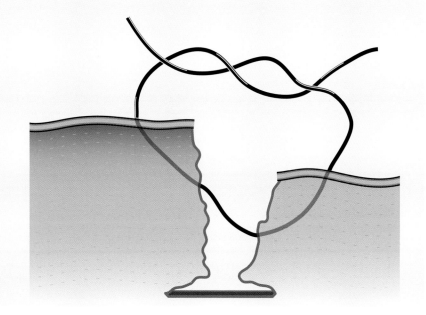

图1-14 为了使不对称的皮肤边缘对齐，在较低一侧入针深一些，在较高一侧入针浅一些。

1 从切口的一端开始，穿过切口缝合一针。从右至左垂直于切口穿针。

2 打两个结。

3 将缝线放在切口左侧，使之位于切口外（图1-15）。

4 从切口的右侧至左侧缝合一针，使针穿出组织时位于缝线的线圈内。

5 收紧缝线，这样缝线会拉紧皮肤但不会压迫它（图1-16）。

6 继续缝合到切口末端。根据皮肤的厚度，缝针距离创缘0.5~1cm，两针之间距离0.5~1cm。

7 在切口末端，将缝线末端与线圈打结。如果需要，最后一针从左至右缝合，留一个小线圈用来打结（图1-15）。

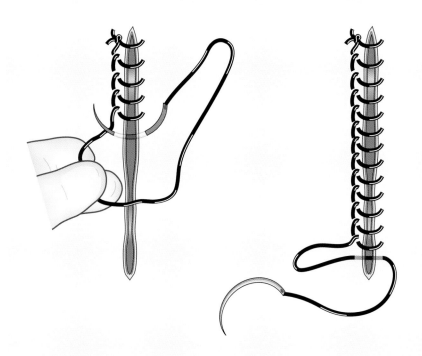

图1-15 在穿针时将缝线向外侧拉，这样针在穿出皮肤时就会位于缝线的线圈内。最后反向缝合一针来做一个小线圈用于打结。

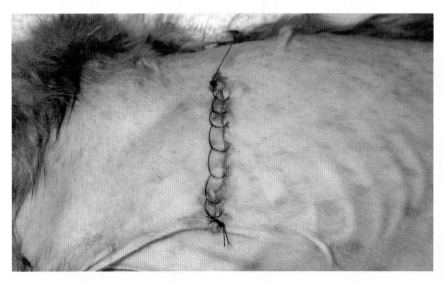

图1-16 Fort锁边缝合对皮肤的压迫较小。

术后注意事项 皮肤不可吸收缝线通常在缝合后10~14d拆除。对于切除了肥大细胞瘤或患有其他可能引起愈合延迟问题的患病动物，缝线需要保留更长时间。可以根据需要使用伊丽莎白脖圈或保护性绷带来保护缝合位置，直到伤口愈合。

切口闭合的并发症通常与使用的技术有关。在缝合皮下组织时，如果使用大量对合性缝合来代替伦伯特式缝合，皮下组织可能会出现皱褶或突起。皮肤缝合得太紧（图1-17）或太松分别会引起局部缺血或伤口污染。有很多种原因可以导致皮内缝合没有对合皮肤边缘。如果在对侧皮肤内穿针时没有轻微的重叠，缝合后可能会出现裂缝。这时，在收紧缝线前，可以看到跨过切口的缝线会向前成一定的角度。如果缝线穿过的是皮下组织而不是真皮，也可能出现裂缝。如果皮内缝合时对侧重叠过度，可能会使皮肤出现皱褶。皱褶还可能出现于穿针时没有平行皮肤表面（例如：穿针时虽然进针和出针在真皮内，但中间部分在皮下组织）。如果打最后一个结时皮内缝合的线收得太紧，皮肤会皱成一串。

很多原因都会使皮内缝合的结包埋失败。因为皮下组织的切口通常会比皮肤切口短，结太靠近切口末端会陷入皮下组织的网中。为了防止结脱出，皮下组织的切口应延伸到真皮切口的末端或打结的位置离切口末端更远一些。如果拉线时垂直于切口，有时线结会从切口中脱出或者在打结过程中将线结拉起。当缝合最后一针时或将线结理入皮下时，跨过切口的缝线有时会被卷入或压在线结下方。在将结埋入皮下时，使针穿过皮下组织而不是穿入切口内以防止在包埋时打结。

皮质类固醇、细胞毒性药物及放射线会延迟伤口的愈合。最显著的影响可见于伤口修复的早期阶段，后期阶段也会受到影响。强烈建议术后不要使用这些类型的药物。细胞毒性或放射性治疗一般应推迟7~14d，直到伤口强度增加并且可以见到切口已经愈合。

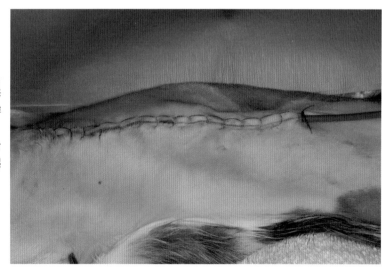

图1-17 对这只猫进行了膈疝修补；红色橡胶胸导管穿过了横膈和腹壁切口。在该猫，Fort锁边缝合拉得太紧，引起皮肤起脊。

参考文献 Amalsadvala T and Swaim SF. Management of hard-to-heal wounds. Vet Clin Small Anim Pract 2006; 36:693-711.

Mison MB et al. Comparison of the effects of the CO_2 surgical laser and conventional surgical techniques on healing and wound tensile strength of skin flaps in the dog. Vet Surg 2003; 32:153-160.

Peacock EE. Wound Repair (3rd ed.). Philadelphia, WB Saunders, 1984.

Rajbabu K et al. To knot or not to knot? Sutureless haemostasis compared to the surgeon's knot. Am R Coll Surg Engl 2007;89:359-362.

Rosine and Robinson GM. Knot security of suture materials. Vet Surg 1989;18:269-273.

Smeak DD. Buried continuous intradermal suture closure. Compend Contin Educ Pract Vet 1992;14:907-918.

Sylvester A et al. A comparison of 2 different suture patterns for skin closure of canine ovariohysterectomy. Can Vet J 2002;43:699-702.

2 肿瘤切除术和一期闭合
Lumpectomy and Primary Closure

切除小型良性皮肤肿物相对简单。当肿物很大或者是恶性时，可能需要广泛性切除。直接闭合大型伤口可能需要使用减张技术（如跨步式或支架缝合）或皮肤牵张器。当不适合选择直接闭合时，可能需要使用皮瓣、移植片或者其他减张技术（见19~56页和67~70页）。

术前管理

患有恶性肿物的动物可能会发生转移。在大多数动物，术前应拍摄三种体位的胸部X线片；对于患肥大细胞瘤的动物，腹部超声检查则更加重要。如果术前细胞学检查确诊为肥大细胞瘤，在术部剃毛及术前准备前应静脉内给予苯海拉明以减少肥大细胞脱颗粒，术部准备时应轻柔，以防肿胀。

在切除前，应测量肿物，并对局部皮肤张力进行评估，由此来制定一个伤口闭合的计划。如果可能，切口应平行张力线以促进闭合。切口的大小依赖于肿物的类型。推荐的切除肥大细胞瘤的伤口边缘应为肿物外侧2cm以及至少一层筋膜的深度。软组织肉瘤的手术边缘在距离可明显察觉的肿瘤的各个方向应达到至少3cm，以减少复发的风险；推荐在切除因疫苗诱发的纤维肉瘤时采用更大的边缘。皮下组织的闭合一般使用吸收时间≤120d的合成单股缝线，因为长期存在的缝线周围会产生的纤维组织，这些纤维组织可能会存在数月，这会对术后复发的评估带来更大挑战。

在对动物进行剃毛及摆位时应考虑切除的大小及缝合方法。如果预计手术时间会超过1h，建议预防性使用抗生素。对于在手术中放置了持续抽吸式引流或输液管的患病动物，应提前设计引流或输液管出口的位置，这样更易于术后包扎。

手术

对于患肿瘤的动物，通常使用手术刀或剪刀分离皮肤及皮下组织，以防止损伤组织边缘。当使用无线电波放射外科、CO_2激光或单极电外科切开皮肤时，会引起皮肤深0.16~0.22mm的碳化，并且碳化会扩展到周围皮肤，最深可达0.26mm。

椭圆形或细长形的伤口可以直线形对合。沿着伤口边缘分离皮下组织来促进缝合。当切除的部位很大或不规则时，缝合皮肤时第一针先缝合伤口中心来判断伤口的位置，然后其他几针各自穿过分割后的每个切口的中部。对于较宽的伤口，可以用创巾钳临时对合皮肤创缘。之后，缝合皮肤缝线或创巾钳之间的皮下组织，以便在完成皮肤缝合前减小张力。

圆形伤口（图2-1）可以被转化为椭圆形并缝合成直线，或者缝合成Y性或X性（图2-2）。同样，先缝合伤口中心来判断最终的皮肤位置。当将Y形或X形的尖端对合到一起时，伤口中央尖端对合的位置是张力最大的地方。可以在皮下组织内缝合一周包埋性水平褥式缝合来减小皮肤缝线上的张力（图2-3）。缝合成Y形或X形可能会使皮肤产生皱褶或折叠（"狗耳"）；如果它们很小，可以保留不用管。

分离并对合皮下组织能够降低皮肤缝线上的张力。在闭合前为了伸展和推进皮肤，可以在伤口床和皮肤下层的皮下组织间进行跨步式缝合。除了减张之外，跨步式缝合还能够闭合死腔并推进皮肤边缘使之能够一起对合。缝合后在皮肤上产生的小坑通常会在2~3周时消失。使用皮瓣时不推荐采用跨步式缝合，这种方法会破坏血液供应并引起局部坏死。跨步式缝合严禁用于感染性伤口、较薄的皮肤或能够活动的部位。

支架缝合通过向外侧的大范围区域传递压力来达到减小张力的目的。使用垂直褥式缝合对合皮肤时，缝线应穿过软管或纱布卷（图2-4）。另外，可以将纽扣缝合在距伤口边缘2~4cm处。使用橡皮筋、缝线或鱼线环绕纽扣并将它们拉至中线。可以将缝线或鱼线固定在钓鱼用的铅坠上来调整张

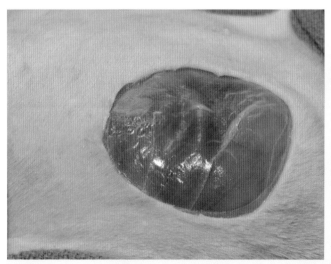

图2-1　圆形伤口。

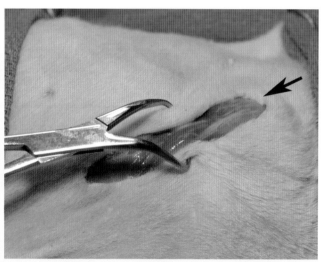

图2-2　如果皮肤足够松弛，可以将圆形伤口直线形闭合。当Y形闭合时，切口末端的皮肤（箭头所示）拉向缺损的中央。

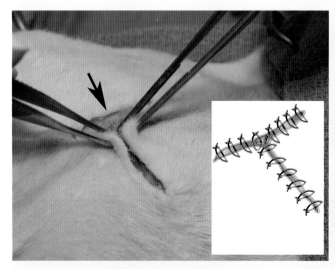

图2-3　为了做Y形缝合，从缺损的1/2处将皮肤创缘拉到一起（镊子），并将剩下的弧形皮肤边缘（箭头所示）拉向中心。在缝合剩下的缝线前，将Y形尖端的皮下组织用包埋式荷包缝合拉到一起（插图）。

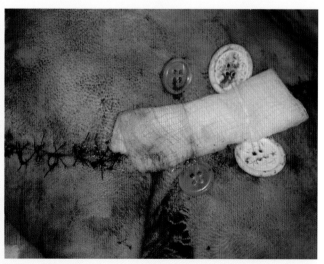

图2-4　使用钮扣和纱布卷做支架缝合。

力（图2-5）。线与切口之间可能需要填充物填塞，尤其是在突起的部位，以防损伤下层皮肤。如果留置时间过长，支架缝合会导致连接处的坏死，特别是在使用软管或纽扣时，因此，一般在2~3d内将它们拆除。

可以在肿瘤切除术前或术后使用打包绷带或弹性皮肤牵张器伸展皮肤（图2-6）。皮肤牵张装置由维可牢（Velcro®）自黏垫，1英寸①宽的编织型松紧带以及氰基丙烯酸盐黏合剂（"超效黏合剂"）组成。剃毛并使用肥皂和乙醇清洁皮肤，然后使其完全干燥。使用垫子带"钩"的那面，将几个垫子用胶粘在伤口一侧，距伤口边缘至少5~10cm处。在垫子的接触面上薄薄涂一层超效黏合剂来增加与皮肤的黏合度。松紧带的绒面可以将松紧带固定在垫子的钩面上。如果有伤口或切口，在松紧带下方放置敷料。首先将松紧带调整为中度张力；每6~8h增加一次张力来伸展皮肤。大多数病例在4d内就能见到明显的皮肤伸展，最大增加量出现在最初的48~72h。当不需要皮肤垫后，可以从皮肤上剥离或使用溶胶剂拆除皮肤垫。

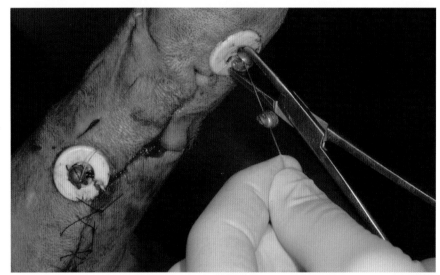

图2-5　将皮内缝合的末端固定在钓鱼用铅坠上。每天多次收紧缝线末端来增加张力，将另一侧的铅坠拉近伤口。

图2-6　皮肤牵张装置。临时将松紧带拉紧来演示皮肤的拉伸效果（箭头所示）。清洁皮肤后，在将松紧带固定在背侧的尼龙搭扣上之前，先在创口上放置绷带敷料。这只犬刚刚使用腹壁后浅皮瓣（180°旋转）覆盖臀部的烧伤伤口。

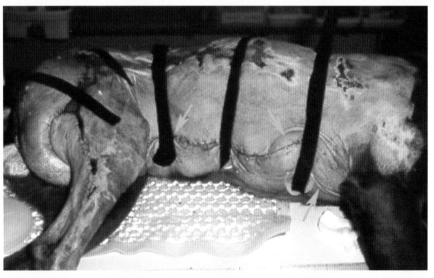

① 1英寸＝2.54厘米。——译者注

手术技术：肿瘤切除术

1 使用灭菌尺及记号笔，测量并沿着肿瘤画出合适的边缘。

2 沿记号线切开皮肤和皮下组织（图2-7）。

3 如果肿瘤为肥大细胞瘤，继续切开至肿瘤下至少一层筋膜。如果是软组织肉瘤，切除更大范围（图2-8）。

4 缝线穿过切除部位的全层，包括筋膜、皮下组织和皮肤，把这几层固定到一起，通过这种方法标记出切除部位的头侧或背侧缘。

5 沿着切除组织的第二个边缘留置两条全层缝线，与第一次的缝线呈90°，这样就可以标记肿物的方向（注意这些缝线要顺应组织）。

6 使用锐性及钝性分离，切除肿物。烧烙或结扎相关血管。

图2-7 对于肥大细胞瘤，距离肿瘤边缘至少2cm处切开皮肤，肉瘤应距皮肤边缘至少3cm。在这只犬，距肿瘤（内侧的紫色圆形）外侧5cm处切开皮肤，该肿瘤术前被诊断为纤维肉瘤。

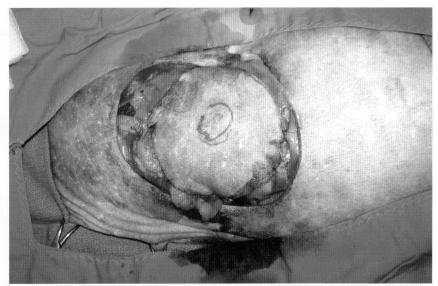

图2-8 如果可能，切至肥大细胞瘤下层至少一层筋膜处，若为纤维肉瘤则切至下方至少3cm处。在这只犬，与肌肉相邻的背侧棘突也被一起切除。

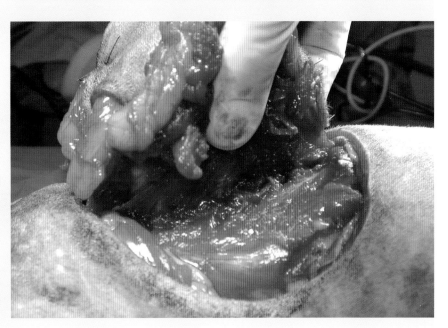

7 如果可能，使用2-0或3-0快吸收缝线间断或连续缝合来对合切开的筋膜或肌肉边缘（图2-9）。

8 仔细地使用钝性及锐性分离皮肤边缘至疏松的网状筋膜或更深层。保留直接供应皮肤的血管。大的伤口可能需要分离至皮肤边缘外侧8~14cm。

9 根据需要放置持续抽吸式引流，将引流管出口设置在容易包扎的健康皮肤处（例如：避开包皮或肛门处）。

10 向缺损中央牵拉皮肤并将其固定，使用3-0或4-0快吸收缝线在皮下穿插跨步式缝合（图2-10）。

    a. 靠近分离开的皮肤基部和皮下组织的连接处，将针穿入皮下筋膜或深层真皮，方向与推进的方向平行。

    b. 相对于皮肤进针处，将针向伤口中央靠近几厘米后穿入伤口床，并打结。在一些动物，需要先预置第一排跨步式缝合的缝线后再打结。

    c. 在一排内连续采用数个跨步式缝合，缝线间至少相距3cm，并尽可能留置最少的缝线。

    d. 在切口对侧重复这个步骤。

    e. 在更靠近皮肤边缘处继续交错进行另一排跨步式缝合，缝合在伤口内的那针比缝合皮肤的那针更靠近伤口中央，这样打结后皮肤就能被拉至伤口中央。

11 对于大型或那些具有张力的缺损，在伤口上临时放置创巾钳来对合皮肤边缘（图2-2；图7-14）。

12 使用3-0快吸收缝线简单间断或简单连续缝合来对合皮下脂肪。

13 使用锋利的剪刀或刀片，距分离后的组织基部上方几毫米处切除大的狗耳（图2-11）。

14 使用皮钉或3-0尼龙线简单间断或十字缝合对合皮肤（图2-12）。如果之前没有使用创巾钳暂时对合伤口，第一针缝线应先穿过伤口中间来对合皮肤。如果皮肤位置尚可，之后将缝线穿过分割后产生的半个伤口的最宽处，闭合伤口。在皮肤缝合前还可以使用间断包埋皮内缝合来进一步减小张力。

15 为了进一步释放缝合皮肤时的张力，使用褥式缝合进行临时性支架缝合（图2-13）。

    a. 在切口的两侧放置软管或稍硬的纱布卷。

    b. 距皮肤边缘1~1.5cm穿过切口进行简单间断缝合（"近-近"），位置在管或纱布的内侧。

    c. 调转针的方向，在皮肤更远处穿针并往回穿过切口（"远-远"），使针位于管或纱布的外侧，让它们位于线圈内。

    d. 在固定物上方打结，打结的牢固程度应足以释放皮肤闭合的张力，但不要撕裂固定物下方的皮肤。

    e. 另一种方法是，在下方进针并穿过切口，穿过软管或钮扣，再往回从下方穿过切口，并穿过第二个钮扣或软管。

16 如果张力过大，可考虑使用Z形成形术（第26~27页），单个或多个小型减张切口（第41页），或再做几个支架缝合。

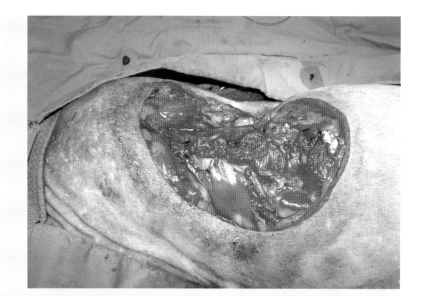

图2-9　如果张力很大，使用间断缝合闭合筋膜。

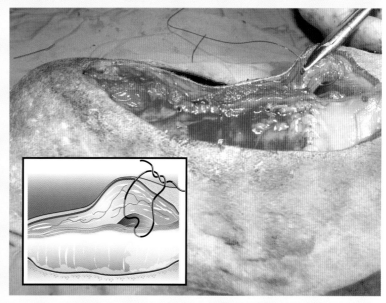

图2-10　进行跨步式缝合，靠近被分离的皮肤基部穿入
　　　　皮下组织，然后穿入靠近伤口中心的筋膜（小
　　　　图）。缝合后，缝线会将皮肤拉向中心。

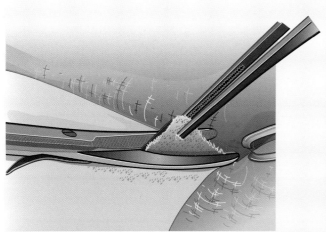

图2-11　使用剪刀或刀片从基部横断皮肤来切除大的狗耳。

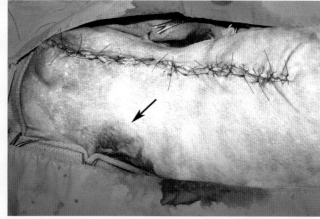

图2-12　最终外观。注意由于动用了肋腹部的皮褶而造成未剃毛的皮
　　　　肤出现在术野内（箭头所示）。这些部位在缝合完皮肤前一
　　　　直覆盖在下层的隔离创巾内；但是最好在准备时留出更大的
　　　　范围。

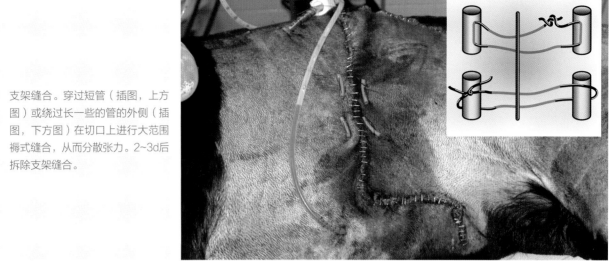

图2-13 支架缝合。穿过短管（插图，上方图）或绕过长一些的管的外侧（插图，下方图）在切口上进行大范围褥式缝合，从而分散张力。2~3d后拆除支架缝合。

术后注意事项　　应使用蓝色或绿色墨水标记肿物的皮下组织面及切开边缘，干燥后将组织放入福尔马林。这可以使病理学家在进行组织检查时评估边缘。建议给动物佩戴伊丽莎白脖圈并限制活动，特别是处在张力下的伤口。需要使用绷带来保护引流出口或减少活动。对于使用了跨步式缝合及伤口处在张力下的患病动物，术后镇痛非常关键。如果需要，可以将三通开关连接到持续抽吸式引流装置的导管上，注入局部麻醉剂，持续2~3d。对于切除了肥大细胞瘤的动物，愈合时间延长，皮肤缝线应留置3周。应推迟使用抗肿瘤药或高剂量皮质激素，直到伤口的愈合程度足以拆线。

　　肿物切除后的常见并发症包括血清肿或血肿形成、开裂、感染或因未完全切除而发生的肿瘤复发。血清肿的形成及开裂在切除了肥大细胞瘤的犬上很常见，这是由于局部组织反应及延迟愈合。跨步式缝合会破坏被推进的皮肤的血液供应，而支架缝合会引起装置下方的组织局部缺血。当使用皮肤牵张器时，粘贴垫放置不当会发生提前松动。

参考文献

Amalsadvala T and Swaim S. Management of hard-to-heal wounds. Vet Clin Small Anim Pract 2006;36:693-711.

Fulcher RP et al. Evaluation of a two-centimeter lateral surgical margin for excision of grade I and grade II cutaneous mast cell tumors in dogs. J Am Vet Med Assoc 2006;228:210-215.

Hedlund CS. Large trunk wounds. Vet Clin N Am Small Anim Pract 2006;36:847-872.

Pavletic MM. Use of external skin-stretching device for wound closure in dogs and cats. J Am Vet Med Assoc 2000;217:350-354.

Silverman EB et al. Histologic comparison of canine skin biopsies collected using monopolar electrosurgery, CO_2 laser, radiowave radiosurgery, skin biopsy punch, and scalpel. Vet Surg 2007;36:50-56.

3 基础皮瓣
Basic Flaps

　　当一期皮肤闭合引起过度的张力时，局部皮瓣的运用就显得非常重要。局部皮瓣（"随意带蒂皮瓣"）依赖于皮下血管丛的血液供应，从而不同程度地改变其在身体上的位置。这些皮瓣还可以向前推进，这样相对不会改变皮肤的方向，或以90°旋转来遮盖相邻的缺损（图3-1）。

　　推进或"滑动"皮瓣最容易制作，这是因为它们不会产生第二个伤口。皮瓣可以单侧推进做U形缝合或双侧推进做H形或I形缝合。另外，也可以平行伤口的长轴做一个减张切口，使之形成一个双蒂推进皮瓣，并穿过伤口。供皮处产生的伤口可以一期闭合或留下形成肉芽。

　　由于使用推进皮瓣缝合伤口是基于皮肤的伸展，局部结构如眼睑和嘴唇在缝合后会发生变形。旋转皮瓣，将局部皮肤旋转至伤口内，可以减轻这种变形。转移皮瓣是旋转皮瓣中最常见的类型。皮肤矩形皮瓣可旋转高达90°来闭合相邻缺损。三角形伤口床还可以使用单侧或双侧半圆形旋转皮瓣进行缝合。虽然半圆形旋转皮瓣不会留下继发的缺损，但相对于转移皮瓣和推进皮瓣来说，它们使用得非常少。

图3-1　常见的随意带蒂皮瓣（从左上至右下）包括单侧单蒂推进皮瓣、双侧单蒂推进皮瓣、双蒂推进皮瓣和转移皮瓣。

在使用皮瓣之前，被碎片污染、含有失活组织或发生感染的伤口应先进行清创或作为开放性伤口进行处理。任何大肿物切除或伤口闭合前，都应进行广泛的剃毛及准备。应对受皮处周围皮肤的松弛度进行评估，这将决定当分离并移动皮瓣后，供皮处是否能被缝合。使用拇指和食指提起靠近缺损的皮肤；如果皮肤能被提成脊，供皮处能够被缝合的可能性更大。使用可弯曲的材料先制作一个皮瓣样板，用手固定在计划的皮瓣基部，然后旋转到受皮处来评估能够覆盖的面积。动物应进行合理摆位，以便拉动手术位置附近额外的皮肤（见图7-1）。

手术
因血液供应情况不同，没有办法规定皮瓣长度和宽度的比例。通常，用于覆盖伤口的皮瓣应尽可能短，在无张力的同时并具有一个比皮瓣宽度略宽的基部。但是，皮瓣过宽会丧失移动性，因此，决定皮瓣大小对临床判断非常重要。如果血液供应充足，有时长度至少是宽度2倍的皮瓣也能存活。应对皮瓣进行轻柔地操作，以防破坏皮下血管丛。

手术技术：单侧或双侧单蒂推进皮瓣

1 用食指将皮肤沿伤口边缘推向伤口来决定皮瓣推进的方向（图3-2）。皮瓣应来自于皮肤最松弛的部位，并且应完全垂直于伤口的张力线。如果伤口很大或张力很强，则使用双侧皮瓣。

2 若需要，使用灭菌记号笔画出计划的皮瓣轮廓。

3 垂直于伤口长轴做两个皮肤切口，切口起始于受皮处两侧的末端（图3-3）。皮肤切口应稍偏一些，这样皮瓣基部会比顶部略宽。对于U形推进皮瓣，皮肤切口将延伸到伤口床的一边。使用H或I形（双边）推进皮瓣时，皮肤切口应从伤口床的两边延伸。

4 切开皮肤切口下的皮下脂肪。

5 对切开后皮瓣边缘出血的血管进行结扎或小心烧烙止血。

6 从伤口边缘开始，仔细分离皮瓣的皮下组织直到皮瓣基部（图3-4）。完整地保留直接供应皮肤的血管。

7 分离受皮处皮肤边缘的皮下组织，分离至皮下脂肪下层及浅层肌肉（例如：躯干皮肌、颈阔肌）。

8 通过使用牵引线或皮肤钩，将皮瓣的角拉向伤口对侧缘来检查皮瓣的位置。如果皮瓣受到的张力太大，对伤口周围的皮下做进一步分离。如果需要，将皮瓣做得更长一些或者做第二个皮瓣。

9 如果存在大的死腔，在皮瓣下放置持续抽吸式引流，引流口远离皮瓣。

10 使用两到三个间断皮肤缝合将皮瓣固定在其最终的位置上（图3-5）。

11 使用快吸收单股缝线，简单间断、反向（包埋）或简单连续缝合对合皮下组织。

12 使用尼龙线进行简单间断或十字缝合，或使用皮钉对合皮肤（图3-6）。除非皮肤有严重皱褶，否则保留靠近皮瓣基部的狗耳。

图3-2　沿伤口边缘推动皮肤来寻找移动性最大的皮肤。

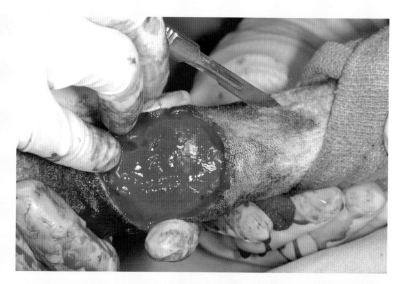

图3-3　沿预计皮瓣的边缘切开皮肤。

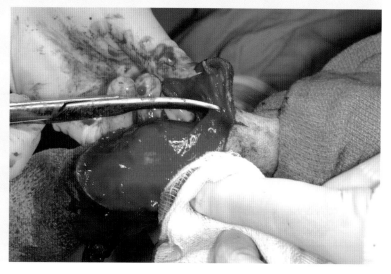

图3-4　分离皮瓣的皮下组织，保留直接供应皮肤的血管。

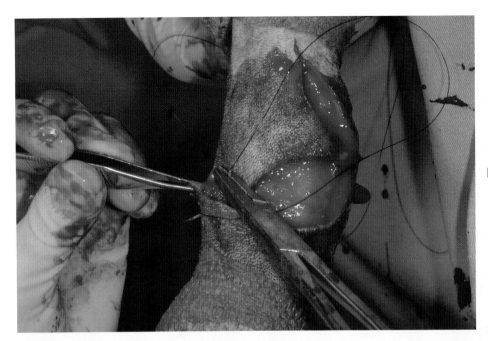

图3-5 将皮瓣的角缝合固定。

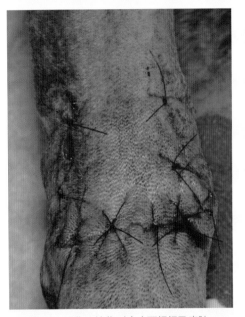

图3-6 沿伤口边缘对合皮下组织及皮肤。

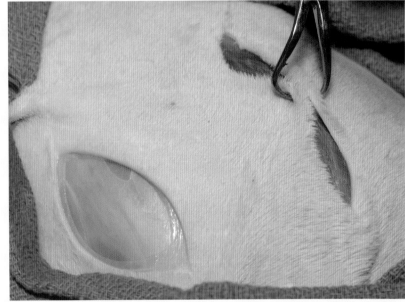

图3-7 双蒂皮瓣的减张切开。使用创巾钳将伤口上的皮肤对合到一起，以便对其进行缝合。

手术技术：双蒂皮瓣的减张切开

1 平行于受皮处的长轴做一个弧形减张切口，这会形成一个连接两侧的皮瓣。将切口做成弧形，这样凹面的部分就会向缺损处移动。根据需要，使皮瓣与伤口宽度一致。

2 分离皮瓣及受皮处周围皮肤的皮下组织。

3 将皮瓣拉至受皮处上方（图3-7）。

4 如果接近皮瓣基部的角处有张力，将皮瓣做得更长或者在伤口另一侧做第二个皮瓣。

5 如上所述对合皮瓣与周围皮肤。

6 先采用直线形或T形缝合供皮处皮肤，或者使其二期愈合。如果进行了一期闭合，分离供皮处周围的皮肤来增进皮肤的移动性。

手术技术：转位皮瓣

1 使用灭菌记号笔画出皮瓣。

  a. 提起并释放皮肤来确定皮肤的松弛度。为了使皮肤的张力最小，皮瓣需完全平行于伤口边缘。

  b. 测量伤口的宽度，它等于皮瓣的宽度（图3-8）。

  c. 在伤口皮肤最松弛的一侧，沿预计的基线标记皮瓣的宽度。这里将是皮瓣转动的轴心位置。

  d. 测量轴心至伤口最远处（图3-9）。这将是皮瓣的长度。

  e. 画两条平行线，垂直于计划的皮瓣基部，以描绘出皮瓣的宽度及长度。一条线应起始于伤口边缘（图3-9）。用第三条线将它们连接到一起。

2 沿记号线切开皮肤及皮下组织。

3 使用Metzenbaum剪轻柔地分离皮瓣的皮肤及皮下组织。

4 沿皮瓣轴心旋转皮瓣（最大90°）来覆盖伤口（图3-10）。将皮瓣远端的尖角切掉。

5 分离受皮处周围的皮下组织。

6 在皮瓣末端的角及创缘间进行间断缝合，以检查皮肤的位置。

7 在完全闭合皮肤前，间断缝合皮下组织填补空缺处。如果皮肤很薄，则使用反转（包埋）缝合（图3-11）。伤口最终会缝合成L或T形。

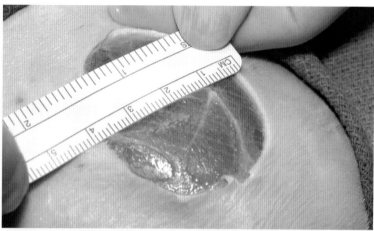

图3-8　在做一个转位皮瓣之前，测量伤口的宽度来决定皮瓣的宽度。

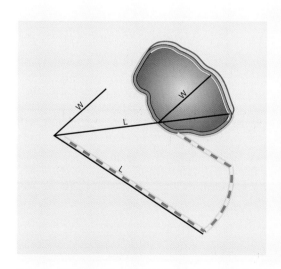

图3-9　测量轴心到伤口最远处的距离来决定皮瓣的长度（L）。切开皮瓣，使皮瓣最窄处的宽度等于伤口的宽度（W）。

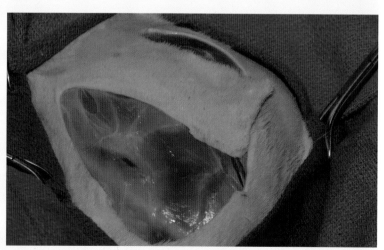

图3-10　旋转皮瓣以覆盖伤口。

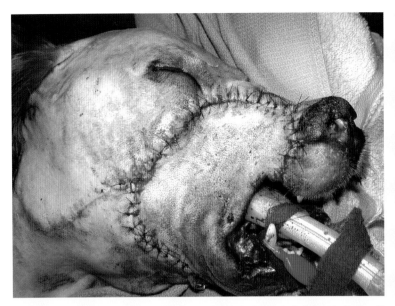

图3-11 转位皮瓣。为了切除纤维肉瘤，在这只犬进行了部分上颌骨切除术，并切除了嘴唇。一个基于唇部的全层皮瓣，来自于面颊及下唇，将其旋转以填补上唇的缺损。

图3-12 转位皮瓣手术一年后的外观。手术侧的毛发及嘴唇构造都与正常不同。

术后注意事项　术后推荐佩戴7~10d伊丽莎白脖圈。非压迫性包扎对保护位于骨骼突起处或高活动性区域的皮瓣来说非常重要。如果进行包扎，应将其垫得足够厚，以防压迫及之后的皮瓣局部缺血。

对于活动性过大的区域，可能需要使用夹板。应该在手术后至少第1、3和6天更换绷带，并检查皮瓣的健康度。手术后6d内不太可能发生皮瓣坏死。

通常，随意带蒂皮瓣的平均皮瓣成活率为83%~89%。当皮瓣过长或过窄，张力过大或移动过度，或者在术中分离组织时，手术操作造成损伤或手术后皮瓣受到了损伤，更容易发生皮瓣坏死。皮瓣坏死的部分应被切除，并使其余的伤口二期愈合或使用其他皮瓣或皮肤移植进行延期一期闭合。

其他并发症包括开裂、感染、血肿形成及局部组织变形。接受放射治疗，尤其是在伤口重建前进行了放射治疗的患病动物，并发症的发生率会更高。使用CO_2激光切开并分离皮瓣会延长愈合时间并降低伤口的抗张强度。由于毛发生长的不同，患病动物的最终外观会发生变化（图3-12）。

参考文献　DeCarvalho Vasconcellos CH et al. Clinical evaluation of random skin flaps based on the subdermal plexus secured with sutures or sutures and cyanoacrylate adhesive for reconstructive surgery in dogs. Vet Surg 2005;34:59-63.

Degner DA. Facial reconstructive surgery. Clin Tech Small Anim Pract 2007;22:82-88.

Hedlund CS. Large trunk wounds. Vet Clin N Am Small Anim Pract 2006;36:847-872.

Hunt GB et al. Skin-fold advancement flaps for closing large proximal limb and trunk defects in dogs and cats. Vet Surg 2001;30:440-448.

Mison MB et al. Comparison of the effects of the CO_2 surgical laser and conventional surgical techniques on healing and wound tensile strength of skin flaps in the dog. Vet Surg 2003;32:153-160.

Pope ER. Head and facial wounds in dogs and cats. Vet Clin N Am Small Anim Pract 2006;36:793-817.

Schmidt K et al. Reconstruction of the lower eyelid by third eyelid lateral advancement and local transposition cutaneous flap after "en bloc" resection of squamous cell carcinoma in 5 cats. Vet Surg 2005;34:78-82.

Seguin B et al. Tolerance of cutaneous or mucosal flaps placed into a radiation therapy field in dogs. Vet Surg 2005;34:214-222.

4 减张切口
Tension-Relieving Incisions

当一期对合时承受过大的张力，伤口可能会发生皮肤坏死及开裂。可以通过在皮肤周围使用Z形成形术或网状切开法松弛并延长皮肤来释放张力。

Z形成形术是将皮肤上相互交错的皮瓣调换位置来增加沿张力线方向的皮肤长度，同时缩短垂直长度。Z形成形术尤其适用于位于四肢末端小到中型的皮肤伤口及躯干部的大型伤口。这种方法还可以用于延长并释放疤痕，挛缩及环形狭窄。皮肤延长的量依赖于Z形切口的尺寸、Z形的角度及局部皮肤弹性程度。当切开的Z形三边长度相等且呈60°角时，皮肤能够沿张力线伸长40%~60%。更宽的角度会产生更大的张力。角度小于45°会产生血液供应不足的窄皮瓣。更长的Z形边缘会产生更大的皮肤释放度；但是，皮瓣的血液供应会受到影响。

伤口位于四肢下部时，也可以通过单个或多个减张切口来释放皮肤张力。减张切口会裂开，使皮肤变位并伸展，以便一期闭合原发伤口。减张切口造成的皮肤缺损可以通过收缩及上皮再生愈合。单独的减张切口，会产生一个双边皮瓣，提供明显的张力释放（见第31页）。相对于多个减张切口，它很少破坏直接供应皮肤的血管，因此更适用于大型伤口。

多个减张切口或网状扩张法与自由网状皮肤移植类似，不同的是保留了皮肤连接处的某些局部血液供应。只有在那些下层组织健康，具有充足血液供应来提供营养并且使血管向覆盖伤口的皮肤内生长的地方，才能把皮肤做成网状。在愈合后，只要原发伤口没有超过四肢周长的1/4，减张切口处均能具有可接受的整形效果。

术前管理　　在切除大肿物或预计切口会有张力时，应对动物大面积剃毛并准备。应先对手术部位进行评估，决定是否能使用其他减张技术，如推进或旋转皮瓣。如果采用Z形成形术或减张切开技术，临近原发切口的皮肤应健康并且血液供应充足。

手术　　为了确定Z形成形术是否可行，绷紧的切口周围的皮肤应平行拉向缝合处（垂直于张力线），以判断切口沿线是否有弹性。如果皮肤不能平行于切口被伸展或释放，Z形成形术则没有作用。此时就要考虑使用网状法、移植法、打包绷带的短期开放性伤口处理法或其他技术。

当进行Z形成形术时，原发伤口可以先于或等Z形做好后再闭合。如果使用的是减张切口，在做切口的同时皮肤张力也经受着考验。在张力释放的同时，沿着原发伤口的每个部分的皮肤都被闭合。

手术技术：Z形成形术

1 在开始进行Z形成形术之前，确认平行于张力线的皮肤足够松驰，皮瓣可以旋转（见上）。

2 使用灭菌记号笔及尺子，平行于张力线画出Z形的中央线（垂直于缝合的伤口），起始处距伤口1~2cm。

3 画出Z形上方及下方的两条横线，与中央线呈60°角。Z形的尖端可以稍稍有一些弧度，使皮瓣的尖端变圆并改善血液供应。

4 沿画的线切开全层皮肤（图4-1）。

5 对Z形的三角形皮瓣及周围皮肤的皮下进行分离。并将Z形切口加宽加长。使用预置线或皮肤钩对皮瓣的尖端进行仔细操作，防止破坏。

6 交换Z形的三角形皮瓣（图4-2）。这样做会将中央线的方向改变90°，之后它会平行于原发伤口。

7 在皮下组织内使用间断褥式或荷包缝合，将每个转换后的皮瓣尖端缝合到它的新位置上。如果皮下组织不足，在皮肤内使用简单间断缝合法对合组织（图4-3）。如果尖端受到的张力过大，分离更多的局部组织或延长Z形的边缘。

8 如果存在死腔，放置皮下持续抽吸式引流（图4-4），引流口应位于远离手术部位的健康皮肤处。

9 使用3-0或4-0快吸收单股缝线，包埋间断缝合闭合皮下组织。

10 使用间断缝合对合皮肤。

11 多重Z形成形术可用于狭窄或挛缩组织的重建（图4-5和图4-6）。

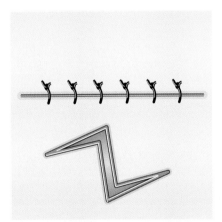

图4-1 Z形成形术。垂直于伤口并平行于张力线切开中央线。

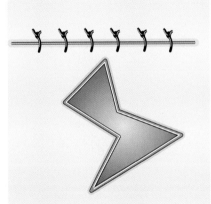

图4-2 对皮瓣进行皮下分离并将它们互换。

图4-3 将皮瓣缝合固定。新Z形的中央线会平行于伤口边缘并垂直于张力线。

图4-4 切除了外侧血管外皮细胞瘤后1d的最终外观。手术中放置了持续抽吸式引流来减小血清肿的形成及缝合的张力。

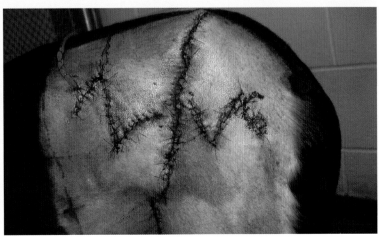

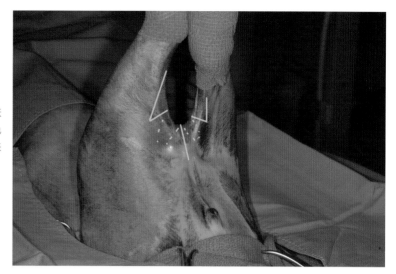

图4-5　这只猫在缝合了大面积伤口后，腹股沟处皮肤发生了挛缩。计划的Z形成形术的中央线（绿色线）应垂直于张力线，由此沿着后肢的内侧面来横断疤痕。

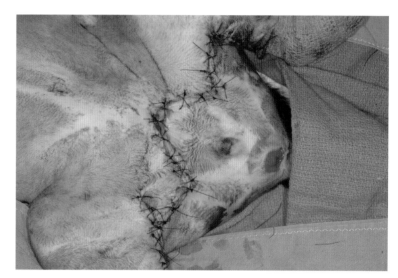

图4-6　最终效果。

1 分离原发伤口周围皮肤的皮下组织。

2 如果无法直接对合或产生的张力过大，平行于原发伤口并距离伤口边缘2cm左右做几个1~2cm长的切口。切口末端之间应至少间隔1cm。

3 使用皮肤钩、创巾钳或预置皮内张力缝合线（使用可调节的水平褥式缝合，并留下一端不要打结）对合原发伤口的边缘（图4-7）。如果伤口边缘无法对合或具有张力，做交错的第二排减张切口。无论哪里的皮肤有张力，都应距第一排减张切口线外（外侧）2cm做第二排切口（图4-8）。皮内缝合线打结后包埋。

4 使用间断缝合对合皮肤。

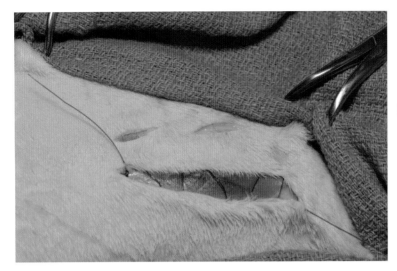

图4-7　分离伤口周围的皮下组织，平行于伤口并在距伤口边缘2cm外做几个1~2cm长的切口。预置并收紧皮内缝线；如果对合需要，可增加更多减张切口。

图4-8　完全收紧皮内缝合线。减张切口会裂开，沿着一期伤口边缘释放张力。

术后注意事项　　推荐使用伊丽莎白脖圈来防止自损。多个减张切口的护理及愈合与网状皮肤移植类似（见第33~34页）。网状部位应使用非黏附性敷料及吸附性衬垫绷带覆盖，每日换药并持续5~7d，之后每2~3d换药一次直到伤口愈合。在Z形成形术处使用非压迫性绷带包扎引流口或减少活动性。

　　减张技术的并发症为皮肤坏死、开裂和感染。Z形成形术开裂最常见于当周围皮肤松弛度有限或Z形的长度或角度太大时。坏死可能出现于Z形角度太窄。如果网状区域面积太大，下层组织缺乏足够的血液供应来提供营养及血管生长，网状皮肤可能坏死。

参考文献　　Bosworth C and Tobias KM. Skin reconstruction techniques: Z-plasty as an aid to tension-free wound closure. Vet Med 2004;99:892-897.

Fowler D. Distal limb and paw injuries. Vet Clin Small Anim 2006;36:819-845.

Vig MM. Management of experimental wounds of the extremities in dogs with Z-plasty. J Am Anim Hosp Assoc 1992;28:553-559.

Vig MM. Management of integumentary wounds of extremities in dogs: an experimental study. J Am Anim Hosp Assoc 1985;21:187-192.

5 全层网状皮肤移植片

Full-Thickness Mesh Grafts

当伤口无法直接对合或使用局部或区域性皮瓣进行缝合时，可能需要皮肤移植。整片的游离皮肤可以覆盖在伤口上；但是，移植片下层的液体聚集会抑制"移植接受"（血管再生）。网状皮肤移植片是一种全层或非全层皮肤片，它上方有可用于引流及膨胀的网状孔。由于能够适应粗糙面，网状移植片可以用在身体的很多部位。全层网状移植片比非全层移植片更好，这是由于它们相对抗损伤，并且能够提供能接受的外观。

网状移植片的长期存活依赖于下层组织的早期血管化。因此，网状移植片应放置于有血管供应的非感染伤口上。如果伤口感染、污染或者血液供应不良，需推迟5~10d直到健康的肉芽组织生长后再进行网状移植。网状移植片可用于健康肌肉外层的新鲜手术伤口。它们还可以放置在从腹腔延伸至伤口内的网膜上。至少48h后，网状移植片会变为青紫色，此时移植组织依靠"血浆吸收"（液体吸收）获得营养。只要移植片适当地黏附于下层血管床，血液循环及淋巴引流通常出现在术后第5天。网状移植片下方的开放性伤口在1~2周内通过收缩及上皮再生愈合。

术前管理

具有慢性或感染性伤口的动物，应推迟移植时间，直到感染消除以及血液供应改善。对于这些动物，应对伤口进行钻孔活组织检查并将样本送去进行细菌培养及药敏试验。如果新生上皮已经向伤口边缘内移动，那么此时伤口应已经可以进行移植了。如果伤口床颜色苍白并增厚，也可以将组织样本送去进行组织评估。主要由纤维组织组成，仅含少量血管的伤口床需要被切除。环绕靠近皮肤边缘的纤维性伤口床做切口，将其与皮下组织的连接面用Metzenbaum剪剪断。使用敷料和绷带对新鲜的伤口进行处理，直到出现健康的肉芽组织。

有慢性伤口或感染的动物可能出现低血钾、低蛋白血症、贫血或脱水。手术前应先纠正体液和电解质失衡。如果红细胞压积低于25%，应浓缩红细胞。患有低白蛋白血症的动物可以使用羟乙基淀粉维持胶体渗透压。恶病质的动物可能需要饲管及营养支持。

在手术前，应使用灭菌水溶性润滑剂填充伤口，伤口周围皮肤剃毛并使用吸尘器吸去毛发。然后用水冲洗掉润滑剂，同时去除因剃毛遗留的毛发。可以使用抗菌皂及纱布海绵对伤口进行轻柔地刷洗来清除局部的污染物和伤口表面的碎片。供皮处同样需要剃毛及准备。

手术　　如果可能，供皮处和受皮处应位于动物身体的同侧，这样在手术中能够同时处理两个部位。供体皮肤通常来自于胸壁及腹壁外侧。这些部位的皮肤相当丰富且具有适当的厚度。它们的毛发颜色，纹理和长度也能够与受皮处相称，这样会改善整形效果。

手术技术：全层网状移植片

1 测量预计移植的伤口床大小或者使用灭菌手套的包装袋或其他材料做一个伤口的模板（图5-1）。

2 使用灭菌记号笔，标记出供皮处及受皮处毛发生长的方向（图5-2）。

3 使用模板或根据测量值，画出皮肤移植片的轮廓，其大小应比缺损长1/3，宽度至少达到缺损处的一半。移植片不需要比原发伤口更宽。确定模板的方向或大小，使供皮处和受皮处的毛发生长方向相配。

4 使用灭菌记号笔，在供皮处画出移植片的轮廓。用你的手指抓住这个位置，然后暂时提起周围皮肤来确认供皮处易于缝合。

5 切除将要接受移植的伤口内由上皮形成的皮岛。

6 使用湿润的纱布覆盖准备好的移植片。

7 在切下供皮时（图5-3）或将供皮切下后（图5-4），要去除与之相连的皮下组织。

  a. 制作移植片时去除皮下组织。

    i. 沿三边切开全层皮肤。

    ii. 使用Metzenbaum剪钝性并锐性分离皮肤。

    iii. 掀起皮肤，将皮下组织向上，放在你的手指上或折起来的腹部手术垫或海绵上。

    iv. 将皮肤以一定张力伸展，切除移植片的皮下脂肪及肌膜（图5-3）。

    v. 切断剩余的皮肤连接处。

    vi. 冲洗移植片并检查是否有剩下的脂肪碎片。移植片上的真皮层应呈鹅卵石样外观。

  b. 在取下移植片后去除皮下组织。

    i. 沿着标记的边缘切下移植片。

    ii. 使用Metzenbaum剪，切断移植片与皮下组织的连接处并将其从供皮处取下。

    iii. 将真皮面朝上，伸展皮肤并用皮下注射器针头将其固定在一片灭菌硬纸板或折叠起来的手术巾上。

    iv. 用剪刀或刀片去除皮下脂肪，直到真皮面变为白色且有反光，并呈轻度鹅卵石样外观。

8 将移植片放在灭菌硬纸板、金属器械盘或折叠的手术巾上。使用手术刀，做多个交错的0.5~2cm长的切口，切口间隔0.5~2cm。网孔的数量依据引流及扩张的需要而定。

9 将移植片放置在受皮处，并根据毛发生长方向进行调整。

10 用缝线或皮钉将移植片固定在伤口一侧（图5-5）。如果受皮处的皮肤边缘很薄，沿皮肤边缘切开，切开处包括肉芽组织和缝合处内侧的皮肤边缘。

11 伸展移植片，使网孔达到至少3mm宽，以便引流。

12 在用皮钉或缝线固定剩下的边缘前，切除多余的供体皮肤。使用皮钉或间断或连续缝合法缝合皮肤。

13 用多个定位缝合将移植片固定在伤口上，特别是在移植片中心或有凹陷的地方（图5-6）。

  a. 从一个网孔内穿针，穿入并穿出伤口床，并从相邻的网孔穿出。

  b. 将缝线打结，使伤口床和移植片轻柔对合。

14 常规缝合供皮处。

15 将非黏附性敷料直接覆盖在移植片上（比如：浸润了少量软膏的海绵或填充垫）。使用合适的非压缩性带垫绷带包扎伤口，并制动。如果伤口靠近关节，可在伤口上增加夹板。

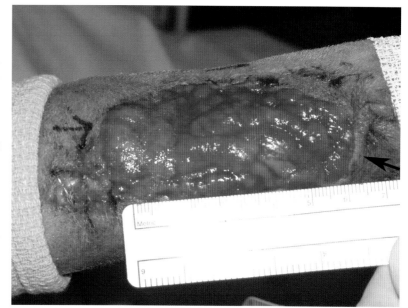

图5-1　标记伤口周围的毛发生长方向并测量伤口床。

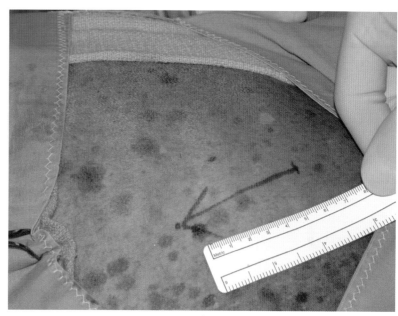

图5-2　标记供皮处的毛发生长方向并画出移植片的轮廓。将被扩张的移植片应比受皮处更长。

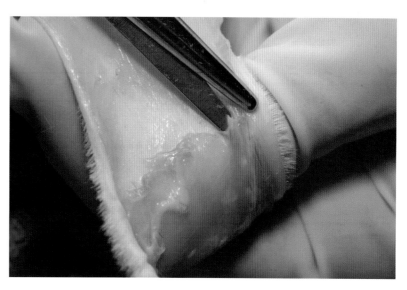

图5-3　沿供皮处三边切开皮肤，然后用你的手指或纱布海绵将其卷起以暴露皮下组织。清除移植片下的皮下脂肪。

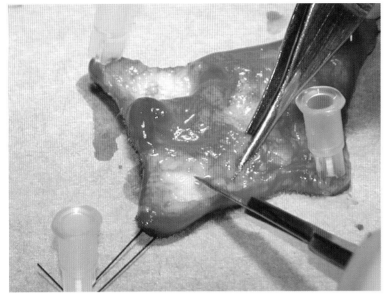

图5-4 另外，可以将游离移植片固定在灭菌硬纸板上，去除皮下组织。

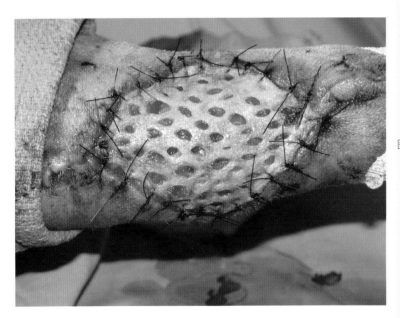

图5-5 确定移植片的方向，使毛发生长方向与受皮处周围的皮肤相符，然后用缝线或皮钉对合皮肤边缘。

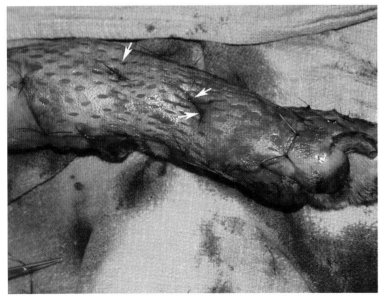

图5-6 从相邻的网孔内进针，将移植片固定在伤口上，并在皮肤上打结（箭头所示）。

术后注意事项　可能的话，将第一次包扎的绷带留置48h来促进移植片黏附在伤口上。之后，每天或隔天对移植处进行重新包扎以保持伤口清洁，并防止皮肤因过度湿润而发生浸解（图5-7）。由于早期黏附到伤口床的移植片纤维蛋白很容易开裂，在最初的5d，拆除绷带时应非常小心。动物可能需要镇定，以在更换绷带时尽量减少活动。第一周后，根据液体和渗出液的产生量，一般可以每3~5d更换一次绷带。拆除绷带后，动物可能需要佩戴几周伊丽莎白脖圈来防止自损。

网状移植片在最初的2~3d通常会发绀（图5-7和图5-8）。在手术7d后，移植片的存活数量会变明显。有时，在手术后5~7d，较厚移植片的表皮浅层会发生脱落（图5-9），但剩下的组织通常会存活并愈合。在2~3周内会出现明显的毛发生长（图5-10）。移植处毛发的颜色和长度通常会与周围不同。在准备移植片时过度清除皮下组织能破坏毛囊，造成无毛区。

网状移植片最常见的并发症为移植失败。移植片"接受"会被形成的血清肿或血肿、移动、损伤、感染或过紧的绷带破坏。对移植片的清理不足，会造成移植片太厚，使其不易在最初的48h内吸收营养。移植片不应放置在无血管的脂肪、被辐射的组织、暴露的骨骼或肌腱上。术后7d时，如果移植片变为黑色或白色，那么应切除。露出的伤口应作为开放性伤口进行处理，直到感染消除，伤口长出肉芽。如果移植片只存活了一部分，剩下的伤口可以通过收缩及上皮化愈合。

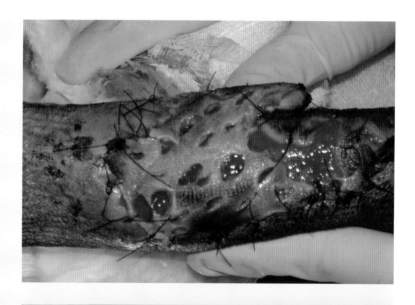

图5-7　含银抗菌乳膏使用过量造成的皮肤浸解。

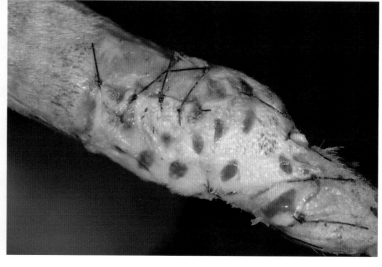

图5-8　在血管再生前，移植片会变得苍白或发绀。

33

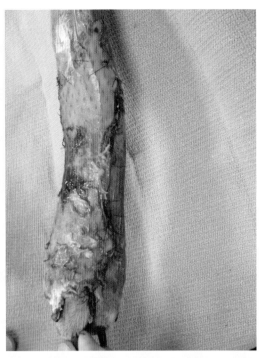

图5-9　较厚的移植片上，表皮浅层脱落。移植片下层出现血管再生，同时网状切口被填满。

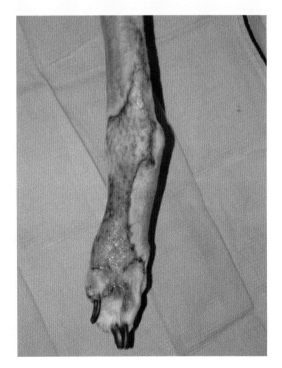

图5-10　移植后一个月，可见到明显的毛发生长。

参考文献

Fowler D. Distal limb and paw injuries. Vet Clin Small Anim 2006;36:819-845.

Gibbs A and Tobias KM. Skin reconstruction techniques: full-thickness mesh grafts. Vet Med 2004; 99:882-890.

Pope EE. Mesh skin grafting. Vet Clin N Am Small Anim Pract 1990;20:177-187.

Swaim SF. Evaluation of a practical skin grafting technique. J Am Vet Med Assoc 1984;20:637-645.

6 腹壁后浅轴型皮瓣
Caudal Superficial Epigastric Axial Pattern Flap

　　来源于皮肤的轴型皮瓣含有直接供应皮肤的动脉和静脉。由于这些皮瓣比随意带蒂皮瓣的灌注更好（见第27页），移位后的皮肤存活机率更高。轴型皮瓣通常用于闭合因摘除肿瘤或损伤造成的广泛缺损。大部分皮瓣为矩形；但是，皮瓣大小和形状与动物的品种和血液供应的范围有关。轴型皮瓣的基部一般仍与局部皮肤相接；但是，它们任意方向的皮肤连接都可以横断，使组织更容易旋转。皮瓣可以立即转移到新鲜的手术伤口处。不过，大面积污染或感染的损伤性伤口可能需要几天至几周的局部处理，之后才可以进行皮瓣移植。

　　腹壁后浅轴型皮瓣可用于位于后肢上方、腹壁外侧以及会阴部的伤口重建。对于猫和短腿犬，这些皮瓣通常能够达到跗关节处。腹壁后浅轴型皮瓣除了需要保留尾侧的主要血管供应之外，其他制作方法类似于单侧链状乳腺切除术（第63~65页）。皮瓣转移后仍能保留乳腺功能。

术前管理　　　对于有慢性伤口的动物，需对伤口床进行钻孔活组织检查，经细菌培养和药敏试验确定受皮处健康，没有感染时，可使用轴型皮瓣技术。对于受伤动物，应先进行多普勒血流探查或彩色血流多普勒超声检查，确定腹壁后浅部血管内有血流。

　　大多数动物的供皮处都具有足够的松弛度，并可以立即进行一期闭合。然而一旦切开，周围皮肤便会发生回缩，使供皮处的伤口显得更大。在供皮处周围，动物的剃毛范围应当更广泛，并进行合理地摆位及术前准备，这样手术大夫可以充分利用胸腹侧壁及胁腹部的皮肤进行闭合（图7-1）。

　　对于开放性伤口，在剃毛前应先用水溶性凝胶填充受皮处。用吸尘器清除掉落的毛发，在对伤口进行准备前将凝胶冲洗掉。可以使用抗菌皂及海绵纱布对伤口床进行轻柔地擦洗，清除污染和碎片。如果受皮处位于腿部或会阴部，准备时应将腿悬挂起来。将动物保定在手术台上，使两侧供皮处和受皮处在铺设创巾时都处于最小的张力下。如果需要，在移动轴型皮瓣并覆盖慢性伤口前，可在手术中先将过度增生的组织或肉芽组织切除。

在母犬，腹壁后浅皮瓣可延伸至第一和第二乳腺之间的中点处。对于某些猫和公犬，如果皮瓣延伸至第二乳头时可能会发生坏死。为了确定覆盖伤口的合适的皮瓣长度，可以先用灭菌纸、灭菌纱布、灭菌垫或灭菌创巾做一个皮瓣的模型，用手将其固定在预计制作的皮瓣基部，然后将其旋转到受皮处。如果伤口位于腿的后部，皮瓣长度和伤口的覆盖范围应在腿伸展时进行评估。在制作皮瓣之前，受皮处应根据需要进行清创。将较薄的上皮边缘切除，并用湿润的纱布海绵将伤口盖住，直到将皮瓣分离之后。在切下皮瓣前，应抓住受皮处的皮肤并向上提起，然后松开以确定摆位是否正确。

对于母犬，应在乳腺血管下层分离皮瓣，以保留血液供应。一直向后分离至腹壁后浅动脉和静脉。腹壁后浅动脉和静脉是外阴血管的分支，外阴血管由腹股沟外环穿出，仅延伸至最后乳头内侧，腹中线外侧2~4cm处（图7-13）。由于收缩，在分离后皮瓣会显得更窄更短。

一旦分离后，皮瓣便可以旋转180°；但是，皮瓣基部旋转过度或扭转会引起淋巴管或血管阻塞，之后会出现肿胀及坏死。如果需要进一步移动，可以切断皮瓣基部的连接处将皮瓣变为"皮岛"。保留完整的皮下组织以防破坏腹壁后浅动脉和静脉（图6-1）。如果受皮处与供皮处没有直接相连，在两者之间的皮肤上做一个切口使供皮处和受皮处连接起来。分离周围组织之后，皮瓣位于新的缺口内和受皮处之上。不要将皮瓣中央固定在受皮处上，这会破坏血液供应。应当放置持续抽吸式引流来替代这种方法，以减少死腔。

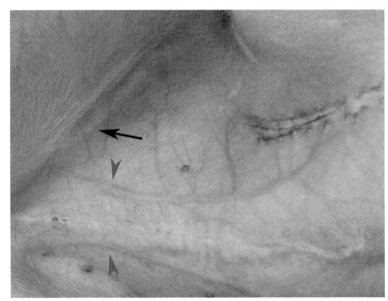

图6-1 腹壁后浅部血管（短箭头）为外阴血管的分支，外阴血管穿过腹股沟环（长箭头所示）。

手术技术：腹壁后浅部皮瓣

1 用灭菌记号笔沿腹中线从最后乳头或腹股沟环处画一条线，延伸至预计的皮瓣头侧缘。公犬应包含包皮基部（图6-2）。

2 测量乳头到中线间的距离。从乳头外侧与乳头到中线间距离相等处，平行第一条线画第二条，在头侧用曲线将两条线相连。

3 沿预画线切开皮瓣边缘，结扎乳腺间的汇合处或大血管。

4 从尾侧开始，使用Metzenbaum剪，在腹外斜肌及直肌肌膜鞘外侧分离皮瓣（图6-3）。

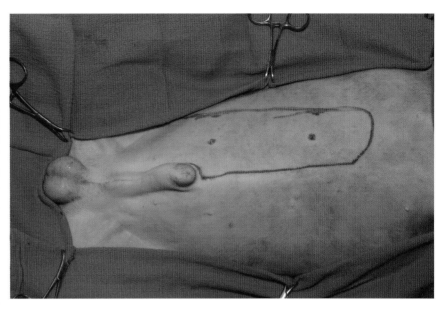

图6-2　用灭菌记号笔画出皮瓣轮廓。乳头和皮瓣外侧缘间的距离应与乳头和腹中线之间的距离相同。在母犬，皮瓣可以延伸至第一乳腺和第二乳腺间的中点处。

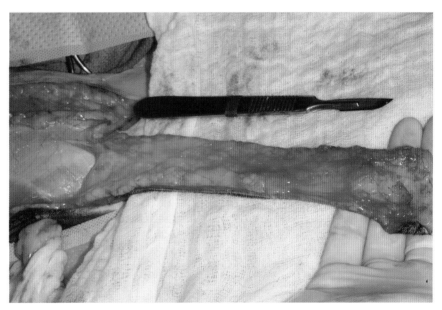

图6-3　从腹壁肌肉的外侧筋膜上将皮瓣分离。向尾侧分离至腹股沟环，但不要破坏腹壁后浅部血管。

5 剪开尾侧，逐渐向腹股沟环分离皮瓣。避免破坏腹壁后浅部血管（图7-13）。

6 一旦将皮瓣分离后，用创巾钳暂时闭合，或使用湿润的海绵盖住供皮处。

7 将皮瓣旋转至受皮处（图6-4）。如果需要，切开穿过供皮处与受皮处之间的完整皮肤做桥连切口，然后分离切口两侧的皮下组织。

8 做几个间断皮肤缝合或使用皮钉将皮瓣固定到受皮处最远端。

9 在皮瓣下方放置持续抽吸式引流，引流管的出口位于健康皮肤处，出口位置应易于包扎（图6-5）。

10 如果可能，使用快吸收单股缝线连续或间断缝合，沿皮瓣和受皮处的边缘对合皮下脂肪。用间断或连续缝合，或者皮钉对合皮瓣与受皮处的皮肤边缘。

11 在供皮处下方放置持续抽吸式引流，常规闭合皮下组织和皮肤。

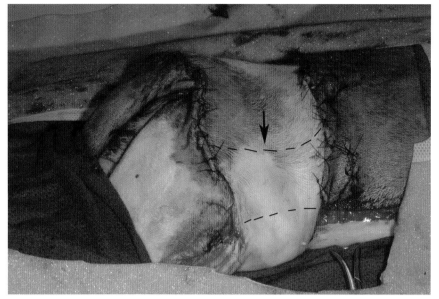

图6-4 将皮瓣旋转至受皮处。如果受皮处和供皮处不连续，用切口穿过的完整皮肤（虚线和箭头），连接供皮和受皮处。

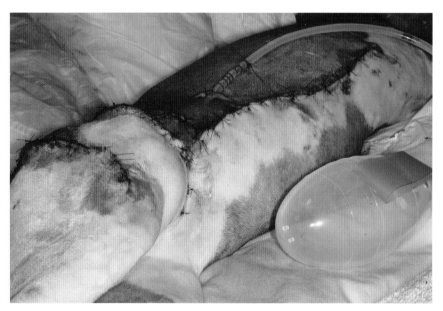

图6-5 放置抽吸式引流并闭合皮下组织及皮肤。

术后注意事项　应使用非压迫性绷带包扎引流口，以降低污染的风险。大多数动物可以在16~72h后拆除引流装置。应佩戴伊丽莎白脖圈来防止自损。术后1~2d内常见皮瓣挫伤及末梢水肿，通常无需治疗便可消散。皮瓣的完整性及血管的情况需要在第3天及第6天重新进行评估（图6-6）。如果发生坏死，需要切除受影响的组织，剩下的缺损进行一期缝合或二期愈合。

其他并发症包括术后渗出、血清肿形成、感染以及局部切口开裂。可以通过仔细计划及放置皮瓣，避免张力，以及使用持续负压引流来避免出现并发症。大部分开裂可以通过清创、伤口护理以及更换绷带来进行保守处理。

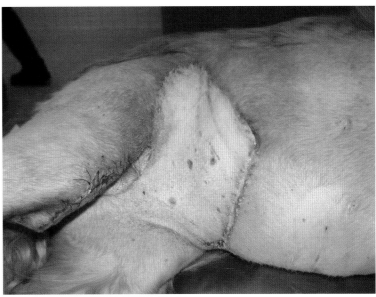

图6-6　腹壁后浅部皮瓣术后2周的外观图。

参考文献

Aper RL and Smeak DD. Clinical evaluation of caudal superficial epigastric axial pattern flap reconstruction of skin defects in 10 dogs (1989-2001). J Am Anim Hosp Assoc 2005;41:185-192.

Bauer MS and Salisbury SK. Reconstruction of distal hind limb injuries in cats using the caudal superficial epigastric skin flap. Vet Comp Orthop Traumatol 1995;8:98-101.

Leonatti S and Tobias KM. Skin reconstruction techniques: axial pattern flaps. Vet Med 2004;99:862-881.

Lidbetter DA et al. Radical lateral body wall resection for fibrosarcoma with reconstruction using polypropylene mesh and a caudal superficial epigastric axial pattern flap: a prospective clinical study of the technique and results in 6 cats. Vet Surg 2002;31:57-64.

Reetz JA et al. Ultrasonographic and color-flow Dopper ultrasonographic assessment of direct cutaneous arteries used for axial pattern skin flaps in dogs. J Am Vet Med Assoc 2006;228:1361-1365.

7 乳腺切除术

Mastectomy

　　乳腺肿瘤是母犬肿瘤最常见的类型，它几乎很少发生于公犬。母犬的乳腺肿瘤发生率与局部地区内进行子宫卵巢摘除术的时间相关。在第一次和第二次发情期之前摘除卵巢的犬患乳腺肿瘤的风险分别为0.5%和8%。之后，切除或未切除卵巢的犬的风险为26%。乳腺肿瘤在猫相对比较少见（25/100 000母猫或0.025%）。在6月龄、12月龄及24月龄前切除卵巢的猫，乳腺肿瘤的发生率可分别降低91%、86%及11%。在猫2岁后或犬在2.5岁后切除卵巢对乳腺肿瘤发生率的影响非常小。

　　大部分患有乳腺肿瘤的动物都具有无痛的肿物，可能会在每年的体格检查中偶然发现。患有炎性乳腺癌的犬通常会出现厌食，体重减轻，虚弱等症状，肿瘤迅速生长，肿胀，发红，疼痛，以及弥散性侵蚀到多个乳区。

　　手术切除是非炎性乳腺肿瘤的治疗选择之一。在犬，只要肿瘤被完全切除，复发率及存活时间不受种类或手术切除范围的影响。但是，58%患单个乳腺肿瘤的犬在进行了局部乳腺切除后，会生长出同侧的肿瘤。未绝育的犬应在手术时切除卵巢。在进行了乳腺肿瘤切除的犬中，2岁内进行了卵巢摘除的犬（包括在手术时）的存活时间要比在摘除肿瘤前未绝育或2岁后进行绝育的犬的存活时间长45%。

　　对于患有炎性癌的犬，治疗包括对所有系统性疾病进行支持性护理，并且每日给予吡罗昔康（0.3mg/kg，口服）。使用吡罗昔康进行治疗的患炎性癌的犬的存活时间为6个月，采用其他治疗方法的犬的存活时间小于1个月。乳腺切除术不会增加寿命。

　　推荐对患有乳腺癌的猫进行双侧或单侧根治性乳腺切除术（根据淋巴引流情况），因为彻底切除相对于更保守的手术（范围，300~325d），能够增加不受疾病侵害的时间间隔（范围，575~1300d）。

术前管理　　由于患乳腺肿瘤的动物通常年龄较大，应评估它们是否患有其他系统性疾病。母犬中半数的乳腺肿瘤及猫和公犬的大多数乳腺肿瘤为恶性，因此，诊断时应进行三个方向的胸部投照来检查肿瘤是否发生转移。如果尾侧乳腺受到影响，应进行腹部超声检查来评估动物是否出现了淋巴结增大或其他部位的转移。对于分化良好的乳腺肿物，细针抽吸可能不敏感，因此，细针抽吸主要用于鉴别分化不良的肿瘤。不过对于转移来说，淋巴结穿刺的敏感度非常高。炎性癌会伴发弥散性血管内凝血，因此，应评估患炎性癌动物的凝血及血小板计数。如果怀疑炎性癌，应进行活组织检查，因为对于这些动物，乳腺切除术是禁忌。活组织检查也推荐用于年轻的未绝育猫，以排除纤维腺瘤增生，它的治疗方法为胁腹部子宫卵巢摘除术。

在麻醉情况下，应仔细触诊所有乳腺来检查是否有肿物，因为多结节很常见。猫通常具有4对乳腺，而犬通常具有5对，虽然它们也可能有4对或6对。应对动物进行较大面积的剃毛和充分的术前准备，尤其是要摘除双侧的肿物时。在剃毛时，可以抓住并提起皮肤，使其离开体壁来确定缝合时皮肤将会移动多少（图7-1）。使用这种方法时，兽医一般会发现需要更大的剃毛面积来防止手术时的污染。

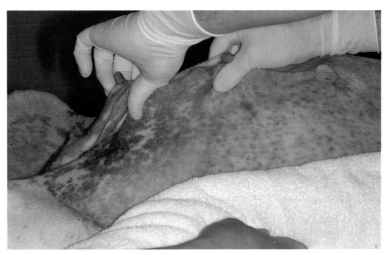

图7-1　当对患病动物进行术前准备及摆位时，抓住并提起皮肤，使其离开体壁，然后将毛巾卷放在背侧来减小张力。

手术

乳腺切除术的手术技术包括乳腺肿瘤切除（只切除肿瘤）、简单或局部乳腺切除术（切除乳腺及乳腺内的肿物）、全切除（切除乳腺及乳腺内的肿物、中央淋巴管以及局部淋巴结），以及单侧乳腺切除术（切除肿物侧的全部乳腺以及相连的腹股沟淋巴结）。乳腺肿瘤切除通常用于直径小于1cm的带包膜肿物或那些沿乳腺外侧缘生长的肿物。双侧乳腺切除术应相距1个月分阶段进行，尤其在犬，以减小伤口缝合时的张力。

如果动物未进行绝育，在乳腺切除前需要通过腹中线切口进行子宫卵巢摘除术。在缝合腹白线后，摘除病变的乳腺。如果肿瘤越过腹中线，并与直肌筋膜粘连，可以在进行子宫卵巢摘除术前将体壁和乳腺组织全部切除。

在大范围切除时，需要用灭菌尺和皮肤记号笔画出皮肤切口的轮廓。在切开皮肤和皮下组织之后，将乳腺从体壁上分离。犬的胸部乳腺紧密连接在下层胸肌上，相对于腹部乳腺更难摘除。因乳腺肿物与外侧直肌鞘粘连，在猫有时需要切除腹壁。

烧烙或高频电刀对于减少出血和肿胀非常有用。不过，激光、单极烧烙和高频电刀会使>0.15mm深的组织发生碳化，这会干扰对边缘组织的评估。

一旦肿物被摘除后，需要用缝线标记肿物的头侧及外侧缘。切下的边缘和腹侧面可以用蓝色或绿色组织染色剂着色，以便评估组织边缘。在染色剂干燥后，将组织放入福尔马林中。

可能需要使用旋转皮瓣或Z形成形术（第25~26页）来闭合头侧的较大伤口。跨步式缝合减小了缝合时的张力。当无法闭合死腔时，应放置持续抽吸式或彭氏引流。对于乳腺肿瘤切除术及简单的乳腺切除术，皮下缝合就足以减少血清肿的形成。推荐使用快吸收单股缝线进行皮下缝合，因为对于吸收时间较长的缝线，环绕在缝线周围的纤维性组织可能会持续数月，这样会使评估术后复发情况变得更具挑战。

手术技术：乳腺肿瘤切除术

1 如果皮肤可以被轻松地移动到肿物之上，穿过皮肤做一个3~4cm的切口（图7-2）。用 Metzenbaum剪将皮肤从下层皮下组织上分离。

2 如果皮肤不能轻松移动，环绕肿瘤1~2cm切开皮肤。

3 从伤口内提起肿物（图7-3）；如果需要，钝性分离肿物周围1~2cm的组织。

4 使用单极或双极电烙器、高频电刀、激光进行止血，或全部使用缝线结扎（图7-4）。

5 使用3-0或4-0快吸收单股缝线，简单间断缝合深层及浅层皮下组织。

6 常规缝合皮肤。

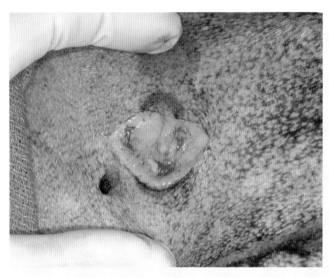

图7-2 简单乳腺肿瘤切除术。如果肿物具有游离性，在肿物上穿过皮肤做一个3~4cm的切口。

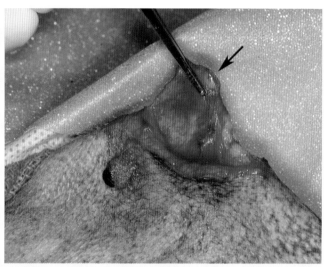

图7-3 分离肿物（箭头所示），暴露1~2cm的皮下组织和肿物周围的腺体组织。

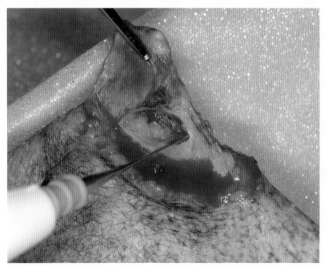

图7-4 使用高频电刀或单极电烙器切断皮下组织、腺体的连接处，或者先结扎血管后再使用剪刀锐性剪断组织。

手术技术：简单或局部乳腺切除术

1 环绕要切除的乳腺做椭圆形皮肤切口（图7-5）。

2 使用刀片或剪刀切开中央的皮下组织（图7-6）。

3 从头侧开始进行连续的皮下组织切开与分离。结扎或烧烙出血的血管。

4 沿乳腺外侧缘切开皮下组织（图7-7）。

5 向头侧扩大切口，确认需要被切除的乳腺和与其相邻的乳腺间的连接处（图7-8）。

6 使用2-0或3-0快吸收缝线，双重或贯穿结扎乳腺间交汇的组织和相关血管（图7-9），然后切断组织间的连接。

7 由头侧或中部开始，在腹壁外侧筋膜鞘和乳腺头侧和外侧之间分离（图7-10）。结扎并切断所有吻合的血管或汇合处的乳腺组织。

8 如果要切除尾侧乳腺，确认腹股沟脂肪垫内的后腹浅动脉和静脉，在完成乳腺切除术前结扎并将其剪断。

9 通过间断缝合（图7-11）、跨步式缝合（第15页）或持续抽吸式引流来减少皮下死腔。常规缝合皮肤。

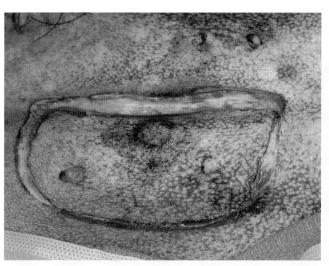

图7-5　局部乳腺切除术。由腹中线开始，环绕乳腺切开皮肤。

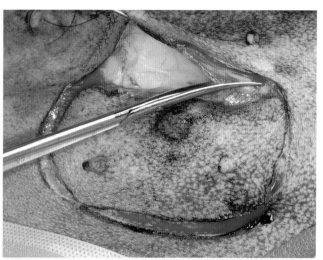

图7-6　切断皮下组织与筋膜间的连接。

图7-7　分离外侧皮下组织至外层腹部筋膜鞘。

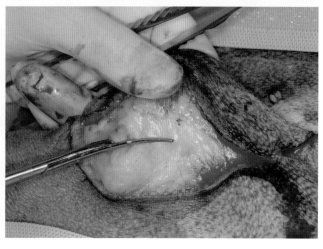

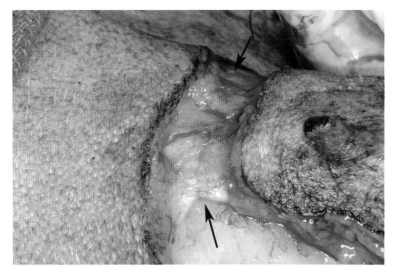

图7-8 确认腺体间的血管和交汇的乳腺组织（箭头之间）。

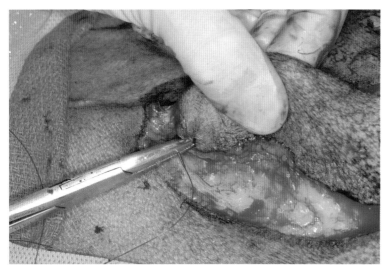

图7-9 在剪断前，使用贯穿或环绕结扎腺体间的血管和交汇的乳腺组织。

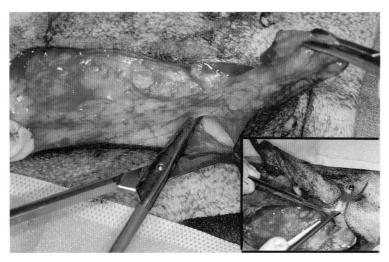

图7-10 向尾侧，使用钝性和锐性分离将乳腺从腹壁上分离。结扎并切断所有交汇的乳腺组织（小图）和血管。

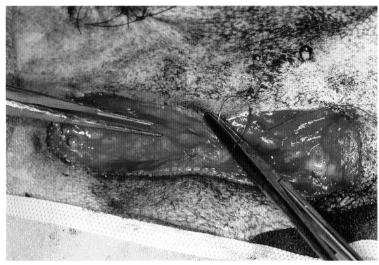

图7-11 为了闭合死腔，将皮下组织固定在腹壁筋膜上或放置引流。

手术技术：单侧根治性乳腺切除术

1 由乳腺内侧切开皮肤和皮下组织。在犬，沿着后三乳区的切口都应位于腹中线。

2 测量乳头到腹中线的距离；测量乳头至外侧的相同距离来判断乳腺的外侧缘。沿乳腺的头侧、外侧及尾侧缘切开皮肤。

3 用剪刀进行钝性和锐性分离头侧和外侧缘的皮下组织。结扎大血管并用烧烙或高频电刀切断小血管。

4 显露，结扎，然后切断胸内、胸外和肋间血管的分支，如果在分离时显露了腹壁后浅动脉和静脉，也要同样处理。

5 从头侧至尾侧，将乳腺组织从胸部和外层腹部筋膜鞘上分离（图7-12）。在分离过程中，皮肤外侧缘会缩回外侧，使切除后的外观看起来像原大小的2倍。

6 如果乳腺组织与腹壁筋膜粘连，切除筋膜及下层肌肉，并用单股吸收线缝合缺损。

7 小心切开至腹股沟外环，避免破坏外阴动脉和静脉。

8 确认腹股沟脂肪垫内的后腹浅动脉和静脉（图7-13），双重结扎并将其剪断。

9 直接剪断尾侧剩下的皮下组织并摘除全部乳腺。

10 放置持续抽吸式引流，引流管的出口应位于容易包扎的部位。

11 使用穿透型创巾钳，临时对合皮肤边缘（图7-14）。如果皮肤边缘不易对合，在皮下组织和腹壁或胸壁筋膜间进行分离以减小张力。拉动用于固定创巾的巾钳，使皮肤向中央移动，进一步减小张力。

12 使用2-0或3-0快吸收单股缝线间断缝合皮下组织。如果需要，使用跨步式或固定缝合闭合死腔。

13 取下创巾钳，然后常规缝合皮肤（图7-15）。

14 使用荷包缝合法缝合引流口，然后将引流管固定在皮肤上。

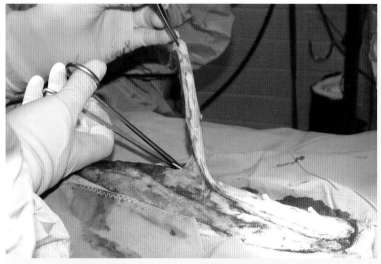

图7-12 切开皮肤和皮下组织之后，在乳腺和外侧腹部筋膜之间，由头侧至尾侧分离长条形的乳腺。

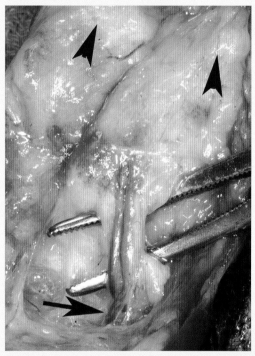

图7-13 确认后腹浅部血管（止血钳上）位于外阴血管的分叉处（长箭头所示）。在这张照片中，分离起的乳腺（短箭头所示）从术者面前拉开。

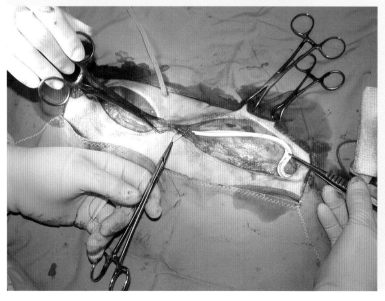

图7-14 放置持续抽吸式引流，并使用创巾钳对合切口边缘，同时缝合皮下组织和皮肤。在这只动物，在创巾和皮肤间增加了一把创巾钳来防止露出毛发。

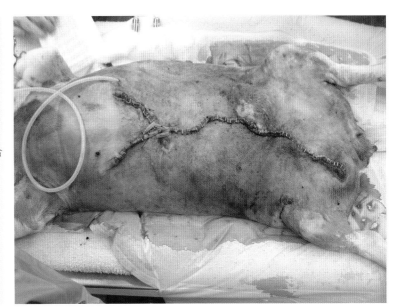

图7-15　最终外观。在Y形缝合的交汇处使用支架缝合来减小张力。这些缝线应在2~3d后拆除。

术后注意事项　　所有肿物都应送去进行组织学评估，因为动物的每个乳区或整个乳腺内具有很多不同组织类型的肿瘤。使用绷带、伊丽莎白脖圈以限制活动，可以降低发生肿胀的风险。大多数动物可以在术后24~48h内拆除引流。进行了大范围切除的动物通常需要2~5d的术后镇痛。

并发症包括疼痛、肿胀、出血、血清肿形成、感染、开裂、肢水肿、肿瘤复发和转移性疾病。动物如果存在转移、肿瘤分化不良或浸润、肿瘤直径大于3cm，预后不良。

参考文献

Alenza MDP et al. Inflammatory mammary carcinoma in dogs: 33 cases (1995-1999). J Am Vet Med Assoc 2001;219:1110-1114.

Allen SW and Mahaffey EA. Canine mammary neoplasia: prognostic indicators and response to surgical therapy. J Am Anim Hosp Assoc 1989;25:540-546.

Chang SC et al. Prognostic factors associated with survival two years after surgery in dogs with malignant mammary tumors: 79 cases (1998-2002). J Am Vet Med Assoc 2005; 227:1625-1629.

Sorenmo K. Canine mammary gland tumors. Vet Clin Small Anim 2003;22:573-596.

Sorenmo KU et al. Effect of spaying and timing of spaying on survival of dogs with mammary carcinoma. J Vet Intern Med 2000;14:266-270.

Souza C et al. Inflammatory mammary carcinoma in 12 dogs: clinical features, cyclooxygenase-2 expression, and response to piroxicam treatment. Can Vet J 2009;50:506-510.

Stratmann N et al. Mammary tumor recurrence in bitches after regional mastectomy. Vet Surg 2008;37:82-86.

Wypij J. Malignant mammary tumors: biologic behavior, prognostic factors, and therapeutic approach in cats. Vet Med 2006;101:352-366.

8 打包绷带
Tie-over Bandage

在保护伤口，固定敷料，或防止污染时需要使用绷带。对位于身体后半部分的伤口，很难放置并保持环绕型绷带，这是由于存在被尿液和粪便污染的风险。为了减少污染和滑落，可以使用黏附性创巾、皮肤钉或打包技术将绷带局部固定在伤口上。

动物的打包绷带通常是由放置在皮肤上的线圈构成的。将敷料和吸附性材料放置在伤口上并使用固定带或鞋带穿过线圈，并在绷带上交叉打结。相对于环绕型绷带，打包绷带不易滑脱或阻碍淋巴或静脉回流。它还可以作为一种拉伸和延长局部皮肤的方法来促进伤口缝合。皮肤能够释放的程度依赖于伤口的位置和局部皮肤的性质。最大限度的伸展通常可见于在皮肤上施加张力后的2~3d内。

使用打包绷带时，接触层可以被修剪为各种形状，以便保留在伤口内。接触层的选择应基于伤口的性质。正在出血的新鲜伤口应使用非黏附层覆盖，这样在更换绷带时不会造成血凝块脱落。感染的伤口常用的敷料包括抗菌或浸润了抗生素的纱布、银涂层泡沫海绵、将蜂蜜或砂糖放置于其下的吸收垫。由于这些敷料能够保持伤口湿润，它们可以促进肉芽组织形成并加速愈合。含有乙酰化甘露聚糖的敷料也能够刺激肉芽组织形成。敷料需要使用吸收性第二层覆盖。可以放置防水性第三层来保护绷带并保持伤口环境湿润。

术前管理　　打包绷带的缝线圈可以在麻醉或镇静及局部阻滞的情况下放置。为了减少毛发污染，在剃毛前应使用水溶胶填充伤口。在清洗及准备后，对于慢性、不愈合或渗出性伤口，应钻孔活组织检查，进行细菌培养。

手术　　如果希望伸展皮肤，在留置线圈前应对局部皮肤进行皮下分离。通常用非吸收性0号单股缝线制作打包绷带的线圈。这种缝线很难打结，因为容易成滑结。如果成滑结，可以先在注射器较窄的那端做好线圈，这样在打完最后一个结后可以使注射器滑出线圈。由于线圈会拉动皮肤或有时在更换绷带时会被切断，应当再额外留置一个线圈。

手术技术：打包绷带

1 使用0号非吸收性单股缝线，距离伤口边缘2~3cm处穿过皮肤全层。

2 在缝线靠近皮肤的位置打一到两个结。打结时不要使皮肤起褶或压迫皮肤。

3 留一个1~1.5cm的线圈，然后打两个以上的结（4次缠绕；图8-1）。剪断线尾。

4 在伤口周围远离伤口边缘处留置至少8个线圈，线圈之间间隔4~8cm（图8-2）。

5 将灭菌敷料放置在伤口上来保持伤口湿润。使用灭菌吸附性材料作为第二层覆盖在敷料和周围皮肤上。

6 将脐带绷带、鞋带或粗缝线穿过线圈，在绷带上交叉（图8-3）并打结固定。对于大型伤口，至少打两个单独的结。

7 另外，也可以在伤口周围缝上衣带钩，然后使用橡皮筋将敷料固定在伤口上（图8-4）。

8 若需要，在打包绷带上覆盖一个浸泡过抗生素的半透明黏附性创巾（图8-5）。另外，在打结之前，也可以将吸附性填充垫或海绵作为第三防水层覆盖在绷带上。

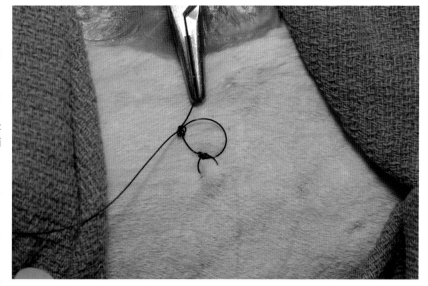

图8-1 为打包绷带做一个线圈，在靠近皮肤处打一个结。留下1.5cm的线圈然后打两个以上结。

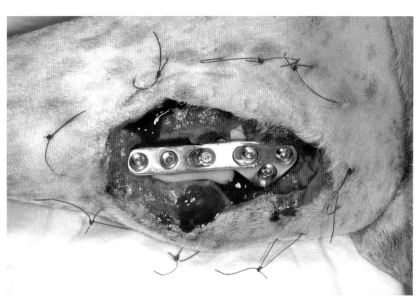

图8-2 在伤口周围留置多个线圈，距伤口边缘数厘米。

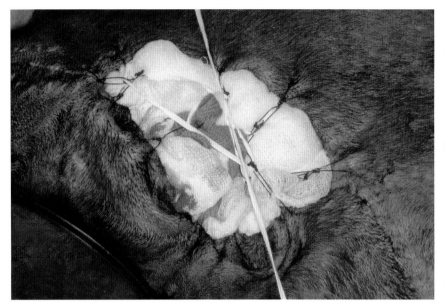

图8-3 将脐带绷带穿过线圈，固定第一和第二层绷带。

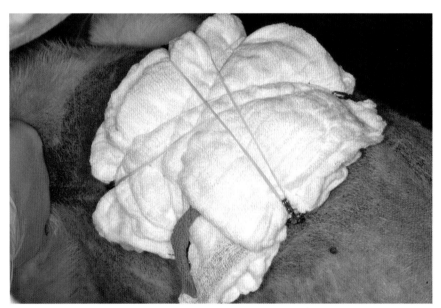

图8-4 在这只患病动物，将衣带钩缝在皮肤上，并用橡皮筋固定敷料。

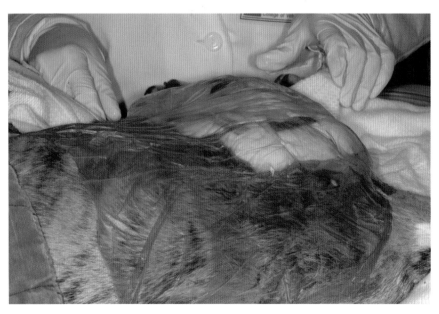

图8-5 用封闭性第三层如浸泡过抗生素的黏附性创巾盖在绷带上。

术后注意事项 　　动物应佩戴伊丽莎白脖圈直到伤口愈合。应根据伤口组织细菌培养的结果确定是否使用全身性抗生素。局部抗生素敷料对于那些伤口污染或伤口局限性感染的动物来说已经足够了。更换绷带的次数应根据伤口渗出液的量。如果需要伸展皮肤，固定带在打结后应形成弧形或使用可调节扣带进行固定。每天将牵引带收紧2~3次，同时，最初的3~5d更换绷带时应进行镇痛。如果伤口出现渗出或固定过紧，通常需要在更换绷带时将固定材料剪断。

　　根据伤口的大小、感染情况、血液供应及患病动物的健康程度，开放性伤口需要几周到几个月的时间来通过二期愈合。对于某些患病动物，打包绷带需要一直使用到伤口不再感染，并且可以在没有张力的情况下进行闭合的时候。

　　并发症包括线圈放置失败或皮肤坏死。如果线圈太靠近组织边缘，那么它可能会被拉出；有时由于与皮肤边缘之间的距离缩小，可能需要重新放置线圈。线圈的结可能会在张力作用下变为滑结。如果结向皮肤滑动，当收紧结时，下面的皮肤可能会发生坏死。如果受到的张力过大，皮肤也可能发生坏死。

参考文献 　　Campbell BG. Dressings, bandages, and splints for wound management in dogs and cats. Vet Clin N Am 2006;36:759-791.

Krahwinkel DJ and Boothe HW. Topical and systemic medications for wounds. Vet Clin Small Anim 2006;36:739-757.

Pavletic MM. Use of an external skin-stretching device for wound closure in dogs and cats. J Am Vet Med Assoc 2000;217:350-354.

2

第二部分　腹部手术
Abdominal Procedures

9 腹部手术切口
Abdominal Incisions

腹部手术通路在兽医门诊比较常见。在过去的30年中，腹部手术操作发生了一些重要的改进。腹膜的缝合不再必要，因为腹膜不缝合也会很快愈合。腹部肌肉通常使用简单连续缝合，因为连续缝合比间断缝合快，而且留在组织里的缝合材料少，组织的异物反应轻。只要每一针都缝合外侧直肌鞘，连续缝合就能为未完全愈合的组织提供足够的强度。如果缝合技术恰当，连续缝合不会增加切口开裂的风险。

术前管理

所有开腹后的动物都存在术后疼痛症，因而需要进行预防。超前镇痛药包括阿片类、非甾体类抗炎药，或采用局部或区域传导阻滞。手术部位要进行大范围剃毛、准备、隔离，以便更彻底地探查腹腔并且可以根据需要扩大切口。对于公犬，可以用创巾钳将包皮向一侧牵拉并隔离在术野外。如果包皮必须露在术野中，在进行最后一步准备前，用抗菌溶液进行冲洗。准备好Balfour开张器、吸引泵和电刀。

手术

开腹前清点纱布数量，关腹前再次清点纱布数量，以确认纱布未遗漏在腹腔内。通常，在腹中线开腹，以避开皮下组织和肌肉中的大血管。在猫，切开皮下脂肪后可很容易地看到腹白线。在犬，皮下脂肪沿腹中线附着在腹壁上，使腹白线不清晰。腹白线上的皮下脂肪可以通过推剪（push-cut）技术（后面描述）锐性剪开，以减少由于过度分离所致的组织创伤和血清肿。对于之前进行过开腹的患病动物，先在无瘢痕的腹白线上做一切口。在扩大腹壁切口前，先用食指或使用钝性器械探查腹膜面以确认没有脏器粘连。

打开腹腔后，镰状韧带可以撕断或结扎后剪断。在猫，镰状韧带与腹白线下的腹膜粘连，使得子宫卵巢钩难以进入腹腔。用合适的开张器（如Balfour开张器）辅助显露腹腔器官。如果在腹壁切口与开张器间放置了腹部垫，腹部垫接触内脏的部分用生理盐水润湿。将整个隔离巾都润湿，会增加热量散失及从下方的皮肤表面吸附细菌的风险。

腹部切口通常采用两层或三层闭合。腹壁肌肉用单股合成可吸收线进行缝合。缝线型号依腹壁的厚度而定。通常，猫使用3-0而大型犬用0号缝线。相对于缝线型号，缝合的强度更依赖于缝合距创缘的距离和缝合的位置。缝合时要缝上腹直肌外侧筋膜，并且根据动物体型，缝合处距创缘至少0.5cm宽。对于很瘦的动物，缝合通常穿透全层，包括肌纤维或腹膜，但这不会增加缝合强度。对于一些动物，缝合皮下组织对愈合没有作用。实际上在另一些病例，它反而会增加术后肿胀。当存在死腔、持续出血或皮肤存在张力时则需要缝合皮下组织。在过早拆除皮肤缝线时，皮下组织的缝合也会提供额外的保护层。

手术技术：腹中线切口

1 切开皮肤

  a. 用非惯用手的拇指和食指固定皮肤（图9-1）。如果你习惯使用右手，用左手的拇指和食指使预切口处左端的皮肤绷紧。

  b. 惯用手持手术刀切开皮肤。

    i. 当切口较短时，使用执笔式并用刀尖切开皮肤。

    ii. 当切口较长时，使用全握式，刀柄与体壁平行，用刀腹切开皮肤。在向后延长切口的同时，也向后移动非惯用手。

  c. 在公犬，绕过包皮向后扩大切口（图9-2），只切开皮肤以免损伤外阴血管（图9-3）。

2 继续切开皮下脂肪。切开时，用非惯用手的拇指和食指继续伸展皮肤，分开切口边缘。

  a. 在公犬，确认并剪断切口侧的包皮肌（图9-4）。肌肉断端在切口闭合时需要缝合。

  b. 在公犬，向深层切开包皮周围皮下组织前，结扎并剪断阴部外血管（图9-5）。

3 在犬，使用推剪技术切断皮下组织与腹白线间的连接。

  a. 从惯用手一侧的切口末端开始分离。

  b. 用镊子夹持切口末端一侧的皮下脂肪。向上提起并使组织绷紧。

  c. 剪刀尖向前，将Metzenbaum弯剪一侧的刀刃插入靠近腹白线的脂肪中（图9-6）。

  d. 用推剪技术剪开与腹白线相连的皮下组织。向前滑推剪刀，剪刀保持半张开，就像剪开包装纸一样。剪刀紧贴腹壁，这样会贴着腹白线剪开脂肪而不损伤直肌鞘。

  e. 如果推剪技术不足以分离皮下组织，可以剪开脐孔或前一次手术切口处的皮下组织连接处。

  f. 在切口对侧重复操作（图9-7）以显露腹白线（图9-8）。

4 在腹白线上戳一个小口（图9-9）。

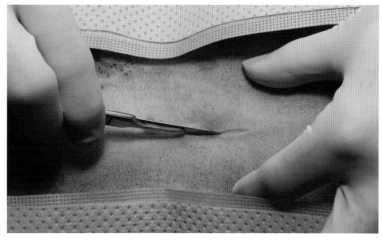

图9-1 切开皮肤时，用非惯用手的拇指和食指固定并使皮肤绷紧。

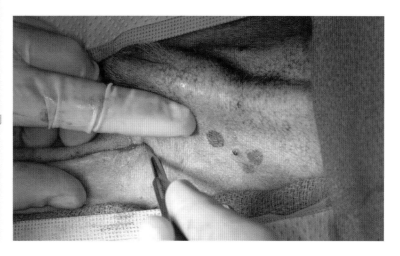

图9-2 公犬的尾侧切口，绕过包皮并在最后乳头的外侧继续切开皮肤，在阴部外血管分支的浅层切开。

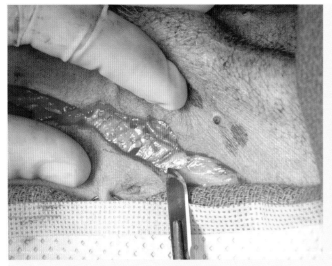

图9-3　阴部外血管的分支。

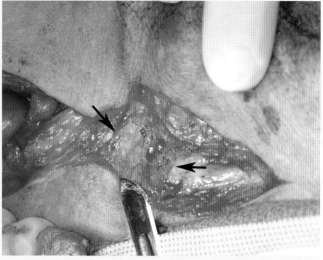

图9-4　右侧包皮肌（箭头之间）。

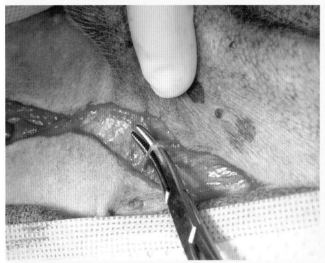

图9-5　分离并结扎阴部外血管分支。

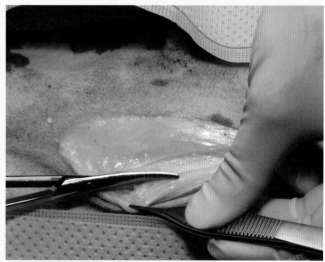

图9-6　提起切口一端的皮下脂肪，将剪刀的一侧刀刃插入附着于腹白线的皮下组织里。推剪以切断连接处。

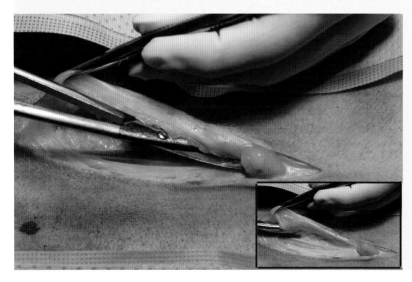

图9-7　同样方法分离对侧皮下组织。剪刀弯尖朝上，刀刃紧贴脂肪附着处的基部并部分闭合。

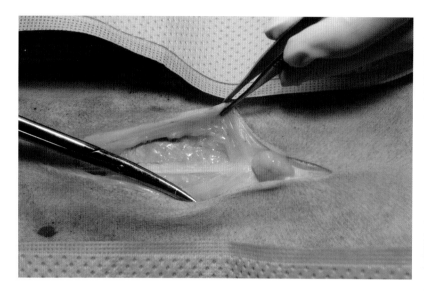

图9-8 显露腹白线。

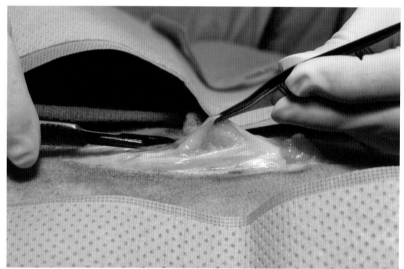

图9-9 用镊子提起腹白线并用手术刀刺穿腹白线。

a. 用镊子提起腹白线。使腹壁远离下方的脏器。

b. 反挑式执刀，刀刃向上，刀柄与体壁平行。

c. 在距镊子约1cm处用手术刀快速并稳定地刺穿提起的腹白线（图9-9）。保持刀柄在腹壁上方并平行腹壁。

   i. 如果手术刀刺入的位置太靠近镊子，手术刀会碰到镊子并且无法完全穿透腹壁。

   ii. 如果手术刀偏离中线，将会切开肌肉，无法切开腹膜。

   iii. 如果手术刀朝下扎进腹腔，可能会意外扎伤脏器。

d. 将食指或闭合的钝头剪伸入切口内，向前向后检查确认无脏器粘连于腹白线上。

5 用Mayo弯剪或手术刀向头侧扩大腹白线切口。

a. 用Mayo弯剪扩大切口（图9-10）。

   i. 拿剪刀时，使剪刀的凹面朝向术者，剪刀尖朝向头侧。

   ii. 每次剪开一小段距离以向头侧扩大切口。

   iii. 调整你手中剪刀的方向，使尖端朝向尾侧，凹面朝向术者。向尾侧剪开腹白线。

b. 也可以用手术刀扩大切口。

    i. 一只手拿镊子。

    ii. 将镊子尖并拢后伸进腹白线的切口，挑起腹壁。

    iii. 紧贴切口，将手术刀刃放在镊子两臂之间。

    iv. 边切开镊子两臂之间的组织，边前移镊子。镊子能够保持腹壁抬高，以免意外损伤下方的脏器。

6 根据需要，切除镰状韧带。切断或烧烙镰状韧带外侧附着部（图9-11）并用2-0或3-0缝线结扎韧带头侧基部（图9-12）。

7 放置腹壁开张器。要确保腹壁切口足够长，以免在牵拉时产生过大张力而损伤切口两端。在小型动物，可以用创巾钳将儿童用Balfour开张器固定在腹壁上。

图9-10　用Mayo剪扩大腹白线切口。

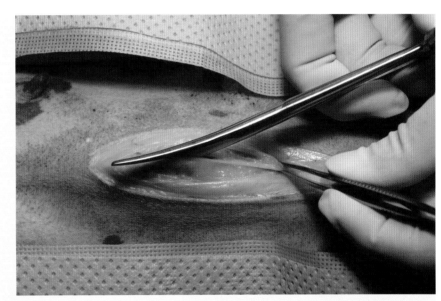

图9-11　用剪刀或电烙器切断镰状韧带外侧附着部。

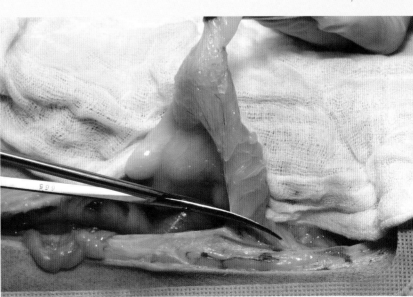

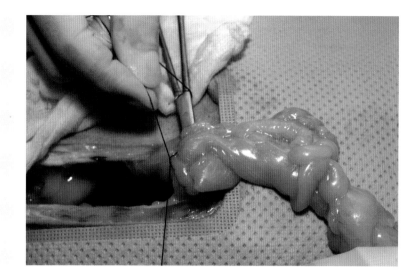

图9-12 在切断前结扎镰状韧带的基部。

手术技术：腹壁的闭合

1 在大型、中型或小型动物，分别用0号、2-0或3-0合成单股可吸收线和圆针进行缝合。

2 在切口一端开始缝合并打2个或3个结。

　a. 为了显露切口远端的外侧直肌鞘，可以用针作为临时开张器（图9-13）。

　　i. 用针穿透皮肤和皮下组织并往外拉开。

　　ii. 用镊子夹持外侧直肌鞘。将外侧直肌鞘拉过中线使其远离拉开的皮下组织。

　　iii. 松开针上的皮肤和皮下组织，距创缘5~10mm进行缝合。在针穿过组织后重新用持针钳夹持。

　b. 在切口的近侧（对侧），距创缘5~10mm缝合外侧直肌鞘。

　　i. 如果可以看到近侧的外侧直肌鞘，用镊子将其夹住。在缝合腹侧（外侧）筋膜层时，将其向中线拉（图9-14）。

　　ii. 如果外侧直肌鞘被上层组织挡住，用并拢的镊子推开外侧直肌鞘上方的皮肤和皮下组织，显露并缝合筋膜。

　　iii. 如果筋膜不容易缝合，在针脱离组织前用镊子夹住直肌鞘的边缘，将其拉向中线以缝合得更好。

　c. 做一个外科缠绕，收紧并对合直肌鞘，但不要将其撕豁。

　d. 继续做4~5次简单缠绕使之成为数个结。

　　i. 打一个方结，垂直切口，以水平方向拉线。拉紧缝线时注意每次缠绕，确保每个结均落在切口上。

　　ii. 如果在打结时发现缝线较短的那端直立向上，用非惯用手更用力的拉缝线较长（带针）的那端（放松惯用手）以纠正滑结。

3 根据动物体型大小，距创缘5~10mm，以5~10mm的针距继续进行简单连续缝合。每次缝合后都要轻轻收紧缝线使腹直肌筋膜对合（图9-15）。

4 缝合进行1/3和2/3时，将食指伸入腹腔，触摸闭合后的切口腹膜面。如果没有缝上外侧直肌鞘，会触摸到切口裂缝。

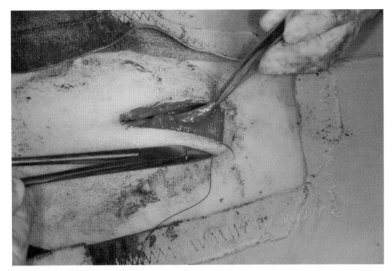

图9-13　为了显露直肌鞘，暂时用针拉开皮肤和皮下组织。

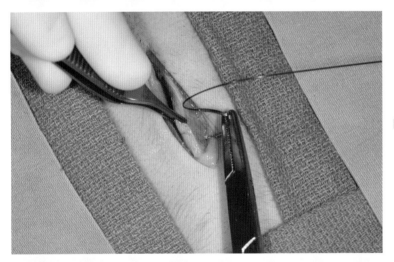

图9-14　用镊子夹住外侧直肌，然后将其向将要缝合的白色筋膜鞘的对侧拉。

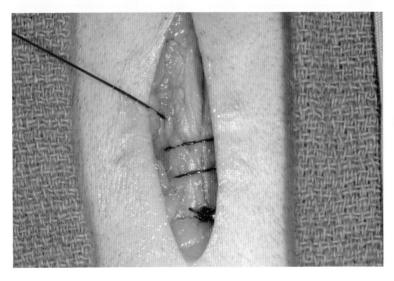

图9-15　距每侧创缘至少5mm处缝合筋膜。如果进针位置正确，筋膜会在中线处对合并且不会露出肌纤维。

5 与最后一个线圈打三个结结束缝合。线圈至少留2cm长，以便进行方形缠绕。

6 在距线结2~3mm处剪断缝线。

7 在公犬，用单股可吸收线间断缝合包皮肌肉断端并且闭合包皮周围的死腔。

8 常规缝合皮下组织和皮肤。

术后注意事项

开腹术后，会沿切口出现肿胀。但在猫可能会出现强烈的组织反应和组织增厚，能与切口疝混淆。与疝不同的是，切口肿胀坚实、无痛并且无法复位，且通常会沿整个切口出现。如果存在手术技术粗暴、过度分离、缝线反应、活动过度或切口损伤，组织反应会更加严重。猫的组织反应通常在手术后1个月内消退。

因潜在疾病继发的肌肉筋膜力量不足会引起腹壁切口疝，但因手术技术不佳引起的切口疝更常见。如果在缝合时没有提起皮下脂肪，或者外侧直肌鞘外翻，很容易缝不上外侧直肌鞘。鞘外翻会减少露出的直肌筋膜数量，增加因疏忽而未被缝上的概率。缝线的拉力主要跟缝合的位置及筋膜厚度有关，因此，在外侧直肌鞘上入针宽一些会增加闭合强度。滑结会导致打结失败。在使用单股合成缝线时很容易出现滑结。可以通过用非惯用手更用力的拉紧缝线较长（带针）的那端同时放松惯用手来避免这种情况。

其他潜在的并发症包括血清肿、切口感染、开裂、肠梗阻、腹膜炎及植入肿瘤细胞。如果切口向头侧延伸过度，可能会无意地穿透膈，导致气胸。切开腹白线时，手术刀刺得太深会损伤下方的脏器，导致腹膜炎。腹腔手术术后气腹的X线征象会持续数周，因此，腹膜炎的诊断通常依据腹腔液细胞学检查。术后几天腹腔白细胞数量通常会增加；但是，细胞不应有退行性或中毒的表现（见第78页）。切口感染概率与麻醉及手术时长有关。手术时长超过90min的切口感染概率是手术时长为60min时的2倍。在诱导前对术部进行剃毛也会增加感染风险。切口感染在使用全身抗生素无效时，需要进行开放引流。犬出现缝线反应时，切口会变得坚实、红肿并出现引流道。如果组织培养呈阴性，出现问题的犬需要使用糖皮质激素进行治疗或切除出现问题的体壁。

参考文献

Campbell JA et al. A biomechanical study of suture pullout in linea alba. Surgery 1989;106:888-892.

Freeman LJ et al. Tissue reaction to suture material in the feline linea alba: a retrospective, prospective, and histologic study. Vet Surg 1987;16:440-445.

Muir P et al. Incisional swelling following celiotomy in cats. Vet Rec 1993;132:189-190.

Probst CW et al. Duration of pneumoperitoneum in the dog. Am J Vet Res 1986;47:176-178.

Rosin E. Single layer, simple continuous suture pattern for closure of abdominal incisions. J Am Anim Hosp Assoc 1985;6:751-756.

Tobias KM. Laparotomy: complications. NAVC Clinician's Brief 2005;3:13-18.

10 脐疝
Umbilical Hernia

在胎儿时期，脐孔是脐动静脉、卵黄管和尿囊管的通道。出生时这些结构断裂后，脐孔开口迅速闭合。先天性持久性脐孔会导致腹腔内容物疝出——通常是脂肪或网膜。有时脐环在疝出的网膜或脂肪下方周围发生结痂，导致脐部出现钮扣状不可复的组织。有脐疝的动物除了有一个小的、柔软的、非疼痛性肿胀之外，通常无其他症状。虽然罕见，但肠管或其他组织也可能疝出。在多数动物，脐疝无临床症状，进行手术修补也只因为美观。脐疝的自我修复最晚会持续到6月龄。

术前管理　　除非疝内容物发生嵌闭或绞窄，脐疝通常在进行子宫卵巢摘除术或去势术的同时进行手术修补。对于健康动物只需很少的术前诊断。应进行全面体格检查，因为存在脐疝时可能同时存在其他先天缺陷，如隐睾、室间隔缺损、腹股沟疝或腹膜心包横膈膜疝。对腹部腹侧进行常规剃毛及术前准备，同卵巢子宫摘除术一样。

手术　　一些医生会修剪疝环边缘几毫米的肌肉或筋膜以制造新鲜创缘。但在多数动物，不修剪疝环直接缝合，腹壁也能愈合。

手术技术

1　作腹中线皮肤切口。

　　a.　如果脐疝很小且内容物仅为脂肪，在内容物正上方切开（图9-8）。

　　b.　如果疝内容物嵌闭或者坏死，从脐疝尾侧开始切开皮肤。提起皮肤使之高于疝，小心地向头侧扩大切口，以避免损伤疝入的内脏。

　　c.　如果脐疝的皮肤薄、存在炎症或坏死，环绕疝切开皮肤（图10-1）。

2　分离疝内容物上的皮下组织（图10-2）。

3　复位或切除疝内容物（图10-3）。

　　a.　如果疝内容物健康且易于复位，将其还纳入腹腔。

62

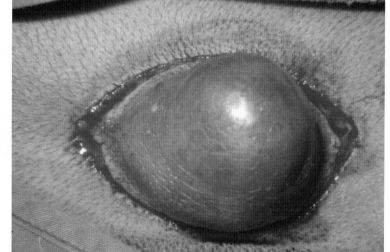

图10-1　如果脐疝的皮肤薄、存在炎症或坏死，环疝切
　　　　开皮肤。

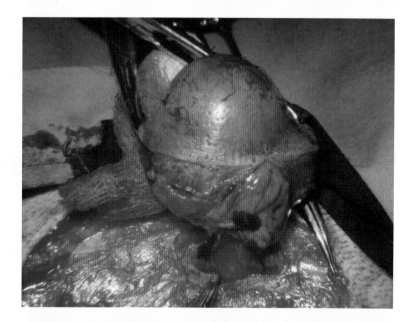

图10-2　分离疝内容物上的皮下组织。

图10-3　沿疝孔显露直肌边缘。

b. 如果疝内容物为嵌闭且与腹外侧筋膜粘连有脂肪或网膜，切除突出的组织。有些动物需要对脂肪或网膜进行结扎。

c. 如果疝内容物为嵌闭或失活的肠管，或者动物需同时进行子宫卵巢摘除术，扩大疝环。

  i. 在脐疝尾侧1~3cm处的腹白线切开腹壁。

  ii. 插入食指，由内侧确认疝环的位置（图10-4）。

  iii. 小心地向头侧扩大腹白线切口直到剪开疝环。

  iv. 切除失活的疝内容物。

4 用单股可吸收线简单间断或简单连续对合外侧直肌鞘。

  a. 在动物进行子宫卵巢摘除术或开腹术时，对包括疝孔在内的腹壁进行常规缝合。

  b. 对于张力过大或脐疝复发的犬，使用间断缝合。

5 如果皮肤过多，在常规缝合皮下组织和皮肤前切除部分皮肤。

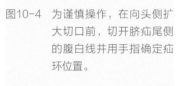
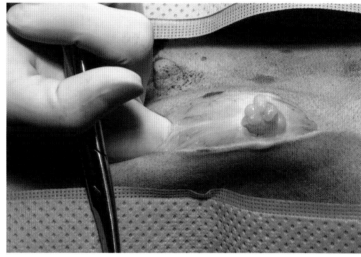

图10-4 为谨慎操作，在向头侧扩大切口前，切开脐疝尾侧的腹白线并用手指确定疝环位置。

术后注意事项　　限制活动1~2周。脐疝修补术的并发症不常见。如果缝合（外侧）直肌时进针处距创缘太近、针距过大或未缝合直肌筋膜，脐疝可能复发。有时，有些动物的脐疝复发是由于形成了异常的纤维组织。这些动物可能需要使用合成网状材料覆盖疝孔以增加修补强度。

参考文献　　Pratschke K. Management of hernias and ruptures in small animals. In Practice 2002; Nov/Dec: 570-581.

11 腹股沟疝
Inguinal Hernia

　　腹股沟管位于股环的头内侧1 cm处，是腹部肌肉与其腱膜间的裂隙或潜在腔隙（图11-1）。在公犬，腹股沟管为睾丸提供了下降通道，并容纳精索，包括输精管、睾丸动静脉和神经。提睾肌源于腹股沟管的头侧缘深层。对于公犬及母犬，生殖股神经、阴部外动静脉以及鞘突（外翻的腹膜）都通过腹股沟管。在母犬，子宫角的圆韧带经过同侧腹股沟管到达外阴。腹股沟管和腹股沟环在头侧以腹横肌和腹内斜肌为界，内侧以腹直肌为界，后外侧以腹股沟韧带为界。腹股沟外环是腹外斜肌腱膜的裂缝，位于腹白线外侧2~4 cm处。

　　先天性或创伤性腹股沟管增大会导致腹腔内容物疝出。最常见的疝内容物是脂肪和网膜，然而，有报道指出肠管疝占犬腹股沟疝的35%。膀胱或子宫也可能疝出。器官可以沿鞘突旁或从鞘突内疝出（分别叫直接疝与间接疝）。在公犬，鞘突内的疝内容物可向后延伸形成阴囊疝。

　　腹股沟疝常见报道于母犬。根据疝的大小和内容物，临床症状各异，可以从非疼痛性肿胀至内脏梗阻、休克、甚至死亡。疝通常发生于左侧。据报道犬双侧疝的发生率为17%。诊断应依据触诊、X线检查及超声检查。在公犬，必须将阴囊疝与睾丸扭转、感染或肿瘤相鉴别。

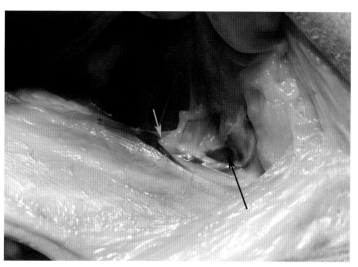

图11-1　腹股沟外环（绿箭头所示）是腹外斜肌腱膜的裂缝。阴部外动静脉（黑箭头所示）、生殖股神经、鞘突及精索或子宫圆韧带都从这个部位穿出腹腔。

术前管理　　根据临床症状的严重程度，需要检查患病动物是否存在败血症、弥散性血管内凝血、电解质和酸碱紊乱、低血糖以及肾功能不全。尽可能在术前稳定动物的体况。进行直肠检查，因为某些犬可能同时存在会阴疝。

如果是存在内脏梗阻或局部缺血、或疝出物为存在感染或死胎的妊娠子宫的动物，则需要进行紧急手术。肠管疝的犬在确诊前已经出现2~6d呕吐症状时，术中常见肠管坏死。

手术　　单侧腹股沟疝可以采用腹股沟外环正上方切口。双侧腹股沟疝可以采用两个单独切口或者一个较大的腹中线切口，在修补时将其向修补一侧拉开。当器官出现梗阻或坏死时（图11-2），或者需要进行子宫卵巢摘除术时，还需要进行腹中线开腹术。

扩张或坏死的内脏器官可能难以还纳腹腔。在这种情况下，需要向头侧扩大腹股沟管以利于脏器的复位。受损伤的脏器一旦还纳腹腔后应立即进行切除。建议对动物进行绝育，因为有些品种会遗传这种缺陷。在妊娠第7周时，将疝出的妊娠子宫还纳腹腔后，胎儿可以成功地生长至足月。

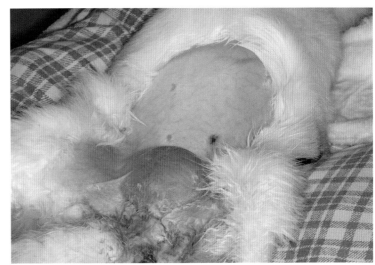

图11-2　腹股沟疝，内容物为嵌闭的膀胱。

手术技术：腹股沟疝修补术

1 麻醉后检查双侧腹股沟环以确认腹股沟疝为单侧还是双侧。

2 作腹中线尾侧皮肤切口，或对于小的单侧腹股沟疝，直接在腹股沟疝或腹股沟外环的正上方切开皮肤。

3 用Metzenbaum剪钝性和锐性分离腹外筋膜上的皮下组织，使其从外侧直肌鞘和疝囊上分离。

4 将疝内容物还纳腹腔。

　　a. 如果疝内容物游离并且不肿胀，轻轻地将疝内容物挤回腹腔。

　　b. 如果疝内容物嵌闭但是仍然有活力，通过切开疝囊（图11-3）、腹外斜肌腱膜（图11-4和图11-5）向头侧扩大腹股沟管。如果有必要，可以切开腹横肌和腹内斜肌。

　　c. 如果疝内容物肿胀或缺血，进行腹中线开腹术。同上所述剪开疝囊并扩大腹股沟管（图11-6），并根据需要切除失活的组织。

5 在疝囊的筋膜附着处剪断疝囊。

6 用2-0或3-0单股可吸收线间断闭合腹股沟肌肉切口。

7 以同样方式缝合腹外斜肌腱膜（图11-7），在切口尾侧留一个缝隙供血管和神经以及未去势公犬的精索通过（图11-8）。

8 用单股可吸收线分层缝合皮下组织闭合死腔，将最深的一层与腹外斜肌腱膜缝在一起。

9 常规缝合皮肤。

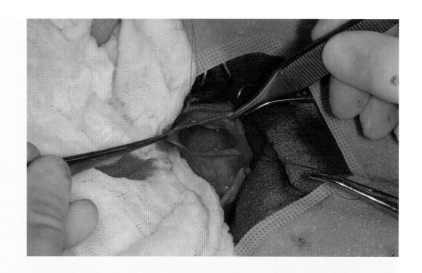

图11-3　切开疝囊显露疝内容物。

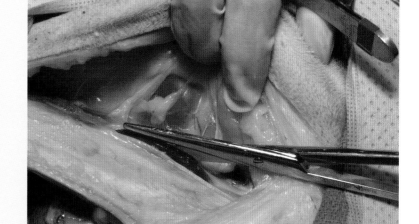

图11-4　用剪刀向头侧剪开腹外斜肌腱膜扩大疝环。

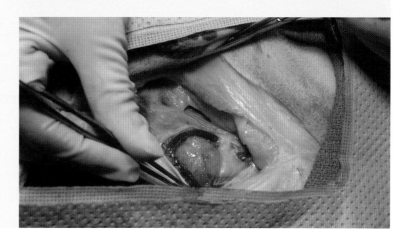

图11-5　扩大疝环。

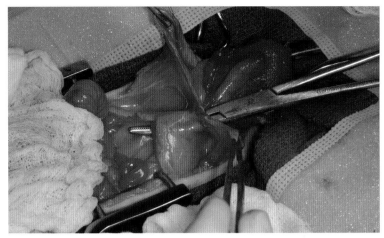

图11-6　在这只动物，同时使用了腹部和腹股沟通路。将Carmalt止血钳垫在嵌闭的膀胱与腹壁之间，以免在扩大疝环时损伤脏器。

图11-7　间断缝合肌肉，进针时要宽一些。每一针都要缝上外侧筋膜。

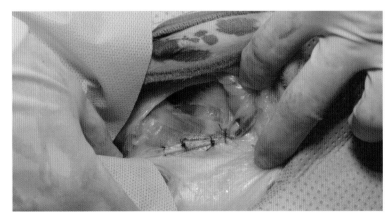

图11-8　在腹股沟环的尾侧留一个缝隙，防止压迫血管和神经。

术后注意事项　　术后恢复期要限制活动，且通常需要给几天的镇痛药。进行肠切除吻合的动物要监测是否出现肠泄漏（见第131页）。据报道有17%的动物出现术后并发症，包括肿胀、切口感染、开裂、腹膜炎、败血症、呕吐及复发。腹股沟疝的复发不常见。

参考文献　　Pratschke K. Management of hernias and ruptures in small animals. In Practice 2002;Nov/Dec:570-581.

Shahar R. A possible association between acquired nontraumatic inguinal and perineal hernia in adult male dogs. Can Vet J 1996;37:614-616.

Waters DJ et al. A retrospective study of inguinal hernia in 35 dogs. Vet Surg 1993;22:44-49.

12 膈疝
Diaphragmatic Hernia

膈疝的发生可能是由于先天性缺陷或继发于创伤。患有先天性膈疝的动物，腹膜腔与心包囊相通。脂肪、肝脏或其他腹腔脏器会疝入心包囊内，减少胸腔空间。腹膜心包横膈膜疝（peritoneopericardial diaphragmatic hernia，PPDH）可能会是个意外发现或引起胃肠道或呼吸道症状。患病动物可能同时存在骨骼缺陷，如漏斗胸并进一步引起的肺扩张受限。

创伤性膈肌断裂或撕裂会导致腹腔内容物进入胸腔，导致肺体积减小及其所致的呼吸困难。肝脏是最常进入疝内的器官，会导致显著的胸腔积液而影响肺的扩张。疝内的肠管或胃可能发生积气、梗阻或局部缺血，导致代谢紊乱、心脏回流减少以及败血症。在急性创伤性膈疝时会出现严重的呼吸窘迫和休克，可能需要进行紧急手术。慢性膈疝可能呈现非特异性临床症状确定，如呕吐或体重下降。

诊断通常依据胸部X线平片。PPDH时可见心脏轮廓增大及心脏区域异常的软组织密度阴影（图12-1）。创伤性膈疝时可见膈影模糊、胸腔积液、肺脏向背侧移位及胸腔异常的软组织密度阴影（图12-2）。当胸腔积液或结构的轮廓遮挡而影响诊断时，超声或胃肠道造影有助于检查。

多数创伤性膈疝需要手术修补。由于组织过度粘连，慢性创伤性膈疝通常需要经验丰富的外科医生进行手术修补，尤其在涉及肝脏时。对于某些慢性创伤性膈疝的病例，可能需要使用修补材料、腹横肌肌瓣或膈肌前移术来修补膈疝。先天性膈疝是否需要手术修补应根据临床症状。在患PPDH的猫，75%无临床症状或症状轻微的病例，保守治疗即能维持长期的良好状态。

术前管理　　存在明显胸腔积液的动物需要进行胸腔穿刺。如果胃疝入胸腔并扩张，需要镇定后经口放置胃管来减轻胃部压力。根据动物的临床状况进行支持治疗（吸氧、补液和镇痛等）。因创伤出现休克但无明显呼吸困难的动物，要在彻底稳定动物的体况后在考虑手术。要进行详细的体格检查和神经学检查，并进行血液学检查评估是否存在异常。

在诱导前和诱导中，用面罩供氧。要迅速地进行诱导以便能最快地开始辅助通气。麻醉中，需要对动物进行手动或者机械辅助通气。从胸骨中部至耻骨间进行大范围的术前准备。对于极为严重的动物，在术前准备时和手术中可以倾斜手术台抬高动物头部，减少对膈的压力（图12-3）。

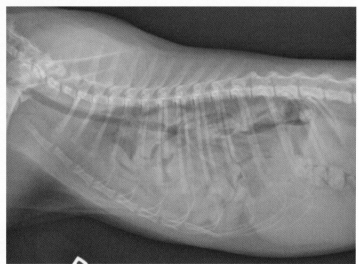

图12-1 腹膜心包横膈膜疝，疝内容物为肝脏。

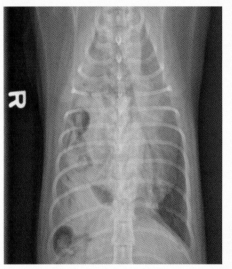

图12-2 右侧创伤性膈疝，疝内容物为肠管。

图12-3 由于出现严重的位置性低血氧，犬在术中保持头高尾低的体位。

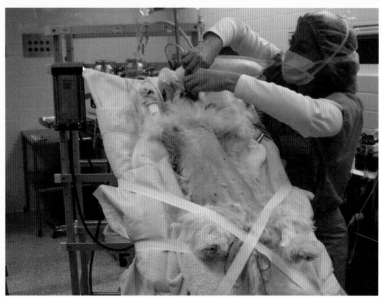

手术

膈疝修补术采用腹中线切开通路。如果有必要，切口可以越过胸骨以更好地显露。疝内的脏器可能发生肿胀、扩张或与周围组织粘连。如果脏器复位较困难，需要切开膈以扩大疝环。粘连的肺叶或肝叶，可能需要进行肺叶或肝叶部分切除术。患PPDH的动物，通常可能需要在手术中完整保留心包与腹膜的连接，以防止术中及术后发生气胸。一旦脏器从胸腔移出，肺必须小心地进行肺通气（<20cm H_2O），以降低肺水肿的风险。肺通气量依据SPO_2确定。

用2-0或3-0单股可吸收线简单连续对合疝缘。肌肉缘在闭合前不必进行清创。缝合通常起始于疝的背侧缘，因为此处最难缝合。缝合时避开后腔静脉或食道。如果膈是从体壁上撕脱的，可以在缝合体壁肌肉时通过较深地进针或者使缝线绕过肋骨，将膈固定回撕脱部位。

对于创伤性膈疝的动物，可以在手术中经外侧胸壁或经膈放置胸导管，这会在后面提到。完全、快速地肺复张会导致肺水肿，因此，许多外科医生不会抽空胸腔内剩余的气体，除非气胸会导致明显的肺叶塌陷。在不存在气胸的PPDH动物，无需放置胸导管。如果需要，心包囊内的气体可以在闭合腹腔前用导管或者注射器抽出。

对于患慢性膈疝的动物，腹腔可能较难闭合。直接缝合紧张的腹腔时，会导致腹部隔室综合征，出现腹压增高，继而导致少尿，最终导致肾衰。如果腹部非常紧张，应切除脾脏。或者，可以把筋膜或合成材料（如猪的小肠黏膜下层或聚丙烯网）缝在直肌鞘上覆盖切口，以将腹壁直径扩大几厘米。

手术过程：创伤性膈疝修补术

1 动物进行辅助通气，头部抬高，从剑状软骨至腹中部作腹中线切口。开腹后，与麻醉师交流确保在对动物进行辅助通气。

2 结扎并切除镰状韧带。

3 确定疝的位置；如果有必要，头侧切口可以越过胸骨，尾侧切口可以扩大至耻骨，以更好地显露膈。

4 在腹壁上放置开张器。

5 将疝内容物还纳腹腔（图12-4），并检查脏器是否存在缺血或其他损伤。

    a. 轻轻地用手指钝性分离粘连处（图12-5）。如果较难分离，扩大胸骨和疝的切口。

    b. 若需要，用剪刀扩大疝孔以利于疝内容物复位。要向体壁腹侧或外侧扩大疝孔，以远离后腔静脉、食道或主动脉。

6 切除失活的内脏。

7 在一个12~20Fr红色橡胶管上剪几个孔，准备作为胸导管（将管折起来并剪掉一个折角形来做孔；见图12-7）。

8 确认疝孔的肌肉边缘（图12-6）。以简单连续缝合法从最难够到或闭合的一端（通常是最靠近背侧的位置）开始修补疝孔。根据需要用止血钳夹住线结的线尾用以牵拉膈。进针位置距肌肉边缘要宽一些（0.5~1cm）。

9 如果疝难以闭合，在疝的两侧放置Allis组织钳或Babcock钳或牵引线，将疝孔两端的肌肉边缘拉到一起（图12-7）。

10 在疝孔闭合了2/3时，把红色橡胶管带孔的那端通过腹中线切口及膈的裂缝（图12-8）放入胸腔。

11 疝修补完成。取下背侧缝线上的止血钳并剪短线尾。

12 如果疝的位置仍有裂缝，用间断缝合进行加固。如果加固缝合会影响后腔静脉的血流，也可以将网膜固定在裂缝上。

13 把接头及三通管连接在红色橡胶管上。如果膈向后移动的幅度很大，从胸腔内抽出部分过量气体。不要重建胸内负压。封闭三通管。

14 检查膈表面和腹腔是否存在其他损伤。

15 常规闭合腹腔，胸导管穿出腹壁切口。胸骨正中切口可以用骨科钢丝或环绕缝合进行闭合。

16 将胸导管固定在皮肤上。用绷带对导管出口进行包扎并在动物苏醒过程中供氧。

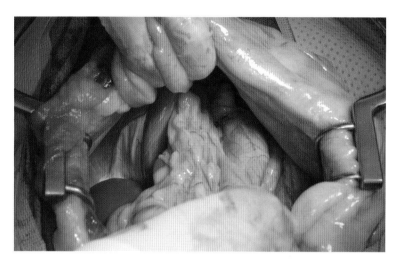

图12-4　如果疝内容物游离，轻轻地将其还纳腹腔。

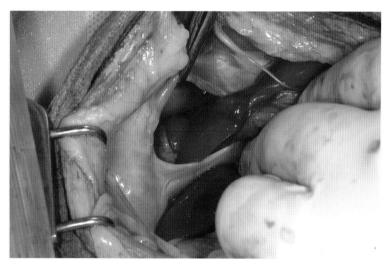

图12-5　脾脏与心包粘连的创伤性膈疝。如果有必要，向腹侧或外侧扩大疝孔或剪开胸骨以增加显露程度。

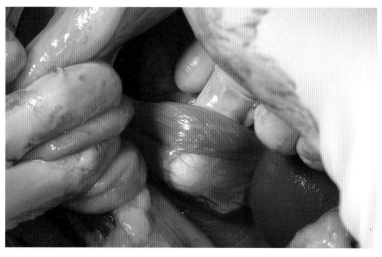

图12-6　确认疝孔背侧的肌肉边缘。

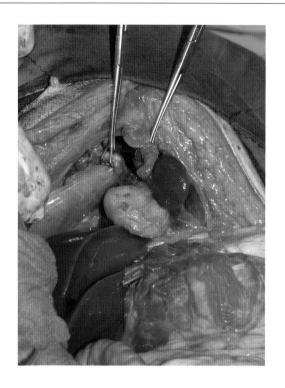

图12-7　用Babcock组织钳夹住疝缘或留置牵引线以利于操作。

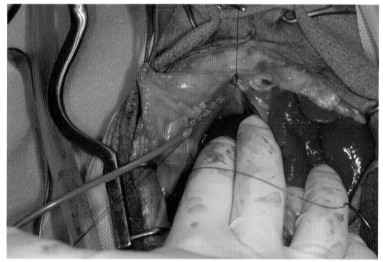

图12-8　在膈疝修补中经膈放置胸导管。

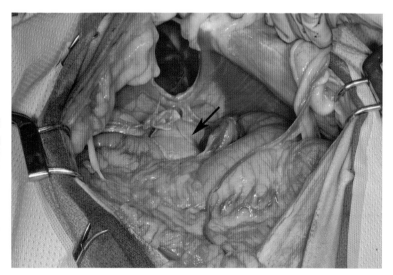

图12-9　腹膜心包横膈膜疝。左侧肝叶苍白并萎缩（箭头处）。心包与膈在疝的复位及修补中始终保持相连，因此，此病例未放置胸导管。

手术过程：腹膜心包横膈膜疝修补术

1 作腹中线切口。

2 轻轻地将疝内容物还纳腹腔，用手指分离疝内容物周围的粘连处（图12-9）。尽可能保持疝囊完整以避免发生气胸。

3 如果疝内容物与心包粘连，向头侧扩大腹中线切口至胸腔内，用锐性及钝性分离的方式游离脏器，或者剪断心包使粘连的部分留在腹腔脏器上。

4 与创伤性膈疝修补术的操作相同。

术后注意事项

术后通过面罩或鼻导管供氧。动物通常需要48~96h的镇痛。不必进一步抽出胸内的空气，除非动物呼吸困难或SPO$_2$低于95%。也可以每1~2h抽出10~20mL空气。对于呼吸困难的动物，要进行胸部X线和血气检查。通常在术后12~24h内拆除胸导管。拆除经腹放置的胸导管时，剪断固定导管的指套式缝合，轻轻地拔出导管。

潜在的并发症包括心跳或呼吸骤停、肺水肿、持续性气胸及器官衰竭。存在肝脏粘连的动物，将肝脏复位后，有时会在术中发生休克。术中或术后肺快速复张可能导致复张性肺水肿，出现这种情况时预后较差，并且动物通常需要1~3d的机械辅助通气才可能恢复。腹腔闭合后如果腹腔器官受到压迫会出现腹部隔室综合征。可以通过向膀胱内插导尿管来监测腹压。先将膀胱排空，用每千克体重0.5~1mL灭菌生理盐水充盈膀胱，在导尿管上连接水压计。如果腹内压≥1 600Pa（12mmHg / 16.3 cm H$_2$O）时，会发生肾损伤。

创伤性膈疝修补术的术后死亡率为10%~18%。对于老年猫、发生了胃嵌闭及扩张的犬、以及并发其他损伤的动物，预后更差。猫腹膜心包横膈膜疝术后死亡率为14%。

参考文献

Drelich S. Intraabdominal pressure and abdominal compartment syndrome. Compend Contin Educ Pract Vet 2000;22:764-769.

Gibson TWG et al. Perioperative survival rates after surgery for diaphragmatic hernia in dogs and cats: 92 cases (1990-2002). J Am Vet Med Assoc 2005;227:105-109.

Minihan AC et al. Chronic diaphragmatic hernias in 34 dogs and 16 cats. J Am Anim Hosp Assoc 2004;40:51-63.

Reimer SB et al. Long-term outcome of cats treated conservatively or surgically for peritoneopericardial diaphragmatic hernia: 66 cases (1987-2002). J Am Vet Med Assoc 2004;224:728-732.

Schmiedt C et al. Traumatic diaphragmatic hernias in cats: 34 cases (1991-2001).

J Am Vet Med Assoc 2003; 222:1237-1240.

Wallace J et al. A technique for surgical correction of peritoneal pericardial diaphragmatic hernia in dogs and cats. J Am Anim Hosp Assoc 1992;28:503-510.

13 脾切除术

Splenectomy

犬患脾肿瘤，如血管肉瘤（图13-1）时，为缓解临床症状和出血，通常进行脾切除术。其他脾切除的适应证包括：肿物、创伤、扭转（图13-2）、脓肿或血肿破裂。当患有免疫介导性血小板减少症或贫血的动物对药物治疗反应较差时，也可因脾切除而受益。

存在脾脏肿物的动物可能无临床症状，也可能出现休克、贫血或败血症等症状。德国牧羊犬和大丹犬出现脾扭转的风险较高，而脾扭转可以导致急性的心血管性虚脱或长期的全身乏力、间断性呕吐、腹部扩张、体重下降以及尿色变化。脾扭转的犬可能之前有胃扩张扭转的病史。脾脏增大通过腹部触诊和X线平片通常即可检查到。超声有助于确认脾脏增大及检查其病因，如扭转或脓肿。

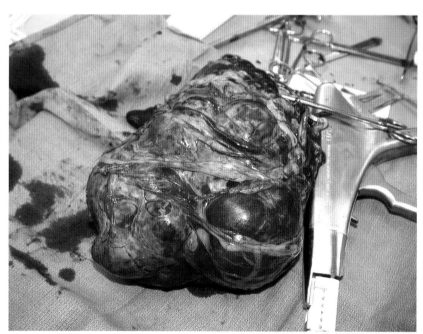

图13-1　脾血管肉瘤。由于网膜粘连及肿物的大小，脾脏的每根血管分支都用分离结扎器进行结扎并剪断。大血管用缝线双重结扎。

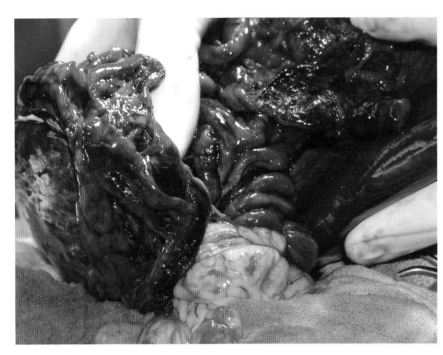

图13-2 脾扭转。保留扭转的血管蒂并用血管结扎器或多重环绕及贯穿结扎法进行结扎。

术前管理

如果怀疑脾脏肿瘤，要进行胸部、腹部X线检查及腹部超声检查来评估临床分期。血管肉瘤常转移到肝脏、肺脏及其他器官，并且可以原发于心房。检查动物是否存在贫血、血小板减少症、低血糖及凝血时间延长。如果动物的红细胞压积≤细胞压，建议在术前输浓缩红细胞。对于凝血时间延长的动物，在术前应先输注新鲜冷冻血浆。对于体况不稳定或严重贫血的动物，需要放置颈静脉导管进行输液并测量中心静脉压。低血压时可能需要输胶体液，如羟乙基淀粉。患有败血症的动物应使用广谱抗生素；有些临床医生在怀疑弥散性血管内凝血时，可能会用低剂量的肝素。

对于控制不住出血、脾扭转或脓肿的病例，脾切除术是急诊手术。从胸部中央至耻骨进行腹部剃毛。术中应使用吸引泵和烧烙器，并一直监测血压。增大的脾脏对后腔静脉的压迫、在脾脏牵拉过程中导致的门静脉萎陷、或严重失血，都会导致回心血量下降。

手术

可以通过分别结扎并剪断脾的血管分支或者通过结扎脾动脉、脾静脉、胃短动静脉（图13-3）以及所有为需要切除的组织提供回流的胃网膜血管来进行脾切除术。这项技术操作很快，因为只需进行几次结扎而且不会导致胃壁坏死。

但这种方法无法用于患有大型、不对称性肿物或者网膜粘连的动物，因为这些动物的脾动静脉通常难以显露。由于花费以及易于操作的特点，一般用丝线（2-0或3-0）结扎血管。在进行脾切除术时，脾的血管可以进行三重结扎，或者进行双重结扎并用止血钳夹住末端。后者会减少手术时间，但需要较多止血钳。使用分离结扎器和止血夹会显著降低手术时间，但是器械成本会增加。

对于脾扭转的动物（图13-2），用多重环绕和贯穿结扎的方法结扎血管蒂。在脾切除前，不要整复扭转的脾脏，因为这会导致毒素和炎症介质从缺血组织中释放。犬脾扭转时可能存在胰腺左叶缺血，需要使用断头技术进行切除。在深胸犬，通常在脾切除后进行胃固定术来防止发生胃扩张扭转。

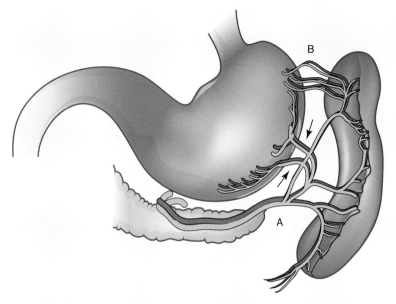

图13-3　脾的血液供应。如果大血管清晰可见，结扎脾动静脉（A）、胃短动静脉（B）以及胃网膜吻合支（箭头所示）来切除脾脏。

手术技术：脾切除术

1 从剑状软骨至腹部尾侧作腹中线切口，用Balfour开张器拉开腹壁。如果存在血腹，先在腹白线上切一个小口，插入Poole吸引头，尽可能多地抽出液体后再扩大切口。

2 结扎脾血管。

    a. 如果脾扭转：

        i. 用2-0单股可吸收线多处贯穿扭转的血管蒂。

        ii. 为避免损伤血管，用带线缝合针的针尾穿过组织，使线穿过血管蒂。也可以将闭合的止血钳钝性穿过血管蒂。用止血钳夹住线尾并拉过组织，环绕血管蒂打结。

    b. 如果脾动静脉清晰可见：

        i. 在胰腺左叶头部、邻近左胃网膜动脉起始处，确认脾动静脉（图13-3）。

        ii. 平行血管分离周围系膜，游离出脾动静脉（图13-4）。

        iii. 分别三重结扎每根血管，在末端的两个结扎线之间剪断。

        iv. 结扎并剪断胃短动静脉以及可能为切除组织提供回流的胃网膜血管吻合支。

    c. 如果无法显露脾动静脉：

        i. 从脾尾开始，在距进入脾实质前1~2cm处结扎每根脾门血管（图13-5和图13-6）。单独结扎大血管，分束结扎小血管（图13-7）。

        ii. 撕开中间的网膜以显露相邻的血管。

        iii. 根据血管蒂大小，对每个血管使用一个或两个环绕结扎。

3 结扎并剪断相连的网膜，摘除脾。

4 在关腹前检查肝脏是否存在转移性疾病。

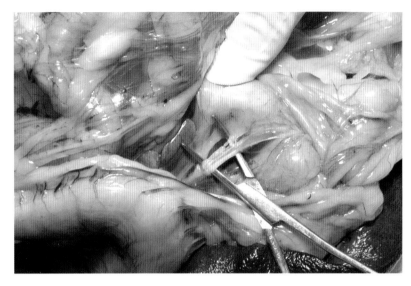

图13-4　从胰腺顶部前的血管中分离出脾动脉。

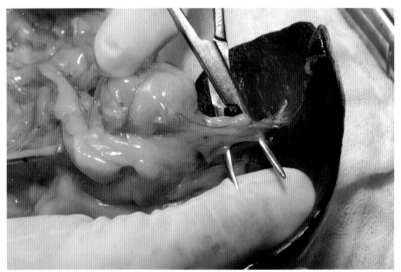

图13-5　用止血钳平行血管做一个小洞，结扎脾门血管。

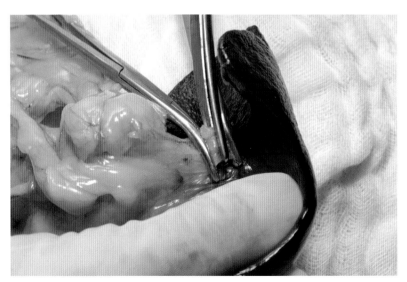

图13-6　每根血管都用两个止血钳夹住。在结扎前或结扎后剪断。

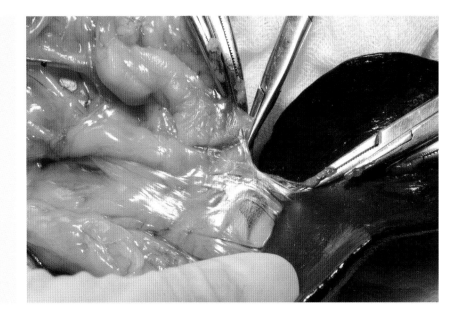

图13-7　小血管可以成束夹住或结扎。

术后注意事项　　根据需要持续进行支持治疗。犬脾切除后常见间断性或持续性室性心律失常，因此，建议在术后36h内持续监测ECG。在术后立即检查红细胞比容以建立基础值，因为术中补液可能会导致明显的血液稀释。

脾切除后最常见的并发症有出血、心律失常或由潜在疾病所导致的问题。与人不同，犬猫脾切除后不会增加发生难以控制的败血症的风险。出血见于结扎错误或结扎不当，或发展为DIC时。如果怀疑显著出血，重新检查PCV和凝血时间。脾切除的术后心律失常通常为室性。出现心动过速、脉搏缺失或多源性室性早搏的动物需要进行治疗。利多卡因推注（2mg/kg，IV；最大量8mg/kg）及进行恒速输注（每分钟25~80μg/kg）可以抗心律失常并提供镇痛。

脾切除后的一个罕见并发症是出现血液传播性感染。脾脏具有很重要的吞噬红细胞作用，脾切除后，之前亚临床感染的埃里希体、巴贝斯虫或支原体（之前称血巴尔通体）可能会表现症状。

因脾扭转或脾血肿进行的脾切除术，预后非常好。对于患脾血管肉瘤的动物，预后需谨慎。无明显转移迹象的犬，仅进行脾切除术后平均存活时间为2.5个月。化疗能延长平均存活时间至4~6个月。

参考文献

Hosgood G. Splenectomy in the dog by ligation of the splenic and short gastric arteries. Vet Surg 1989;18:110-113.

Lana S et al. Continuous low-dose oral chemotherapy for adjuvant therapy of splenic hemangiosarcoma in dogs. J Vet Intern Med 2007;21:764-769.

Marino DJ et al. Ventricular arrhythmias in dogs undergoing splenectomy: a prospective study. Vet Surg 1994;23:101-106.

Neath PJ et al. Retrospective analysis of 19 cases of isolated torsion of the splenic pedicle in dogs. J Small Anim Pract 1997;38:387-392.

Prymak C et al. Epidemiologic, clinical, pathologic, and prognostic characteristics of splenic hemangiosarcoma and splenic hematoma in dogs. 217 cases. 1988;193:706-712.

Wood CA et al. Prognosis for dogs with stage Ⅰ or Ⅱ splenic hemangiosarcoma treated by splenectomy alone: 32 cases (1991-1993). J Am Anim Hosp Assoc 1998;34:417-421.

14 腹腔淋巴结活组织检查
Abdominal Lymph Node Biopsy

在开腹探查时，如果淋巴结增大或接收肿瘤及其他肿物的淋巴回流，为了进行诊断和临床分期，需要对淋巴结进行活组织检查。有些淋巴结，如回盲结肠淋巴结，比较容易发现。而髂下淋巴结由于周围组织的影响难以发现和显露，除非淋巴结变得非常大。髂下淋巴结、门静脉旁的淋巴结或肠系膜根淋巴结靠近大血管（图14-1）。由于存在出现严重并发症的风险，对这些淋巴结进行活组织检查非常危险。

图14-1　增大的肠系膜根淋巴结。淋巴结与供应肠管的血管离的很近（箭头所示）。

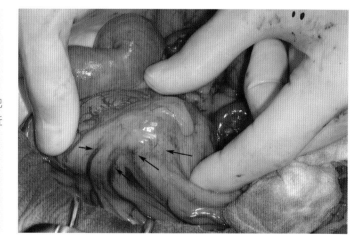

术前管理　　在怀疑淋巴瘤时，应准备好福尔马林、载玻片、培养基、灭菌注射器和针头，以进行特异性诊断。在将组织放入福尔马林前，把组织轻轻地在载玻片上按压进行压片细胞学检查。术中对小的淋巴结或血管性淋巴结进行抽吸比活组织检查更安全，并且可以为淋巴瘤的细胞学诊断提供足够的样本。抽吸出的样本可以进行流式细胞计数来确定淋巴瘤的类型。收集到的细胞可以存放在一小管生理盐水中，并用隔夜快递邮寄到专业实验室；如果储存在4℃，细胞能存活24h。免疫表型的检测可以为淋巴瘤的生物行为提供信息并预测淋巴瘤对治疗的反应。

手术

　　通过腹中线开腹显露腹腔淋巴结。用6mL或12mL的灭菌注射器和20G或22G的针头进行淋巴结细针抽吸。针头与淋巴结呈基本平行的角度扎进淋巴结实质进行抽吸。如果淋巴结足够大，抽吸过程中在淋巴结内向前向后移动针头。在抽吸时针尖必须保持在淋巴结实质内。释放抽吸的负压并退出针头。拔下针头，注射器抽满空气。重新接上针头并快速推动活塞，将细胞喷到载玻片上进行细胞学检查或者打到一小管生理盐水中进行流式细胞计数。采3~6次样以确保足够的细胞量。

　　淋巴结活组织检查技术包括：切除法、切开法、断头术、削剪法及活检针。活检技术要依据淋巴结的大小与形状，及其是否靠近大血管或其他结构来选择。对于大多数技术，可以通过缝合活检部位上方的系膜并用手指按压来控制局部出血。如果增大的淋巴结存在坏死、囊肿或者中心较脆，可以轻轻地抽空或者用手排空淋巴结内部。之后，把网膜的游离缘塞入淋巴结腔内并用可吸收线进行多个间断缝合将其固定在淋巴结边缘。这会减小淋巴结的大小，提供引流并改善血液供应。

手术技术：腹腔淋巴结活检

1 用止血钳或Metzenbaum剪，仔细地分离淋巴结上的腹膜或肠系膜以显露淋巴结表面（图14-2）。

2 如果淋巴结易于从周围组织游离，则进行切除活检。

　　a.　用止血钳钝性分离淋巴结，直至显露其血管蒂。

　　b.　用可吸收线在基部结扎血管蒂。

　　c.　在结扎线与淋巴结之间剪断血管蒂。

3 如果淋巴结呈长椭圆形且一端易于游离，进行断头技术（图14-3）。

　　a.　在淋巴结的一端用止血钳钝性分离肠系膜。

　　b.　如果有必要，在距淋巴结边缘至少1cm处，用Babcock或Allis组织钳夹住并牵拉淋巴结。这样做会人为挤碎钳夹部位周围的样本。

　　c.　翘起已经显露的淋巴结末端，环绕末端用可吸收线留置一个线圈。如果使用了组织钳，线圈应越过组织钳的尖端，使活检样本中同时包含被压碎及未受损伤的组织。

　　d.　做一次外科缠绕并收紧缝线，使缝线压碎组织。

　　e.　越过结扎线，用剪刀或手术刀在远端切断淋巴结。剪短线头。

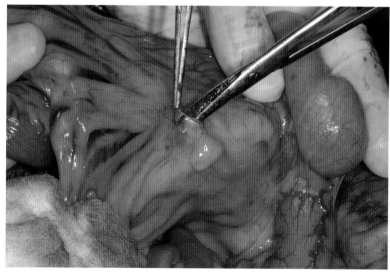

图14-2　钝性提起淋巴结上的肠系膜。为避免损伤肠管的血液供应，只剪断透明的组织。

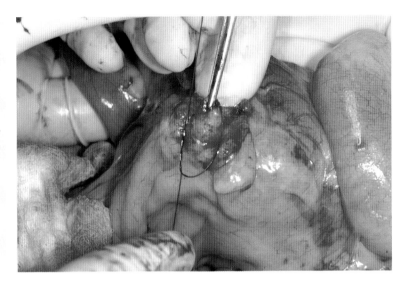

图14-3 断头技术。用可吸收线结扎显露组织的基部。如果可能，使用镊子时只夹住肠系膜连接处，以免人为压碎样本。

4 如果淋巴结较小且埋在组织里，用细针抽吸、活检针或削下一小片圆形淋巴结面等方法采样。

    a. 用镊子或者拇指和中指固定淋巴结。

    b. 选择远离淋巴结门和周围有重要结构的区域。

    c. 用Metzenbaum剪或锋利的手术刀，削剪一薄层（1~2mm）淋巴结外表面。

    d. 用3-0可吸收线间断或十字对合淋巴结上方的肠系膜或腹膜，避开周围血管。由于组织很脆，只打一个结（两次缠绕）。轻轻地对合组织，在打结时不要提拉缝线。剪短线头。

5 如果淋巴结较大且远离大血管，进行楔形活检。

    a. 用15号刀片，在已显露的淋巴结外层实质作一个长0.5~1cm、深2~3mm的弧形切口，角度向淋巴结中央。

    b. 作同样大小的第二个弧形切口，角度朝内侧，使组织边缘呈椭圆形。轻轻地用手术刀尖取下组织。

    c. 用3-0或4-0可吸收线十字缝合淋巴结切口，先做外科缠绕，第二次做普通缠绕，打一个单结。剪短线头。

术后注意事项　　最常见的并发症是术中出血，这可以通过谨慎地选择无血管区和非危险区内的淋巴结来避免。如果缝合后淋巴结创缘或其上组织继续出血，进行压迫止血。也可以将网膜缝在出血部位上以减少出血。

参考文献　　Gibson D et al. Flow cytometric immunophenotype of canine lymph node aspirates. J Vet Intern Med 2004;18:710-717.

Hoelzler MG et al. Omentalization of cystic sublumbar lymph node metastases for long-term palliation of tenesmus and dysuria in a dog with anal sac adenocarcinoma. J Am Vet Med Assoc 2001;219:1729-1731.

Sözmen M et al. Use of fine needle aspirates and flow cytometry for the diagnosis, classification, and immunophenotyping of canine lymphomas. J Vet Diag Invest 2005;17:323-329.

15 腹膜炎
Peritonitis

犬腹膜炎最常见的病因是胃肠道手术伤口开裂；在猫，病因通常是因肿瘤所致的穿孔或脓肿。其他常见病因包括穿透性或钝性创伤、由异物或非甾体类抗炎药所致的胃肠道穿孔、肠道缺血、感染或脓肿组织破裂（如前列腺脓肿或子宫积脓）、饲管周围泄漏或术中污染。除了极少数情况（如猫传染性腹膜炎或腐霉病），患腹膜炎时需要进行紧急手术治疗，因此，诊断必须迅速而且精确。

腹膜炎的临床症状包括沉郁、厌食、呕吐、腹痛、姿势异常（"祈祷状"）、腹围增大以及败血症或休克（黏膜颜色苍白或充血、毛细血管再充盈时间延长、心动过速、呼吸急促、虚弱、血管萎陷、精神沉郁、脱水、发烧或体温过低）。败血症的猫可能出现心动过缓和体温过低，且通常很少表现出腹痛。腹膜炎的诊断基于病史、X线检查、超声检查及腹腔液分析。检查血象、生化和凝血功能看是否出现败血症（中性粒细胞减少、低血糖及退行性核左移）、弥散性血管内凝血（disseminated intravascular coagulation, DIC）或器官功能不全。在腹部X线片上会见到浆膜细节丢失、毛玻璃样外观、肠管充气，还可能见到游离气体等征象。之前的2~3周内未进行过手术或不存在腹壁透创时，在腹部X线片上见到游离气体（气腹）则提示需要进行开腹探查。对于可疑病例，水平X线摄影有助于确认游离气体的存在。

腹膜炎最重要的诊断方法是对通过腹腔穿刺或诊断性腹腔灌洗所采到的液体进行细胞学检查和微生物培养。如果存在微生物、退行性中性粒细胞或异物，提示应进行手术。首先可尝试腹腔穿刺；为增加样本量，建议在超声引导下进行操作。如果腹腔穿刺液中存在退行性中性粒细胞、细胞内细菌或白细胞数量大于10 000/μL时，证明患有腹膜炎。对于未患腹膜炎的动物，在腹腔手术后的1~3d，腹腔液中的白细胞数量也可能达到10 000/μL，但细胞不会呈现退行性变化且细胞内无细菌。腹膜炎也可以通过同时采集腹腔液与血液，对比两者间的生化结果来诊断。在患脓毒性腹膜炎的动物，腹腔液中的葡萄糖含量高于20 mg/dL，但低于外周血。另外，犬出现败血症性渗出时乳酸浓度大于2.5 mmol/L，高于外周血中的乳酸浓度。在猫，腹腔液中的乳酸浓度不是脓毒性腹膜炎的精确诊断方法。出现尿腹时，腹腔液中的肌酐浓度至少是血清中的2倍，而腹腔液中的钾浓度至少是血清中的1.4倍（犬）和1.9倍（猫）。出现胆管破裂的动物，腹腔液中的胆红素浓度至少是血液中的两倍。

腹腔穿刺并非总具有诊断意义，因为腹腔液可能被兜住而远离穿刺部位。诊断性腹腔灌洗（diagnostic peritoneal lavage DPL）更具敏感性，尤其在细针抽吸不容易采到腹腔液时。进行DPL时，动物采取右侧卧。从尾侧1~2cm处插入多孔导管，并从脐孔右侧进入腹腔，撤去管芯。如果导管中无液体，用输液泵将温的袋装0.9%生理盐水通过导管以22mL/kg注入腹腔。轻轻地翻转动物几次。停留10min后，垂下生理盐水袋使液体因重力流出或用抽吸法尽可能多地（至少10mL/kg）排出腹腔内的液体。对所采腹腔液进行分析并进行革兰氏染色和微生物培养/药敏试验。如果灌洗液中存在退行性中性粒细胞或者细菌或白细胞数量超过1 000/μL（轻度至中度炎症）至2 000/μL（严重腹膜炎），说明存在腹膜炎。对于近期进行过手术的动物，如果经DPL采集的液体中白细胞数量>10 000/μL，说明存在腹膜炎。

术前管理

患腹膜炎的动物治疗方法包括稳定体况、合理的抗生素治疗、纠正潜在疾病、根据需要对腹腔液进行引流。术前的治疗原则如下：

1．留置一个大尺寸外周静脉导管和一个三通中央静脉导管。

2．采血检查血象、血小板计数、生化、电解质（包括镁）、抗凝血酶Ⅲ及凝血功能或活化凝血时间。立即评估红细胞压积、总蛋白、电解质、血液乳酸浓度和葡萄糖浓度。

3．监测中心静脉压（central venous pressure CVP）决定是否需要补液。正常CVP是3~8cm H_2O（犬）和2~5cm H_2O（猫）。

4．根据临床反应程度和CVP，输注晶体液；如果CVP低，添加胶体液。以10~20mL/kg（犬）和5~10mL/kg（猫）推注晶体液，输注时间>15~20min。可以重复给药4~5次。在这之后，根据动物的体况、持续液体丢失量以及输注的其他液体量，可能需要以1~10mL/(kg·h)给晶体液。猫很容易输液过多。

5．如果CVP<2cm H_2O，输注羟乙基淀粉（总量为猫：10mL/kg；犬20mL/kg），输液时间超过2~24h。动物出现休克时，以5~20mL/kg快速推注。猫很容易发生液体过量，应使用相对较少的剂量。

6．频繁地用间接测量法监测外周血压。平均压低于60mmHg或收缩压低于90mmHg而对恰当的补液无反应时，给拟交感神经药。

a．如果存在低血压，输注多巴胺2.5~20μg/(kg·min)，Ⅳ。

b．如果心输出量低，输注多巴酚丁胺［犬：2~20μg/(kg·min)，猫：1~5μg/(kg·min)］。猫容易出现多巴酚丁胺副作用，可能出现震颤、抽搐、或心律失常。

c．如果血压对多巴胺或多巴酚丁胺无反应，输注去甲肾上腺素［0.05~3μg/(kg·min)］、去氧肾上腺素［1~10μg/(kg·min)］或加压素［先推注0.01~0.1U/kg，之后以0.001~0.1U/(kg·h)输注］。尽可能使用药物的最低剂量，以降低继发于血管收缩的缺血风险。

d．根据血压调整药物剂量。危重病例可能需要放置动脉导管进行直接血压监测和动脉血气监测。

7．血液乳酸浓度可用于评估补液的效果。正常血液乳酸浓度<2mmol/L。幼犬的乳酸浓度正常值会更高一些（约4mmol/L）。

8．用脉搏血氧仪监测SPO$_2$。如果低于95%，用鼻导管、面罩或其他设备供氧。

9．给头孢西丁（22~30mg/kg，IV，TID~QID）或联合使用其他广谱抗生素（如恩诺沙星/氨苄西林或阿米卡星/氨苄西林；如果存在厌氧菌，添加甲硝唑）。尽可能在给抗生素前先采集腹腔液进行微生物培养。

10．在犬，可恒速输注（constant rate infusion，CRI）利多卡因［25~50μg/(kg·min)］，或者犬猫都用阿片类（如芬太尼CRI或丁丙诺啡）进行镇痛。

11．如果凝血时间延长或存在提示DIC的其他迹象，以10mL/kg，IV输注新鲜冷冻血浆，输液时间大于3~4h。

12．如果血细胞比容低于25%，进行交叉配血并IV输注压缩红细胞（犬：10mL/kg；猫：5mL/kg），输液时间1~4h。

13．如果存在低血糖，推注50%葡萄糖（0.5g/kg，IV，用灭菌注射用水以1∶1进行稀释）并在输的晶体液中添加葡萄糖。

14．如果存在低镁血症，以1~2mEq/kg，IV给药，时间大于2h或更长。

15．给生理量的糖皮质激素（如泼尼松，0.1~0.3mg/kg，q12~24h；或地塞米松，0.01~0.04mg/kg，q12~24h，IV）。

16．对存在严重低蛋白血症和水肿且补充胶体液后无反应的患病动物，考虑给予人血清白蛋白[2~5mL/kg（0.5~1.25g/kg）缓慢给药，之后以0.1~1.7mL/(g·h)（0.025~0.425g/kg）CRI超过4~72h]。人血清白蛋白在健康犬曾出现严重副作用，只有在其他治疗都无效时才考虑用于患病动物。

17．注射普通肝素或低分子量肝素（达肝素），100U/kg，SQ，q8h。（肝素的使用有争议，不同临床医生用法各异。）

18．放置尿管监测尿量［正常时，1~2mL/(kg·h)］，并保持良好的卫生状况。

19．纠正酸碱和电解质紊乱。

20．当动物存在恶心、呕吐或怀疑胃肠溃疡时，给胃肠保护剂和抗酸药。

手术

如果要经胃或经肠放置饲管，动物要进行大范围剃毛及术前准备，包括腹部两侧。准备好吸引泵和大量温的灌洗液。在解决完主要问题后，检查腹腔是否存在炎症和污染。如果腹腔能够顺利地进行灌洗且腹膜炎症轻微，可以一期闭合腹腔。对于存在严重的纤维素渗出、组织碎屑或严重炎症的患病动物，要进行腹腔引流来治疗。在多数病例，多孔密闭式抽吸引流管（图15-1）能提供良好的术后引流且比开放性引流容易护理。由于吸球内有单向阀门，因此，吸球中的液体和污染物不会流回腹腔。

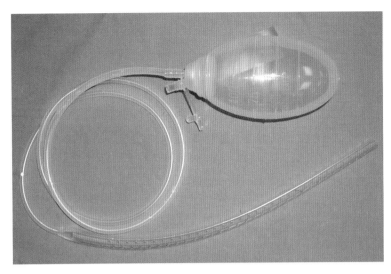

图15-1 带有吸球的多孔密闭式引流管。吸球的单向阀可以防止液体回流到腹腔。

1 作一个长的腹中线切口并用吸引泵抽出腹腔液。

2 如果之前未对腹腔液进行检查，取腹腔液进行革兰氏染色、微生物培养和药敏试验。一些临床医生喜欢在腹腔冲洗后采腹腔液。

3 探查腹腔并解决原发问题。

4 根据需要放置经胃饲管、经十二指肠饲管或空肠饲管（见第106~112页和第132~137页）。

5 用3~15L温生理盐水冲洗腹腔并彻底排出冲洗液。根据碎片的数量决定冲洗液用量。

6 存在纤维素渗出、异物、坏死组织碎屑或中度腹膜炎的患病动物，需要进行腹腔引流。

   a. 放置密闭式抽吸引流管（如JacksonPratt），用止血钳抵住腹中线旁的腹壁肌肉和皮下脂肪（图15-2）。在公犬，位置要尽量靠头侧，这样术后包扎时不会包住包皮。在母犬，位置要靠尾侧以免绷带滑脱。

   b. 用手术刀切开止血钳尖与皮肤间的组织，将止血钳尖穿出切口。

   c. 用止血钳夹住引流管的有孔一端，将引流管通过腹壁带进腹腔（图15-3）。

   d. 用3-0尼龙线荷包缝合引流口周围皮肤（图15-4）。将缝线打结闭合管周围的皮肤，但不要使皮肤坏死。

   e. 用指套式缝合方式（见第336~338页）将外面的引流管固定在皮肤上。

   f. 在相关位置放置2~5个持续抽吸式引流管（如JacksonPratt），每个引流管采用不同的皮肤出口（图15-5）。引流管在腹腔分别向前或向后放置。对于中型犬，在头侧肝脏与膈之间放置2个引流管，在尾侧放置1~2个引流管。

7 常规闭合腹腔。

8 把吸球式储液器接在引流管上。排空每个吸球内的空气并盖上盖子以提供持续的吸引力。

9 用腹绷带包扎引流管出口处并把储液器固定在绷带或脖圈上（图15-6）。

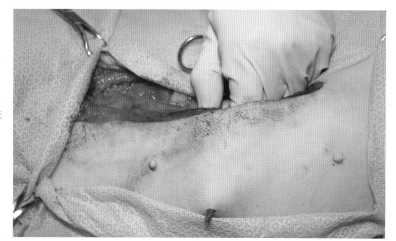

图15-2　用止血钳抵住腹壁肌肉并切开止血钳尖与皮肤间的组织，使止血钳尖穿出。

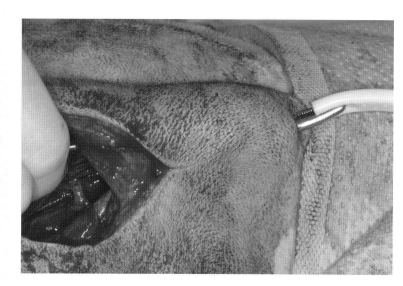

图15-3　将引流管的有孔一端拉进腹腔。

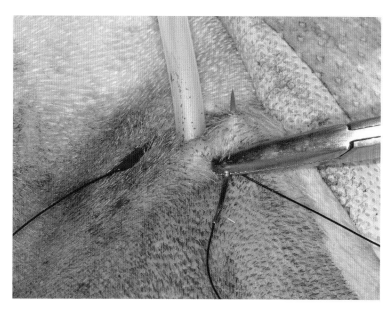

图15-4　为防止引流管的出口处发生液体或气体泄漏，在此处进行荷包缝合。

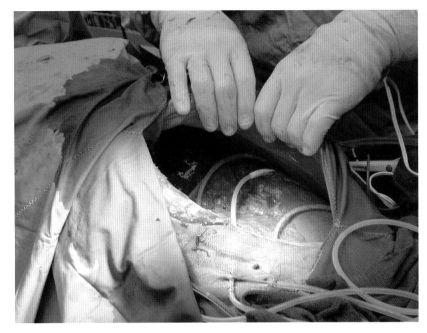

图15-5　引流管放置完毕。引流管平均地放置在腹腔内，并从不同的出口穿出皮肤。

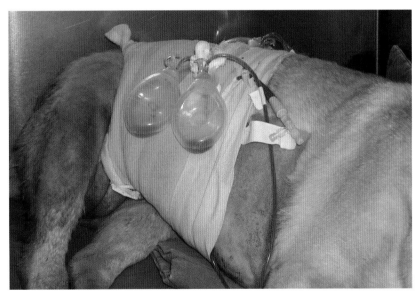

图15-6　用绷带包扎引流管出口。在所有引流管上贴标签，尤其是同时放置了饲管或尿管时。

术后注意事项　术后要频繁监测CVP、动脉血压、体重以及尿量，以检查补液是否恰当。补液量包括维持需要量（每天每千克体重40~60mL）、引流出的液体量及持续丢失量。用利多卡因（犬）或阿片类（犬和猫）提供镇痛。根据微生物培养和药敏试验结果选择抗生素并且至少连续使用7d。营养支持对于术后恢复和肠梗阻的病例具有重要意义；患病动物需要每天每千克体重125.5~251kJ。即使进行了胃肠道手术，只要不出现呕吐，在术后第一天即可以喂食。保持舒适和清洁对于只能侧卧的动物非常重要，这包括定时翻身、提供舒适的垫子、伤口护理以及保护皮肤不被尿或粪便灼伤。

腹腔引流可能导致贫血、低蛋白血症、电解质紊乱及脱水，因此必须至少每天检查这些指标。随动物体况的好转，外周血液中杆状和中毒的或退行性细胞数量会减少。监测胶体渗透压有助于指导对低蛋白血症的动物进行补液。

根据需要每4h清空一次储液器并重新建立负压。在术后最初的16h内液体量通常较多〔能多达每天每千克体重20mL〕，尤其是在灌洗液未被彻底从腹腔吸出时。只要原发病因被纠正并且进行恰当的抗生素治疗，液体量在随后的2~3d会逐渐减少至8mL/每天每千克体重。通常会出现由于网膜阻塞而导致一个或两个引流管液体流出不畅。

存在腹膜积液是正常现象，所以引流管拆除日期依液体性质而定。在术后第一天，腹腔液中白细胞数量可能会升高，但是细胞不应该表现为更严重的中毒性或退行性。已经进入引流管或储液器中的细胞可能不健康。为了获得新鲜液体样本，要先排空储液器并重新建立负压，在重新收集5~10mL液体后再次排空储液器，然后对再引流出的液体进行收集采样。可以在不麻醉的状态下拆除引流管，剪断指套式缝合与荷包缝合，轻轻并且迅速地拔出引流管。

死亡率为30%~50%。对于幼年或老龄动物，如果确诊不及时、出现严重或更具毒力的污染（如大肠内容物污染）、免疫力下降或营养状况差时，预后更差。器官衰竭、休克、难以纠正的低血压、心血管性虚脱、呼吸功能障碍、DIC或脓毒性胆汁性腹膜炎会增加死亡率。

参考文献

Boag A and Hughes D. Emergency management of acute abdomen in dogs and cats. 1. Investigation and initial stabilization. In Practice 2004;26:476-483.

Bonczynski JJ et al. Comparison of peritoneal fluid and peripheral blood pH, bicarbonate, glucose, and lactate concentration as a diagnostic tool for septic peritonitis in dogs and cats. Vet Surg 2003;32:161-166.

Costello MF et al. Underlying cause, pathophysiologic abnormalities, and response to treatment in cats with septic peritonitis: 51 cases (1990-2001). J Am Vet Med Assoc 2004;225:897-902.

Levin GM et al. Lactate as a diagnostic test for septic peritoneal effusions in dogs and cats. J Am Anim Hosp Assoc 2004;40:364-371.

Mueller MG et al. Use of closed-suction drains to treat generalized peritonitis in dogs and cats: 40 cases (1997-1999). J Am Vet Med Assoc 2001;219: 789-794.

Schmiedt C et al. Evaluation of abdominal and peripheral potassium and creatinine concentrations for diagnosis of uroperitoneum in dogs. J Vet Emerg Crit Care 2001;11:275-280.

Staatz AJ et al. Open peritoneal drainage versus primary closure for the treatment of septic peritonitis in dogs and cats: 42 cases (1993-99). Vet Surg 2002;31:174-180.

PART

3

第三部分 消化系统手术
Surgery of the Digestive System

16 肝脏活组织检查
Liver Biopsy

　　肝脏活组织检查的适应证包括肝脏肿物或结节、肝性高胆红素血症或肝酶、血清胆汁酸、血氨浓度持续升高。对于无法解释的泛发性肝肿大或肝脏超声回声改变，也推荐进行肝脏活检。肝脏样本可以经皮或通过腹腔镜或开腹手术获取。经手术获取的样本比经皮获取的更大，更适用于诊断。对于肝脏较小的动物，手术获取还可降低不慎损伤胆囊和其他器官的风险。

术前管理

　　术前的诊断和治疗取决于潜在的疾病过程。对于血小板减少症、显著的低白蛋白血症、胆道阻塞、严重肝脏疾病或败血症的动物，要进行凝血试验和颊黏膜出血试验。如果凝血时间延长，术前应为动物输注新鲜冷冻血浆或新鲜全血。对于发生胆道阻塞的犬，需提供维生素K_1（1~5mg/kg，SC），因为它是生成凝血因子II、VII、IX和X所必需的。剃毛范围应至胸中部，因为腹部切口常扩至剑状软骨处。

手术

　　进行肝脏活检的动物，应从剑状软骨后开始腹中线切口，以免膈膜穿孔。可能需要结扎和切除镰状韧带以暴露较小的肝脏。如果进行开腹手术，应探查整个腹腔是否存在异常。为更好地暴露，可以在膈膜和肝叶之间放置一个润湿的腹腔垫。将剖腹手术垫的一角用止血钳固定于创巾上，避免不慎将其遗落在腹腔内。对于没必要探查的弥散性疾病，可通过2~4cm的腹部锁孔切口对肝脏进行活检。

　　弥散性肝病可以使用蛤壳式活检钳或线结扎横断技术取样。如果动物的肝叶钝圆，可能需要采用框式缝合。通常使用3-0快吸收单股缝线结扎。可以使用蛤壳式活检钳或皮肤钻孔器对中央部位取样。对于患有微血管疾病的动物，最好使用6mm孔径的活检器，因为4mm孔径的活检器可能无法获取足够的样本进行门脉三联征的评估。因为肝静脉位于肝脏的尾背侧（脏面），钻孔取材应在肝脏凸起的膈面。钻孔深度应不超过肝叶厚度的50%。

　　如果存在局部病变，应在正常与异常组织交界处取样。如果怀疑存在先天性微血管异常（如先天性门静脉发育不全所继发的微血管发育不良），通常对多个肝叶进行活检。

手术技术：横断活检法

1 使用3-0单股快吸收缝线，做一个3~4cm的线圈，采用简单或外科缠绕。

2 将线圈套在肝叶尖端，结扎至少1cm的组织。

    a. 如果肝叶尖端附近有自然裂隙，那么将线圈嵌入沟中（图16-1）。

    b. 如果肝脏边缘圆滑，用止血钳在肝叶尖端的两侧边缘夹出裂隙（图16-2和图16-3）。再将线圈嵌入裂隙。

    c. 如果肝叶难以暴露，在线圈内插入一个Allis组织钳，夹住至少1cm的肝脏尖部。轻轻牵出肝叶，并使缝线越过组织钳滑至肝脏组织。

3 收紧线圈直至扎住所有肝脏组织，保留血管和导管完整（图16-4）。收紧时不要向上提缝线，这有可能将组织勒豁并撕裂血管。单次缠绕足以止血。

4 用剪刀或刀片在结扎的远端横断组织（图16-5）。不要用组织钳夹肝脏样本。

图16-1　将线圈嵌入肝脏边缘的自然裂隙中。

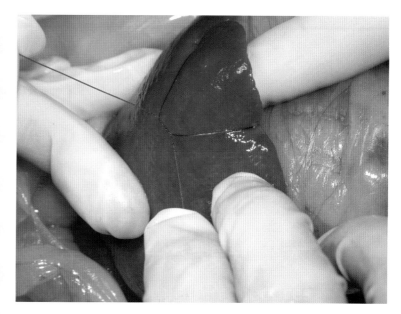

图16-2　如果肝脏边缘圆滑，则用止血钳夹肝脏的边缘。

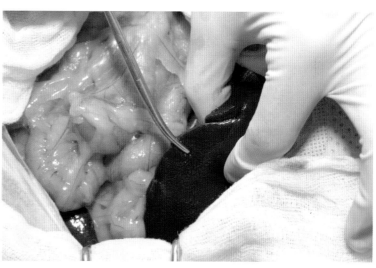

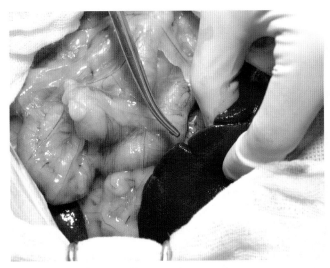

图16-3　将上扣的止血钳轻轻撤离肝脏边缘，从而形成一个裂隙。

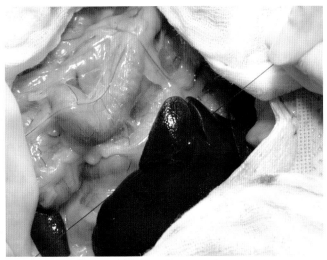

图16-4　在基部收紧线圈直到勒紧实质。

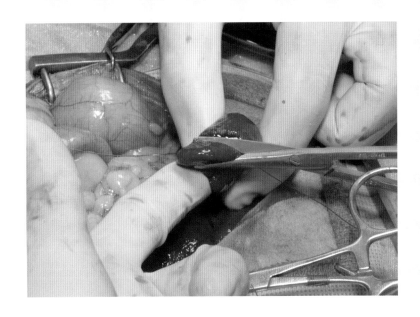

图16-5　横断结扎远端的组织。

手术技术：框式缝合肝脏活检

1 使用3-0可吸收线、圆针，在需要取样的组织附近穿过肝脏缝合一针。进针点距肝叶边缘的垂直距离为1~1.5cm，需贯穿整个肝叶（图16-6）。

2 做1~2次缠绕，垂直于肝脏边缘拉紧缠绕，压迫环扎的肝脏组织（图16-7）。剪断线头。

3 在活检部位的另一边再做一个全层缝合。同样垂直于肝脏边缘，并与第一针平行，两针相距1.5~2cm。打一个单结并压碎环扎的组织（图16-8）。将线头留长些。

4 将一个线头从样本基部的下方环绕，并穿过第一次结扎形成的小沟（图16-9）。

5 收紧两个线头从而环扎住样本的基部。用一至两个缠绕结扎环绕的组织，压碎样本的基部。剪断线头。

6 剪掉结扎区域内的肝脏（图16-10）。

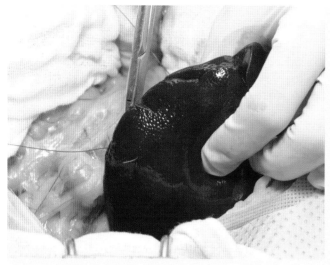

图16-6 垂直于肝脏边缘贯穿缝合一针。

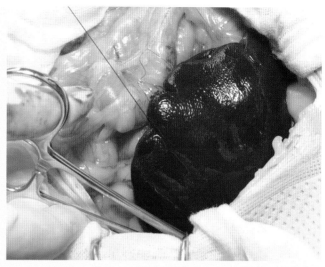

图16-7 做1~2个缠绕，收紧缝线以切割肝脏实质。将线头剪短。

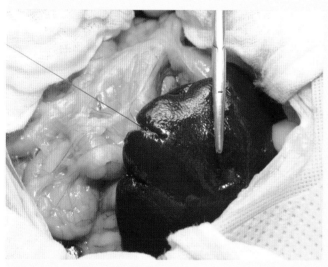

图16-8 平行于第一针再做一个贯穿缝合，将结打紧，留长两个线头。

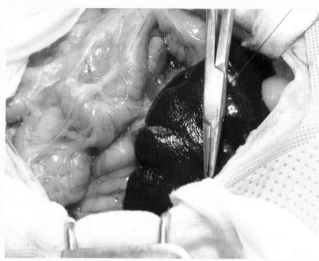

图16-9 将缝线穿过两次结扎形成的小沟并环绕样本基部。

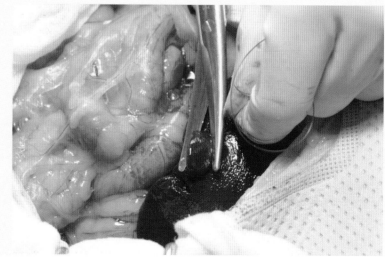

图16-10 收紧环扎线并切除被结扎部位远端的肝组织。

1 垂直于肝脏表面放置一个6mm的皮肤钻孔器。

2 按压的同时顺时针和逆时针捻转钻孔器，使其进入肝实质。取样深度不要超过肝叶厚度的一半。

3 将钻孔器倾斜45°并稍微向深部捻转，以切断任何有联系的组织（图16-11）。

4 以一定角度撤出钻孔器，并将组织留在钻孔器内（图16-12）。不要用组织镊夹持样本。

5 如果活检部位出血，可在缺损处填塞止血填料（如明胶泡沫），或直接按压几分钟。此外，也可以用可吸收线在活检部位做一个褥式或十字缝合。慢慢收紧，防止缝合线撕豁肝脏实质。

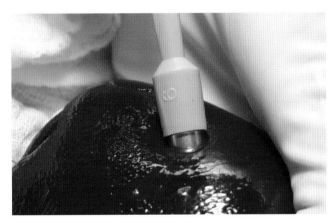

图16-11 旋转钻孔器使其插入肝实质，然后轻微倾斜钻孔器，同时再向里插入一点以切断组织基部。

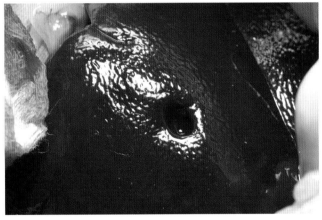

图16-12 取样后的孔。

手术技术：钥匙孔切口法

1 在剑状软骨后做2~4cm皮肤切口（图16-13）。

2 分离皮下脂肪并切开腹白线。

3 将一个手指轻轻伸进切口内分离镰状韧带。

4 用食指或小指钩住胃小弯，向下按压并向尾侧牵拉胃，然后撤出手指。

5 用组织镊提起一侧腹壁以暴露肝脏。如果看不到肝脏，扩大切口或向头侧牵拉腹壁。

6 用蛤壳式活检钳夹住一大块肝脏边缘（图16-14）。插入活检钳，越过肝实质边缘，使肝组织进入活检钳的咬合处。

7 闭合活检钳并保持10~20s。

8 边捻转活检钳边轻轻撤出，直到肝组织片被取下（图16-15）。

9 如果组织粘在活检钳上，使用针头将组织轻轻挑出。不要用镊子夹持样本。

10 连续或间断缝合腹直肌鞘。常规闭合皮下组织和皮肤。

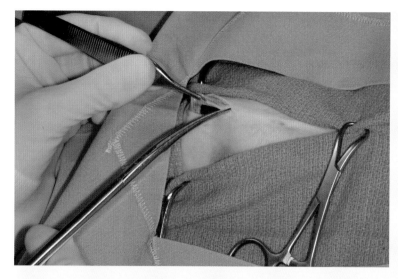

图16-13 在剑状软骨后经皮肤、皮下组织、腹中线做一个2~4cm的切口。

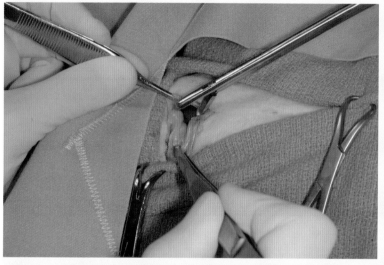

图16-14 用蛤壳式活检钳夹住暴露的肝脏，并坚持10~20s后再撤出活检钳。

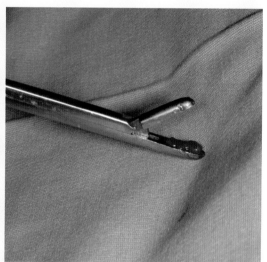

图16-15 取出后的样本。

术后注意事项 因为手术进行肝脏活检的并发症很少，所以术后的护理主要是治疗潜在疾病。如果担心出血，应分别在手术结束时和术后几小时检查血细胞比容以评估动物是否有渐进性贫血。使用皮肤钻孔器活检要比线结扎和使用蛤壳式活检钳活检出血更多。

参考文献 Burger D et al. How to perform a surgical hepatic biopsy. Vet Med 2006; 101:306-312.

Cole TL et al. Diagnostic comparison of needle and wedge biopsy specimens of the liver in dogs and cats. J Am Vet Med Assoc 2002; 220: 1483-1490.

Roth L. Comparison of liver cytology and biopsy diagnoses in dogs and cats: 56 cases. Vet Clin Pathol 2001; 30: 35-38.

Vasanjee SC et al. Evaluation of hemorrhage, sample size, and collateral damage for five hepatic biopsy methods in dogs. Vet Surg 2006; 35: 86-93.

17 胰腺活组织检查

Panereatic Biopsy

　　胰腺的组织学评估用于诊断炎症、萎缩、亚临床胰外分泌不足或者胰腺肿瘤。但是因为可能损伤肠道血管，所以很多临床医生避免进行胰腺活检。胰十二指肠前动脉穿行于胰腺体部和右叶（图17-1）。它的一些分支横贯胰腺实质并支配降十二指肠。不小心损伤胰十二指肠动脉或其分支会导致十二指肠缺血。胰管穿行于胰腺实质中央，活检时也可能造成损坏。

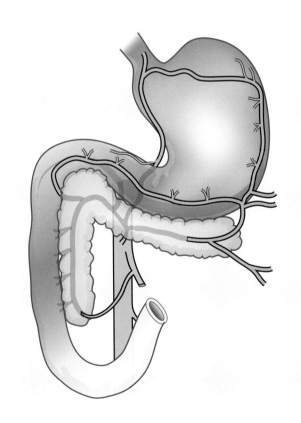

图17-1　图示胰腺的血液供应。头侧胰十二指肠动脉穿行于胰腺实质内并为降十二指肠提供血液供应。

术前管理　　术前诊断和支持治疗取决于潜在疾病。在多数动物通过腹部超声检查来评估胰腺的局部或泛发性疾病。胰腺炎可借助胰脂肪酶样免疫反应来诊断。胰外分泌不足则可借助血清胰蛋白酶样免疫反应来诊断。如果怀疑肿瘤，应通过胸腹部X线检查和腹部超声检查来评估有无转移。

手术　　如果胰腺疾病为弥散性，活检部位通常选择胰右叶远外侧面，以免损伤器官和血管（图17-2）。不幸的是，单个的活检可能不足以排除胰腺炎，因为胰腺的炎症倾向于发生在胰腺内的散在区域，而非弥散性。可以通过横断技术（线结扎）、小叶间剥离和血管/导管结扎术、或杯状活检钳来获取活检样本。当胰腺较坚硬时，可以从胰腺表面削下一片薄的样本。

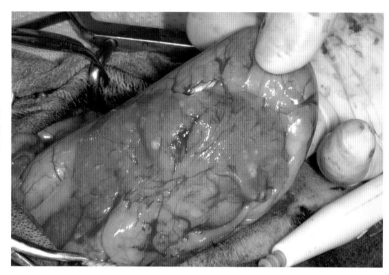

图17-2　伴有多个结节的弥散性胰腺疾病，这只犬的胰十二指肠动脉被病变的胰腺覆盖，无法识别。

手术技术：胰腺横断活检

1　通过向腹侧牵引十二指肠并将其拉出腹腔外，显露沿降十二指肠分布的胰腺右叶远端。

2　确认胰十二指肠后部血管及其十二指肠分支（图17-3）。选择远离这些血管的区域进行活检。

3　钝性剥离胰右叶远端1cm的十二指肠系膜（图17-4）。

4　使用3-0快吸收缝线制作一个环，并将其套在暴露的胰腺游离缘，以获取0.5~1.0cm大小的样本。拉紧缠绕，挤压组织（图17-5）。

5　用剪刀（图17-6）或刀片切掉结扎处远端的样本。结扎线就留在那里。十二指肠系膜上小的缺损不需闭合（图17-7）。

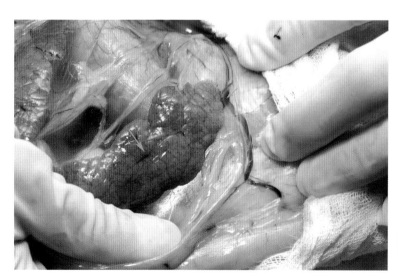

图17-3　确认胰十二指肠后动脉和静脉（箭头所示），它的分支横穿胰右叶远端中央。

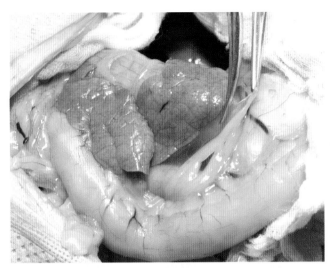

图17-4 钝性分离胰腺上的十二指肠系膜。

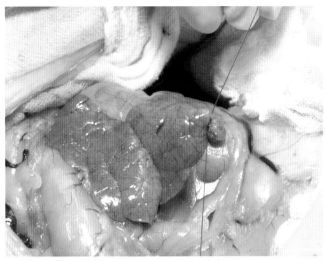

图17-5 在样本基部结扎，注意避开大血管。

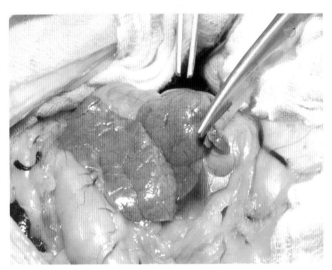

图17-6 从结扎远端的基部切断组织。

图17-7 一只胰腺萎缩犬的活检部位的图片。在该犬，一个小的肠系膜分支也被结扎。

术后注意事项　　只要十二指肠血管没被破坏，胰右叶远端的横断活检很少引起并发症。因此，术后的支持治疗主要是治疗潜在疾病。健康动物进行胰腺活检后可在术后第一天进食。

相对于小叶间切开和血管结扎，使用线结扎和杯状活检钳活检可能导致脂肪酶、淀粉酶或TLI显著升高。从组织学角度看，横断技术会引起更多的局部炎症。但对于健康犬来说这些技术都不会导致出现胰腺炎的临床症状。

参考文献

Allen SW et al. A comparison of two methods of partial pancreatectomy in the dog. Vet Surg 1989; 18: 274-278.

Barnes RF et al. Comparison of biopsy samples obtained using standard endoscopic instruments and the harmonic scalpel during laparoscopic and laparoscopic-assisted surgery in normal dogs. Vet Surg 2006; 35: 243-251.

Harmoinen J et al. Evaluation of pancreatic forceps biopsy by laparoscopy in healthy beagles. Vet Therapeutics 2002; 3: 31-36.

Lutz TA et al. Pancreatic biopsy in normal cats. Austr Vet J 1994; 71: 223-225.

Newman S et al. Localization of pancreatic inflammation and necrosis in dogs. J Vet Intern Med 2004; 18: 488-493.

18 胃切开术
Gastrotomy

胃切开最常见的适应证是胃内异物取出。胃切开还可用于评估胃黏膜的病理性变化，如胃溃疡，以及指触诊幽门口大小和开放程度。一些动物食道远端的异物也可以通过胃切开术取出。胃切开术可转变为胃部分切除术，用于全层胃壁的活检或切除肿瘤或其他局灶性病变。

术前管理

术前应首先纠正脱水及酸碱和电解质平衡紊乱。锌中毒的动物需要输血治疗溶血性贫血。可能需要在诱导和手术开始后2~6h分别静脉给预防性抗生素。动物应从胸中部至包皮或耻骨区域备毛。右外侧腹壁也应备毛，以备放置肠饲管时使用（见第124~129页）。应检查气管插管的套囊是否充盈，因为对胃进行操作时可能使其内容物返流进入气管。应准备好剖腹手术垫、抽吸装置和冲洗液。

手术

与其他胃肠道手术一样，腹部应充分暴露，并且其他清洁手术如肝脏活检都应在胃切开之前进行。腹壁的切口通常从剑状软骨至脐后。向头侧扩大切口至剑状软骨突，可能会导致膈穿孔和气胸。可能需要结扎和切除镰状韧带以显露胃部。在开始污染手术前，应将灭菌器械放在一旁，以备关腹使用。

胃切开取异物通常选择在胃体部，防止内翻缝合后阻塞幽门。胃切开部位应尽可能选择在胃大小弯中间血管最少的区域。在切口边缘设置牵引线，这有利于牵引和暴露胃部，抽吸出胃内容物以减少污染。胃内异物可使用Allis组织钳、Carmalt或Kelly钳取出。如果异物在食道远端，使用钝头钳（如Carmalt或海绵钳）从胃切口和远端食道括约肌伸入食道中。如果异物难以夹到，那么切开膈，术者的一只手在固定或操控食道的同时，另一只手试着夹住异物。一旦食道异物被取出且胃壁缝合完毕，在膈肌切口处放置一个红色橡胶导管并缝合膈切口，在撤出导管和关腹前将胸膜腔排空。

胃切开的缝合方法很多，这些方法愈合快且很少裂开。一些术者会选择第一层连续缝合胃黏膜层，以减少胃内出血。另一些术者则会选择两层内翻缝合浆膜肌层、黏膜下层，因为胃黏膜能自己愈合。对于幽门附近的胃切开，应使用单层、对接、间断或连续缝合。通常使用2-0或3-0圆针单股可吸收线缝合。

在完成胃切开术后需要更换手套、器械，并进行腹腔冲洗以减少污染。

手术技术：快速双层缝合的胃切开术

1 为了方便牵拉，可在胃部设置牵引线，针只穿透黏膜下层（图18-1）。牵引线可固定在腹壁开张器上，以保持胃部显露（图18-2）。

2 用湿润的剖腹手术垫隔离胃部减少污染。

3 在大弯和小弯中间平行于胃长轴切开胃体部（图18-3）。

4 当切开浆膜肌层后黏膜层可能会在刀下滑动。如果黏膜还没有被切开，可用无损伤镊夹住黏膜后用刀片切开。根据需要用剪刀扩大切口，并进行异物取出术、活检或黏膜探查。用剪刀在切口边缘剪下一块全层胃壁样本进行活检。

5 缝合胃壁时，在切口的一端穿线，打两个结并将游离的线头留长，这样可以在最后与之打结（图18-4）。用一个止血钳夹住这个线头。

6 使用简单连续或Cushing方式缝合黏膜，一直缝到胃壁切口的另一端（图18-5）。

7 不打结，直接开始Cushing缝合，穿过浆膜层、肌层、黏膜下层，平行于切口进行缝合（图18-6）。

8 每缝合一针，进针点都要比上一针出的针点稍向后退一点形成部分重叠，并且进针角度稍远离创缘，这样可以帮助组织很好的内翻。

9 收紧线时借助持针钳尖端使胃壁内翻（图18-7）。

10 最后一针缝合超出切口，并与之前游离的线头打结（图18-8）。

图18-1 使用湿润的剖腹手术垫隔离胃并设置牵引线。

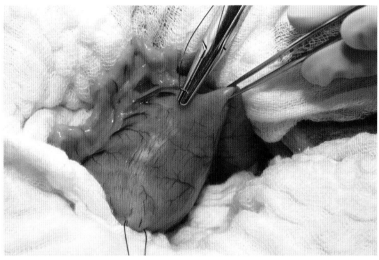

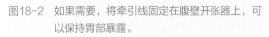

图18-2 如果需要，将牵引线固定在腹壁开张器上，可以保持胃部暴露。

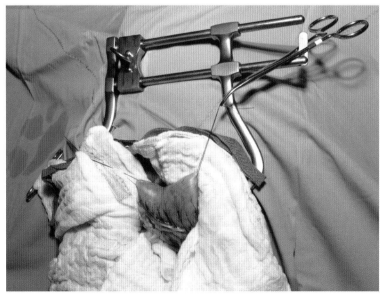

图18-3 在胃大弯和胃小弯中间平行于长轴切开胃壁。

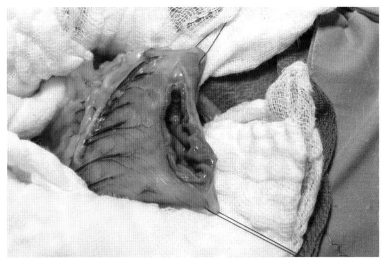

图18-4 开始缝合时在靠近浆膜肌层切口末端的黏膜上起针。打两个结并将线头留长。

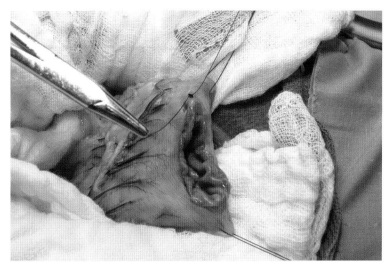

图18-5 用简单连续或Cushing方式缝合黏膜。

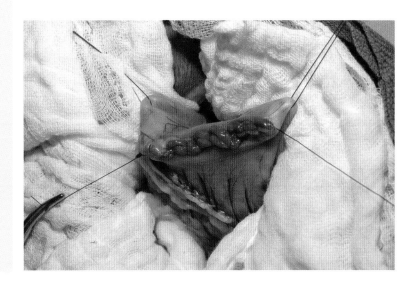

图18-6　黏膜层缝合完成后，使用Cushing缝合法与第一层缝合反方向缝合浆膜肌层及黏膜下层。向外出针并且每针轻度重叠。

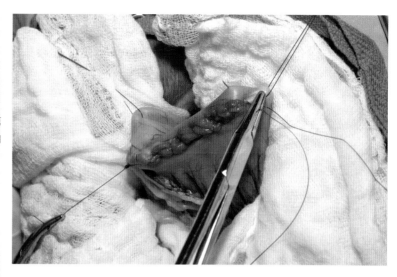

图18-7　连续Cushing方式内翻缝合黏膜。

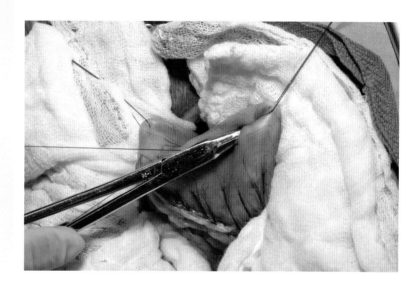

图18-8　继续缝合稍微超过切口。线尾与最初缝合黏膜时的线头一起打结。

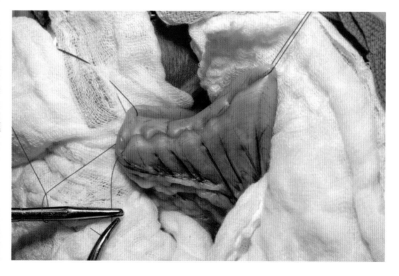

术后注意事项 麻醉苏醒期间，尽量保持动物的头部抬高以减少胃反流。应监测基础血细胞比容，如果出现出血、苍白、严重的贫血或黑粪，应进行系列血细胞比容评估。如果动物没有出现呕吐或恶心，在术后12~24h给食物。术后呕吐或恶心可能由于梗阻、电解质紊乱（特别是低血镁）、疼痛、胃部刺激或潜在病因所致。治疗包括静脉输液、胃保护剂（硫糖铝）、胃酸抑制剂（如：奥美拉唑或法莫替丁）、动力提升药物（如：胃复安）或止吐药（如：氯丙嗪、奥坦西宁、多拉司琼或马罗匹坦）。含铅或锌的异物会导致中毒，可能需要螯合剂治疗。

最常见的并发症是呕吐，这可能导致吸入性肺炎。如果黏膜没有闭合，动物可能呕吐出未完全消化的血液，看起来像咖啡的颜色。持续呕吐的动物应拍摄平片或造影或使用内窥镜评价梗阻的可能性。胃切口开裂很罕见，因为胃能快速愈合且有丰富的血液供应。胃开裂可能发生于剧烈呕吐、局部缺血、肿瘤或患严重胃部疾病的动物。幽门窦切开术若使用不可吸收线如聚丙烯缝合，可能导致炎性幽门梗阻。幽门梗阻还可能发生于过度的组织内翻或切开缝合导致的幽门窦变形。

参考文献

Bright RM et al. Pyloric obstruction in a dog related to a gastrotomy incision closed with polypropylene. J Small Anim Pract 1994; 35: 629-632.

Fossum TS et al. Presumptive, iatrogenic gastric outflow obstruction associated with prior gastric surgery. J Am Anim Hosp Assoc 1995; 31: 391-395.

Shuler E and Tobias KM. Gastrotomy. Veterinary Medicine 2006; 101: 207-210.

19 胃造口饲管放置术
Gastrostomy Tube Placement

胃造口饲管作为一种肠内营养供给方式，适用于需要长期营养供给或食道异常的动物。偶尔，也会作为一种永久性胃固定术的方法，防止胃扩张和扭转的复发（见106页）。

胃饲管可以在内镜的指引下经皮放置，也可以通过腹中线或肋骨旁切口手术放置。当动物存在食道狭窄或血管环异常等食道问题时，会妨碍经皮放置胃饲管，此时则需要手术放置。当动物存在胃食道反流、胃部疾病、经常性或持续性呕吐时，则更适合放置肠道饲管。对于间歇性呕吐的动物，只要呕吐与饲喂无关并且不存在幽门狭窄，同样也可以放置胃饲管。

术前管理

由于饲喂需要，饲管放置于左侧的前外侧体壁。如果同时需要对动物进行开腹探查，则需要对从胸中部至耻骨前的腹侧皮肤进行剃毛和手术准备。准备区的外侧缘尤其是肋骨旁区需要延伸至体侧。预防性抗生素通常在诱导麻醉时通过静脉给药，并在2~6h后重复给药。

手术

有标准和低断面两个版本的胃饲管可供选择。标准胃饲管有一个柔韧的圆顶或蘑菇状头，其凸缘能减小饲管被拔出的风险。由于胃液会腐蚀Foley管的套囊，因此，应避免长期使用。低断面胃饲管有一个单向阀，能防止胃内容物流出。因为它比标准胃饲管短，所以动物表现得更舒适且更不易被拔出。由于低断面胃饲管手术放置困难，因此，大多数临床医生使用标准胃饲管作为最初选择。3~4周后，拔出标准胃饲管，同时使用低断面胃饲管代替标准胃饲管，从同一瘘管插入（图19-1，图19-2）。可以向管内注入少量造影剂以便X线片验证胃饲管的位置。所选饲管直径取决于动物体型的大小。猫和小型犬通常使用20Fr导管，中型至大型犬通常使用24Fr导管。

当在开腹探查过程中放置胃管时，腹部切口从剑状软骨延伸至后腹部。在放置胃管之前，应该对腹腔进行彻底探查并完成所有清洁操作。需要使用润湿的敷料对胃进行隔离，以减少腹腔污染，并且将干净的器械放至一旁以便关腹使用。如果在胃管放置过程中有大量胃内容物溢出，则需要使用温生理盐水进行彻底的腹腔冲洗。

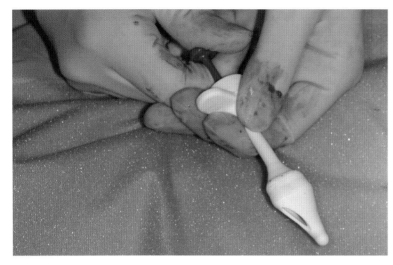

图19-1　插入管芯针直至蘑菇状头端，撑直低断面饲管。

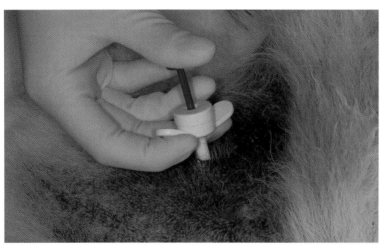

图19-2　从先前的管孔插入低断面饲管，然后拔出管芯。这只动物正在接受胃管置换术，使用低断面饲管置换经开腹放置的Foley管。

手术技术：标准的蘑菇状头管

1 选择胃壁刺入点。胃管通常放置于胃中部、胃大弯和胃小弯之间的中点。

2 选择腹壁刺入点，此点位于最后肋骨后方的腹外侧壁上。腹壁刺入点一定要与胃壁刺入点相对应，从而保证动物俯卧时胃处在自然位置。

3 将胃管从腹外侧壁插入腹腔。

   a. 使用Carmalt或Kelly钳刺穿腹膜、腹壁肌层及皮下组织。

   b. 切开钳顶端的皮肤（图19-3）。

   c. 用钳夹住管的末端使蘑菇状头扁平，并将其牵引至腹腔（图19-4）。

4 如果将胃壁牵引至腹壁之外十分困难，则可使用贯穿全层的牵引线或肠钳夹持胃壁。

5 用2-0或3-0单股可吸收线在胃壁上做一个荷包缝合，需要穿透黏膜下层（图19-5）。用止血钳夹住缝线两端，但不要收紧打结。

6 在荷包缝合的中心刺穿胃壁，不要切断缝线。胃壁切开时，黏膜层可能会与肌层分离。如果黏膜层仍然完好，用镊子夹起黏膜并用刀片或剪刀剪开黏膜进入胃腔（图19-6）。

7 用止血钳夹扁胃管的蘑菇状头。将夹着胃管的止血钳从切口插入胃腔（图19-7）。如有必要，可使用两把组织钳开张胃壁切口，以方便胃管放置。

8 将荷包缝合线收紧打结时，要使胃壁黏膜内翻（图19-8）。将缝线打结使胃壁对合，但不要引起坏死，然后剪断缝线。

9 将胃固定到腹壁（图19-9）。

    a. 如果左侧腹壁显露困难，可以用一个帕巾钳夹住腹壁创缘肌肉后向上提（图19-9）。在帕巾钳和大拇指的协助下，向外翻转腹壁创缘肌肉的同时用手指向内按压腹壁，达到显露胃管周围腹膜的目的。

    b. 使用2-0或3-0单股可吸收缝线，一针固定在腹壁肌层上，一针固定在管背侧的胃壁上。胃的缝合必须带上黏膜下层。用止血钳夹住缝线两端。

    c. 在胃管前后的胃壁和腹壁之间预置若干根缝线。

    d. 逐个收紧打结，使腹膜与胃浆膜对合在一起。

    e. 在胃管腹侧追加缝合一针或多针后，胃固定术结束。

10 如果愿意，可以用大网膜环绕包裹固定点后与自身结节缝合固定（图19-10）。

11 使用指套缝合法（见第336~339页）将胃管固定在体壁上。

    a. 在大多数犬，指套缝合仅固定在皮肤上。

    b. 对于猫和皮肤疏松的犬，指套缝合不仅要缝合皮肤而且要带上皮下肌肉层，以减少管的移动。

    c. 不要在皮肤开口采用荷包缝合，因为如果发生开口处泄漏，它会将污染物包裹在皮下。

12 常规闭合腹腔。

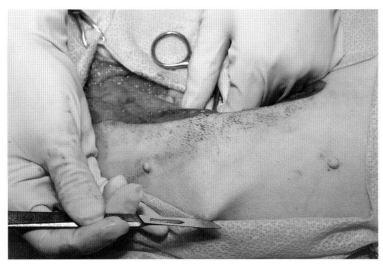

图19-3 使Kelly钳强行穿透腹壁肌层，并切开其顶端皮肤。

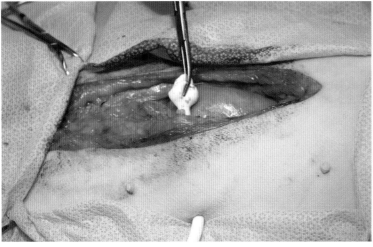

图19-4 夹扁饲管顶端的蘑菇状头并将其牵引至腹腔内。

图19-5 在胃体上做一个荷包缝合，每针的深度要到达黏膜下层。

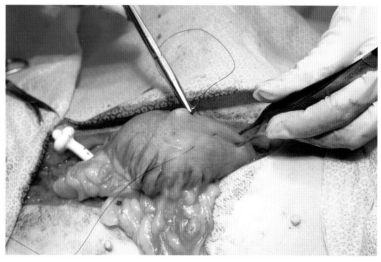

图19-6 在荷包缝合的中心刺穿胃壁全层。在这只犬，第二刀才刺穿黏膜层。

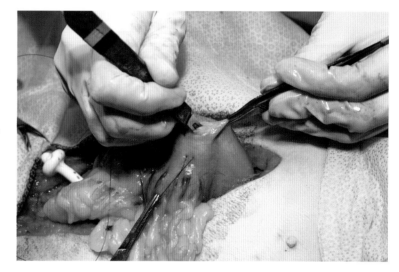

图19-7 夹扁胃管蘑菇状头并将其从穿刺孔插入胃腔。

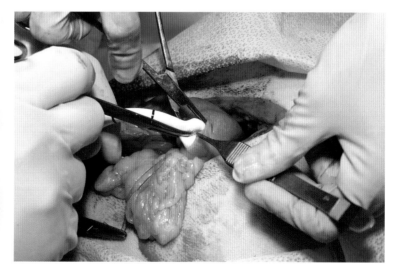

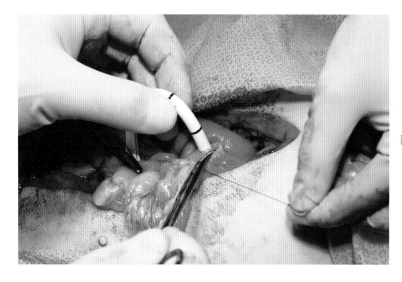

图19-8　收紧荷包缝合线时要使胃黏膜层内翻。

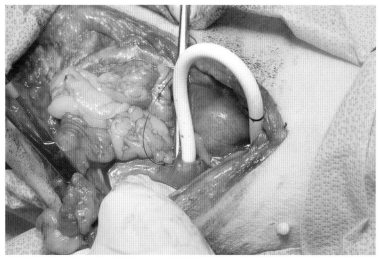

图19-9　使用结节缝合将胃固定到腹壁上。用帕巾钳夹住腹壁同时用大拇指和食指使腹壁穿刺孔外翻有利于显露。

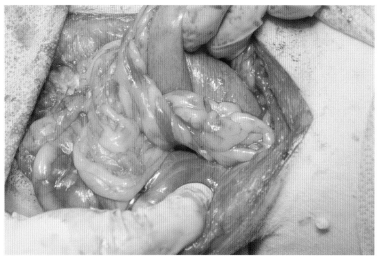

图19-10　如果愿意，可以用大网膜环绕包裹固定点后与自身缝合固定。

手术技术：低断面胃饲管（见第41章）

1 同上，在胃壁上设置荷包缝合线。

2 在体壁上的对应位置刺穿皮肤。

3 通过将Carmalt或Kelly止血钳穿过皮肤切口穿透腹壁。

4 在荷包缝合线和体壁切口的背侧，将胃固定在腹壁。

    a. 使用2-0或3-0单股可吸收线在胃和体壁之间做1或2针间断缝合。每针都要求带上腹壁肌层和胃黏膜下层。

    b. 对缝线打结并剪掉线尾。

5 选择一个长度合适的胃管，其长度要比胃壁和体壁的厚度之和略长。

    a. 估算管的长度：

        i. 测量创缘的腹壁厚度。

        ii. 提起一片全层胃褶，测量其厚度之后除以2，即是胃壁厚度。

        iii. 计算腹壁和胃壁的厚度之和。

    b. 更为精确的测量方法是使用L型测量尺，它包含在一些低断面管套装中。一旦胃壁切开：

        i. 将测量尺从皮肤切口伸进腹腔，然后回拉钩住腹膜，测量腹壁厚度。

        ii. 将测量尺从胃切口伸进胃内，测量胃壁厚度。

        iii. 将被污染的器械放到一边。

        iv. 计算胃壁和体壁的厚度之和。

6 经体壁插入低断面胃管。

    a. 将配套的管芯（"密封器"）插入管腔内，撑直管头（图19-1）。

    b. 经皮肤切口将管插入腹腔内。如有必要，可以从腹膜面插入一把Kelly或Carmalt钳，穿过体壁，撑开腹壁切口，帮助管通过。

    c. 一旦管头进入腹腔，停止对管芯的压力。

7 在荷包缝合线的中间位置刺穿胃壁。

8 用管芯撑直管头，并将管头插入胃腔。拔出管芯。

9 收紧荷包缝合线并打结。

10 管外侧及腹侧的固定线按先前的方法缝合。

11 使用间断缝合将管固定在腹壁（图19-11）。

图19-11 使用间断缝合将低断面管固定到皮肤上。

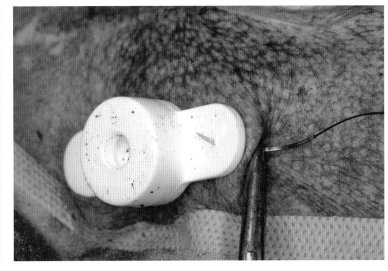

术后注意事项　　一旦动物苏醒，即可喂食。开始饲喂时，遵循少量多次的原则（如：每隔2~4h），以降低呕吐和腹泻的可能。每次饲喂结束，都要用水冲洗饲管并扣上盖。术后几天内，切口处的皮肤需要每天清理。使用绷带包扎饲管以防止损伤和减少开口污染。在饲管周围的皮肤上大量使用抗生素软膏会导致局部浸渍。

一旦开始饲喂，则需要监测严重的电解质紊乱，否则将导致"再饲喂综合征"。对于严重营养不良或长期厌食的动物，尽管术前血浆中的离子水平正常，但其细胞内阳离子几近衰竭。当重新饲喂开始后，血浆中的阳离子会迅速转移至细胞内，从而导致低血钾、低血磷及低血镁。对于发生再饲喂综合征的动物，通常在开始饲喂后4d内出现电解质的变化。伴有严重电解质缺乏（如：血磷 < 1.5mg/dL）的动物可能表现出虚弱、水潴留、心电图异常、呼吸困难、呕吐、腹泻、肠梗阻、肾功能不全以及抽搐。如果怀疑发生再饲喂综合征，应及时纠正电解质及酸碱紊乱，并将饲喂频率降至静息能量需求的50%，直至动物状态稳定。

胃饲管应该至少留置5~7d，以满足环绕饲管形成纤维瘘管的需要。对于存在免疫抑制的动物或有肾脏疾病的猫，由于其纤维组织形成被延迟，饲管的留置时间可以更长。如果饲管拔出过早，则可能发生腹膜炎。拔出低断面饲管时，应先插入管芯使管头笔直。标准蘑菇状头饲管的拔出需要持续且稳定地用力使管头塌陷。如果怀疑纤维组织形成不良，则在拔出时可插入管芯使蘑菇状管头变直。或者，使用内窥镜找到管头并钳夹固定，然后将饲管剪断，从胃内取出管头。饲管拔出后，绷带包扎瘘管孔。通常在胃管拔出后1~2d，胃皮肤瘘管闭合。

如果食物中含有大的颗粒或食物干燥在管内，则容易发生饲管阻塞。可以通过使用更粗的饲管、饲喂浓汤食物以及每次饲喂后用水冲洗饲管等措施，减少饲管阻塞的风险。动物可能因皮肤创缘的泄漏而发生蜂窝织炎。因为猫的皮肤游离性大，猫正常的活动会导致饲管来回移动。这会把胃内容物带至皮下或皮肤表面。偶尔，会在瘘管周围形成脓肿，此时需要局部引流或拔出饲管。其他并发症包括管内真菌繁殖和胃肿瘤转移至饲管周围的腹壁。

参考文献　　Campbell SJ et al. Complications and outcomes of one-step low-profile gastrostomy devices for long-term enteral feeding in dogs and cats. J Am Anim Hosp Assoc 2006; 42: 197-206.

Mesich ML et al. Gastrostomy feeding tubes: surgical placement. Vet Med 2004; 99: 604-610.

Salinardi BJ et al. Comparison of complications of percutaneous endoscopic versus surgically placed gastrostomy tubes in 42 dogs and 52 cats. J Am Anim Hosp Assoc 2006; 42: 51-56.

20 胃切开固定术
Incisional Gastropexy

　　扩张的胃围绕其大网膜轴发生旋转称为胃扩张扭转（gastric dilatation and volvulus，GDV）。GDV是一种危及生命的情况，会导致胃排空受阻、内脏缺血、低血压、心律不齐、休克及死亡。患病动物通常需要逐渐稳定并且进行紧急手术整复胃。防止GDV复发的方法是将幽门窦永久性固定在右侧的腹外侧壁上（胃固定术）。对于有胃胀气病史、轻度GDV或做过脾摘除手术的大型或巨型犬，推荐"预防性"胃固定术。同样，对于患有食道裂孔疝的犬，将胃还纳腹腔后，通过缝合缩小食道裂孔并将胃体固定在左侧腹壁上以防止复发。

　　将暴露的腹壁肌肉与部分切开的胃壁切口缝合在一起，从而达到永久性粘连的目的。永久性胃固定术的方法很多，包括环肋骨法、环形束带法、管法、并入法、切开法（肌层）及腹腔镜法。将胃壁并入腹正中线切口的缝合的方法（"并入法胃固定术"）能快速并且提供永久性粘连，但会导致在以后开腹时，胃穿孔的风险增加。除非特殊情况，否则应尽量避免使用并入法胃固定术。管法胃固定术相比其他方法，术后护理要求更高。胃切开（肌层）固定术能产生很强的粘连，而且不同于环肋骨法或环形束带法，术后不会导致气胸。

术前管理

　　发生胃扭转扩张的动物需要重症监护，包括静脉输液；羟乙基淀粉或7%的高渗盐水、镇痛药、通过经口投胃管或经皮胃穿刺术实施胃减压、供氧、监测心电图、注射抗生素并且纠正酸碱、电解质及凝血异常。在犬，恒速输注利多卡因［25~50μg/(kg·min)］，适用于镇痛、抗心律不齐及抗炎。对于情况稳定的动物，由于胃固定手术时间短且并未切透胃壁，因此，没必要给预防性抗生素。

　　腹部的剃毛和准备区需要延伸至胸中部。右侧第13肋骨后的腹外侧区也要为胃固定术剃毛准备。对于发生GDV的动物，应准备好抽吸装置、烧灼及剖腹手术海绵，因为可能会需要部分胃切除及正压辅助通气。

手术

　　在患GDV的犬，术中助手经口插入胃管有利于胃的减压和复位。术者可以通过轻轻拨弄腹腔内的食道段辅助胃管进胃。进行胃整复时，术者站在犬右侧，抓住位于左背外侧腹壁处的幽门，向腹侧牵拉最终复位到右侧。在胃固定之前，需要对胃壁的损伤情况进行彻底检查。对于大多数发生GDV的犬，幽门部正常，且不需要扩大或切除。脾脏通常充血但未发生扭转。

手术技术：切开（肌层）胃固定术

1 确认幽门窦，它从切迹（胃小弯凹痕）延伸至幽门（图20-1）。胃壁切口位于幽门窦中央。

2 触摸胃壁，让黏膜层从指间滑落，以便探知浆膜肌层的厚度。这有利于确定胃壁切口的深度。

3 在胃大弯和胃小弯之间的中点平行于幽门窦长轴方向做一个长5~8cm的切口，深度至浆膜肌层（图20-2）。如果切口深度合适，切口边缘会裂开，露出凸起的黏膜（图20-3）。

4 使用帕巾钳夹住右侧腹壁创缘并使组织外翻，暴露腹膜面（图20-4）。

5 确定胃壁切口在右侧体壁上对应的固定点。此点位于最后肋骨后、右侧腹壁下1/4、距离腹中线切口6~10cm。

6 在腹膜上做一个切口，需切透腹横肌，切口从前背侧延伸至后腹侧（图20-5）。此切口应与胃壁切口等长。

7 对合腹壁与胃壁的切口，使用2-0或3-0单股可吸收线简单连续缝合固定。

    a. 第一针缝合在切口的头侧，打两个结，把线头留长并用止血钳夹住，以便随后识别（图20-6）。

    b. 将两个切口的背侧缘连续缝合对合。缝合时，针距胃壁切口的浆膜肌层边缘和切开的腹膜和其下腹横肌边缘的距离均为1~1.5cm（图20-7）。

    c. 连续缝合至切口尾侧后折转向前，继续缝合腹侧切口。

    d. 与起始线头一起打结（图20-8，图20-9）。

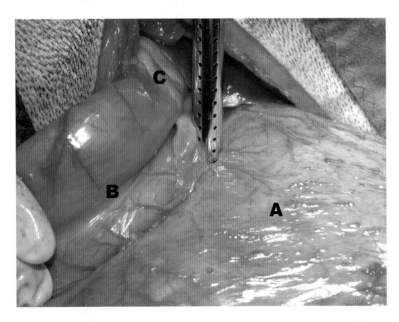

图20-1 确认胃体（A）、幽门窦（B）及幽门（C）。幽门窦位于切迹右侧。抽吸管头位于切迹处。

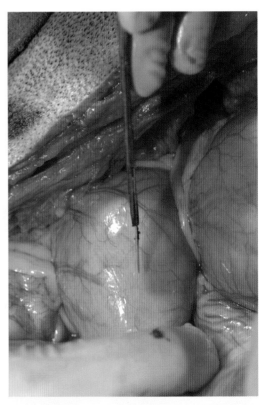

图20-2 在胃大弯和胃小弯之间的中间位置，制作一个长5~8cm的切口，仅切开浆膜肌层。

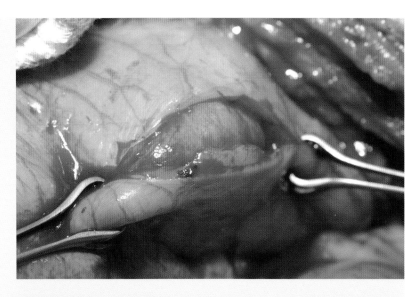

图20-3 胃黏膜从切口凸出。

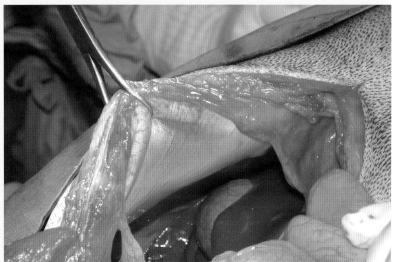

图20-4 利用帕巾钳使腹壁外翻显露腹膜面。

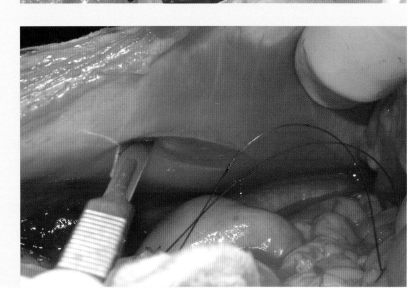

图20-5 在最后肋骨后方做一个腹膜切口。

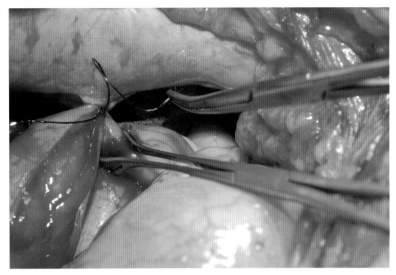

图20-6　将胃壁与腹膜切口的前背侧缘缝合，打两个结并用止血钳夹住线头。

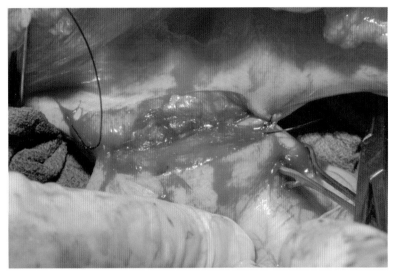

图20-7　将胃壁和腹壁切口的背侧缘从前往后连续缝合在一起。

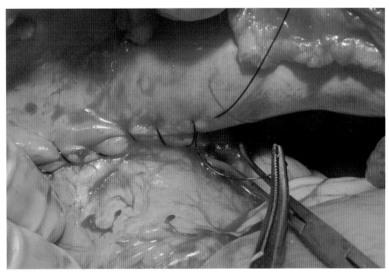

图20-8　继续从后往前连续缝合胃壁和腹壁切口的腹侧缘，最后与起始线头一起打结。

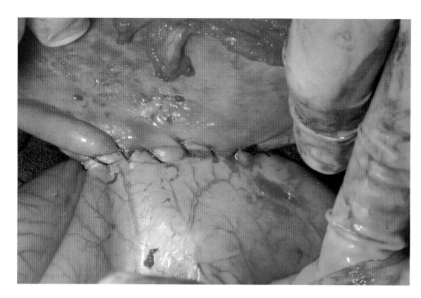

图20-9 完成胃固定术。

术后注意事项 患GDV的犬需继续采用输液治疗、镇痛药、抗生素、胃保护剂、胃酸抑制剂及利多卡因CRI，并且监测弥散性血管内凝血和心电图异常。心律不齐很常见，而且会因低血钾和低血镁而恶化。对于存在胃弛缓的动物，可以使用胃动力促进剂（如：胃复安、雷尼替丁或红霉素）。如果未出现呕吐，术后12h可以进食进水。

对于患GDV的犬，尽管在手术期间的死亡率很高，但胃固定术本身的并发症极少。胃固定术后发生胃胀气最常见于继发于功能性肠梗阻或原发性胃部疾病。由于胃固定位置不合适所导致的胃阻塞极少见。造影术有助于诊断手术继发的机械性阻塞。只要胃壁肌层与腹壁肌层直接对合，胃切开固定术很少失败。在腹腔镜指引下，使用聚丙烯缝线进行切开胃固定术的病例，有发生瘘管形成的报道。

参考文献

Hammel SP and Novo RE. Recurrence of gastric dilatation-volvulus after incisional gastropexy in a Rottweiler. J Am Anim Hosp Assoc 2006; 42: 147-150.

Monnet E. Gastric dilatation-volvulus syndrome in dogs. Vet Clin North Am Small Anim Pract 2003; 33: 987-1005.

Rawlings CA et al. Prospective evaluation of laparoscopic-assisted gastropexy in dogs susceptible to gastric dilatation. J Am Vet Med Assoc 2002; 221: 1576-1581.

Ward MP et al. Benefits of prophylactic gastropexy for dogs at risk of gastric dilatation-volvulus. Prev Vet Med 2003; 60: 319-329.

Watson K and Tobias KM. Incisional gastropexy. Veterinary Medicine 2006; 101: 213-218.

21 肠道活组织检查
Intestinal Biopsy

肠道活组织检查可以借助内镜或开腹探查实现。借助内镜可以彻底检查十二指肠和结肠黏膜，并且不存在开腹术的潜在并发症。然而，在一些病例，如果病变没有侵袭到黏膜层，则需要进行全层活组织检查，如淋巴瘤、猫传染性腹膜炎或淋巴管扩张。在内镜无法探及的部位，同样需要手术对肠道进行活组织检查。

术前管理　　预防性抗生素（如：第一代头孢菌素类）分别在诱导和手术开始后2~6h静脉给药。应该准备剖腹手术海绵、温灌洗液及抽吸装置。

手术　　在打开肠腔之前，干净的器械应该放到一边，留作闭合之用。清洁手术如肝脏活组织检查应该在肠道活组织检查之前完成。肠道样本可以通过使用手术刀片或皮肤活检钻孔器获取（图21-1）。皮肤活检钻孔器会形成一个小的、形状一致的肠道穿孔（图21-2）。使用皮肤活检钻孔器时，可能需要用剪刀剪断黏膜层才能使样本完全游离，尤其是在皮肤活检钻孔器变钝的情况下。当使用手术刀片取样时，可以在取样部位留置牵引线。取样时牵引线可以避免损害样本。样本和缝线可以一起放入福尔马林溶液；缝线不会干扰样本的处理。紧贴牵引线切除肠壁，从而减小在肠壁留下的伤口。

使用带圆针或铲针的3-0或4-0单股可吸收线简单断、简单连续或Gambee缝合取样部位。肠壁黏膜层通常从取样部位翻出，Gambee缝合法使黏膜内翻，对合肠壁其他层。如果采用简单连续或间断缝合法，则缝合前应修剪从切口外翻的黏膜。如果对肠壁的完整性存在顾虑，则使用间断缝合采样部位，以减小开裂的风险。缝线应与肠道长轴平行以减少肠道狭窄的风险。

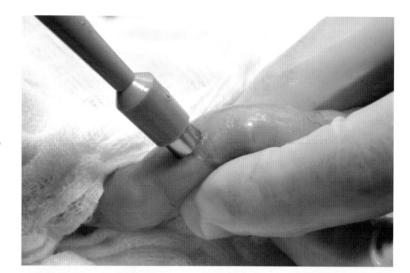

图21-1 使用4mm或6mm的钻孔器对肠壁进行采样。

图21-2 活检部位及样本。间断缝合肠壁创口,缝线应
与肠道长轴平行。

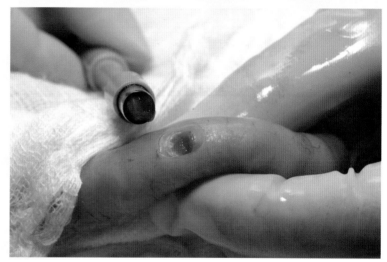

手术技术:肠道切开活组织检查

1 用润湿的剖腹手术垫将肠管隔离开。被隔离的肠管应包括所有可能进行活组织检查的肠段。

2 轻轻地将肠内容物从取样部位挤开。

3 在肠管的对肠系膜侧,垂直于肠管长轴留置一根牵引线(图21-3),牵引线的进出针点之间的距离
为4~5mm,针需要穿透肠壁全层。牵引线末端用止血钳夹住。

4 提起牵引线,用15号刀片从牵引线一端斜向其底端切开肠管(图21-4)。

5 同样切开对侧肠壁,从而获取一块带有牵引线的全层楔形肠壁(图21-4)。样本应该宽3~4mm,
长5~6mm。黏膜层通常从切口翻出(图21-5)。

6 采用间断Gambee方式闭合切口,第一针缝合在切口中点,针间距2~3mm。

   a. 从距离创缘3~4mm处进针,需穿透全层(图21-6)。

   b. 为了不缝上黏膜,在针穿透肠管后,轻轻向上提针同时往外退针,这样外翻的肠黏膜会从针
尖滑落进入肠腔内。然后,从白色的黏膜-黏膜下层接合处出针(图21-7)。沿着针的弧度进
针和出针,减少组织损伤。

   c. 在对侧,用针尖下压黏膜层使其进入肠腔内,然后从黏膜-黏膜下层结合处进针(图21-8)。

d. 做4个缠绕，第一个可以是外科缠绕或简单缠绕。对合组织，无切割、挤压或内翻（图 21-9）。

7 如果愿意，可以用大网膜包裹创口，并用可吸收线将其简单间断缝合固定在肠壁。缝合深度需至肠壁黏膜下层（图21-10）。

图21-3 在肠管的对肠系膜侧留置一个穿透全层的牵引线。

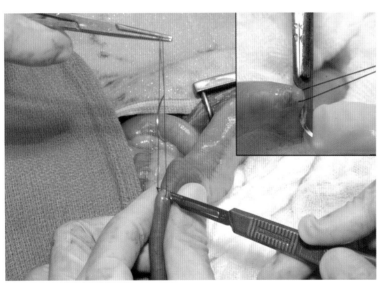

图21-4 在牵引线两侧切开肠管，刀口都斜向牵引线下方，获取一块楔形组织。

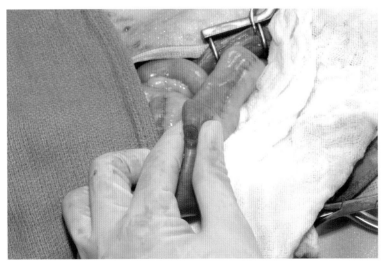

图21-5 楔形活检部位。在活的动物，肠黏膜层会从创口翻出。

图21-6 进针时，需穿透包括黏膜在内的全层肠壁。

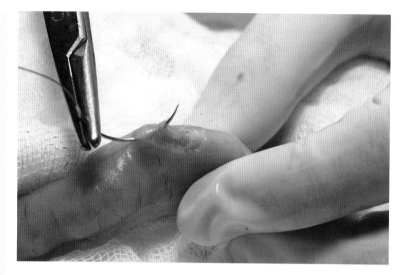

图21-7 轻轻向上挑起针并缓慢地往外退针，直至黏膜层从针尖滑出；然后继续进针从黏膜-黏膜下层接合处出针。

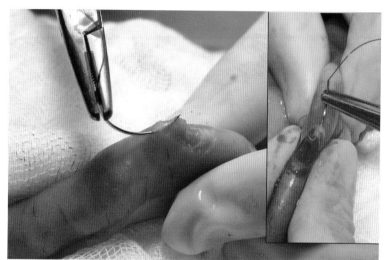

图21-8 在从对侧白色的黏膜-黏膜下层接合处进针之前，用针尖使黏膜层内翻。

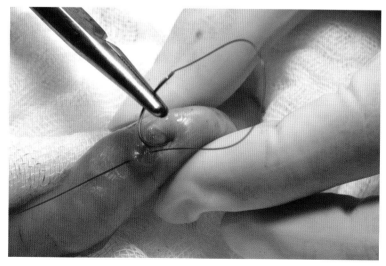

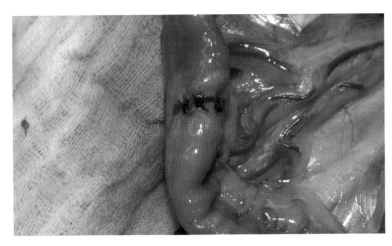

图21-9 缝合完成后的外观。黏膜层应该内翻进肠腔。

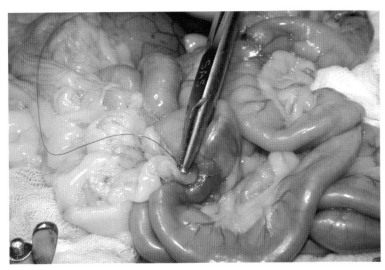

图21-10 用间断缝合将大网膜固定在创口处。

术后注意事项　如果术后12h动物未出现呕吐，即可喂食。如果术中污染很小，没必要继续使用抗生素。但需要使用几天术后镇痛药。

在接受肠道活组织检查的动物中，有5%~12%的动物发生如下主要并发症：肠开裂、腹膜炎及出血。肠管活检部位开裂的概率与血浆白蛋白浓度和抗炎剂量糖皮质激素的使用无关。肠泄露引起的临床症状可能直到术后第9天才变得明显。由于X线片上显示的腹腔内游离气体也可能开腹活检时留下的，因此，可能有必要通过腹腔穿刺术或诊断性腹腔冲洗术来鉴别肠泄露引起的腹膜炎。腹膜炎的诊断和治疗在第15章讨论。

参考文献　Brandt LE and Tobias KM. Intestinal biopsy. Veterinary Medicine 2006; 101: 220-225.

Evans SE et al. Comparison of endoscopic and full-thickness biopsy specimens for diagnosis of inflammatory bowel disease and alimentary tract lymphoma in cats. J Am Vet Med Assoc 2006; 229: 1447-1450.

Keats MM et al. Investigation of Keyes skin biopsy instrument for intestinal biopsy versus a standard biopsy technique. J Am Anim Hosp Assoc 2004; 40: 405-410.

Kleinschmidt S et al. Retrospective study on the diagnostic value of full-thickness biopsies from the stomach and intestines of dogs with chronic gastrointestinal disease symptoms. Vet Pathol 2006; 43: 1000-1003.

Shales CJ et al. Complications following full-thickness small intestinal biopsy in 66 dogs: a retrospective study. J Small Anim Pract 2005; 46: 317-321.

22 肠内异物
Intestinal Foreign Bodies

犬、猫肠内异物最常见的梗阻部位是空肠。异物导致梗阻部位前段的肠管扩张，后段的肠管狭窄（图22-1）。被异物压迫的肠管可能发生局部缺血。线性异物可以导致肠管折叠缩短，并且由于缺血或异物自身的机械性损伤可能导致肠管发生广泛性坏死（图22-2）。患病动物的临床症状和代谢紊乱的严重程度取决于梗阻的程度、时间及部位。症状可能从体重减轻和腹泻到严重的顽固性呕吐和死亡。线性、锐性或长期的异物可能导致动物发生腹膜炎和败血症。

诊断主要依靠X线平片，或造影，或腹部超声检查发现异物或存在持续性梗阻。线性异物的X线征象包括成簇或褶皱的肠管以及许多小的、离心存在的肠腔内气泡。X线片显示腹腔存在游离气体则提示腹膜炎，一旦动物情况稳定，需要立即手术（见第79~80页）。超声检查比X线平片能更准确地发现异物。通常，发生肠内异物的动物趁早手术能降低死亡率。

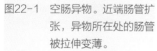

图22-1 空肠异物。近端肠管扩张，异物所在处的肠管被拉伸变薄。

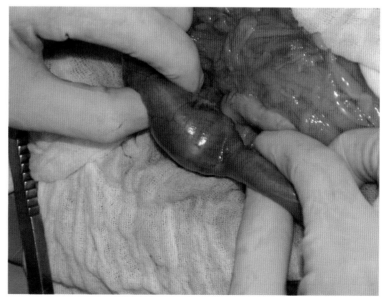

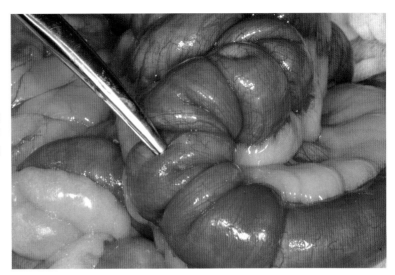

图22-2 这只犬的肠管沿着线性异物发生褶皱。剪刀指向的褶皱处发生坏死。

不管存在何种程度的梗阻，发生胃肠道内异物的动物最常见的电解质及酸碱紊乱是低血氯和代谢性碱中毒。也可能发生低血钾、低血钠及低血镁。

麻醉前，应先纠正脱水、电解质及酸碱紊乱。术前及术后使用镇痛药如氢吗啡酮或丁丙诺啡。伴发长期部分梗阻的动物可能出现贫血及低蛋白血症，需要输血或输液治疗。对存在严重低蛋白血症、败血症（如：退行性核左移及中毒性中性粒细胞）或腹膜炎的动物，需要进行凝血试验。如果可能的话，在使用抗生素之前，应将超声检查发现的腹腔液体抽出并进行细菌培养和药敏试验。对于存在败血症或腹膜炎的动物，应该静脉给广谱抗生素或联合用药。

犬的线性异物通常卡在幽门部。猫的线性异物更常见套在舌根部。如果怀疑猫有线性异物，麻醉后应该仔细检查舌下区域，如果有，应该将其剪断。偶尔，线状物或线会被舌部组织包埋遮盖。猫的线性异物如果发现及时并且临床症状很轻或没有，可以采取保守治疗，即把线剪断并采取支持疗法。如果线性异物在3d内未被排出体外或猫发生呕吐、腹痛、发烧或退行性核左移，需进行手术治疗。

术中应仔细探查腹腔，检查是否存在穿孔或多个异物的情况。用润湿的剖腹手术垫将病变的肠管隔离以减少污染，并将干净的器械放至一边留作关腹之用。使用带3-0或4-0单股可吸收线的圆针或铲针，采用连续或间断Gambee（第120~122页）或对接缝合法闭合肠管。用大网膜包裹肠切口处，并用可吸收线结节固定。肠切开术后，尤其是当发生污染时，需进行腹腔冲洗。关腹前，应该更换手套和手术器械。

取出线性异物可能需要进行多处肠切开术或借助"导管-辅助"技术仅进行一处肠切开。将线性异物系到一段红色橡胶管上，隔着肠管将橡胶管从一端逐渐挤出，从而取出线性异物。但是，如果线性异物粗糙、打结或严重嵌入肠壁，使用此技术将线取出则比较困难。

局部的肠道异物通过在对肠系膜侧纵向肠切开术取出（图22-3）。肠切开的部位应该尽可能选择在异物后段的健康肠管。将异物轻轻挤向肠切口，并用止血钳或组织钳夹住取出。如果后段肠管较窄，影响异物的取出，则需要用剪刀或手术刀向前扩创至异物之上。受损严重的肠管需要实施肠切除术（见第23章）。

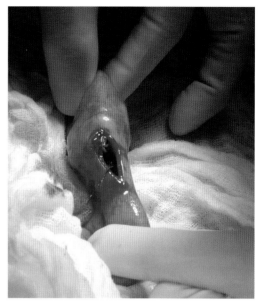

图22-3　如果可能，在异物远端（后方）的健康肠管处行肠切开术。

手术技术：线性异物的取出

1 如果线性异物套在舌根部，动物被麻醉后需将其剪断。如果线性异物卡在胃内，在幽门窦附近行胃切开术（见第102~103页）。将异物从固定点剪断取出后缝合胃壁。

2 轻轻捋近端的肠管，使被线性异物勒住的褶皱肠管释放开。

3 在仍然褶皱肠段的近1/3或中1/3的对肠系膜侧，使用10号或15号刀片纵向切开肠管1.5~2cm。

4 从肠切口插入一把弯止血钳，沿肠系膜侧的肠壁找出线性异物。轻轻取出切口近端的线性异物。当取出切口远端的线性异物遭受阻力时，在阻力点行肠切开术。

5 使用多处肠切开术或"导管-辅助"技术取出线性异物。

  a. 多处肠切开术：

    i. 轻轻牵拉线性异物，找出远端下一个固定点，并在此点行肠切开术。找出线性异物并将其从近端肠管取出。

    ii. 重复操作5.a.i，直至异物被全部取出。

    iii. 肠管的缝合可以每切开一处缝合一处，也可以等异物全部取出后，一起缝合。

  b. 单处肠切开（导管-辅助）技术：

    i. 将12号或14号红色橡胶导尿管的末端剪掉，剩余10~20cm长带圆头的部分。将线性异物环绕导尿管管头处的圆孔后自身打结（图22-4）。或者，将线性异物缝在管头上。

    ii. 插入导尿管，管头朝向其移出方向（向后）。

    iii. 一旦导尿管被全部插入肠腔内，缝合肠管。

    iv. 轻轻推挤导尿管使其通过肠腔，在此过程中线性异物会被导尿管牵引出，从而逐渐释放褶皱的肠管（图22-5）。

    v. 一旦导尿管进入直肠末端，由助手将其从肛门牵拉出，同时轻轻牵拉出线性异物。

    vi. 如果导尿管在肠腔内前进受阻，则需要在导尿管远端再做一处肠切开。剪断线性异物，取出导尿管，同时需要实施上述的多处肠切开术以取出异物。

6 检查肠管是否有穿孔或坏死，尤其是重点检查肠系膜侧，如有必要，切除或清创并且缝合这些地方。用大网膜包裹所有血液供应不良的部位。

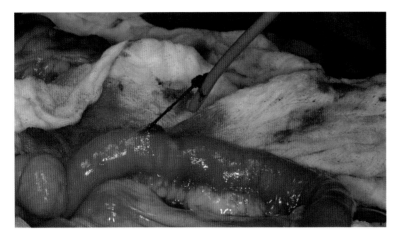

图22-4 将线性异物绕过管头处的孔后，收紧打结。

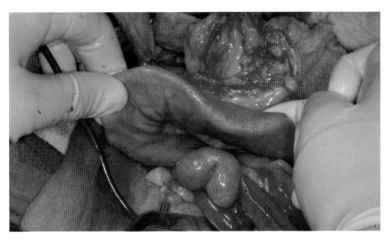

图22-5 向远端推挤导尿管使其通过肠腔，以达到逐渐去除线性异物和释放肠管褶皱的目的。

术后注意事项 对于发生肠管缺血、坏死、腹膜炎或术中污染严重的病例，术后需要坚持使用抗生素。在脱水状态能通过饮水得到纠正之前，需要一直静脉输液。多数动物在术后16h内可以进食。术后，一些动物可能发生胃肠道不适；但是，如果动物术后持续呕吐或腹泻，则需要怀疑腹膜炎或再次发生梗阻。术后需要使用几天的镇痛药。最初，可以持续静脉滴注利多卡因或芬太尼维持或间歇性注射氢吗啡酮或丁丙诺啡。

肠内异物的术后并发症包括腹膜炎、肠开裂及运动性异常。肠开裂的发生率为6%~28%。通常发生在术后3~5d。肠内异物术后的死亡率为1%~22%，取决于阻塞时间的长短、异物类型及代谢紊乱的程度。发生线性异物的犬因为肠穿孔及腹膜炎的概率比较大，其死亡率更高。延误手术会导致肠管损伤和代谢紊乱，从而导致死亡率升高。发生腹膜炎的动物死亡率更高。

参考文献 Anderson S et al. Single enterotomy removal of gastrointestinal linear foreign bodies. J Am Anim Hosp Assoc 1992;28:487-490.

Basher AWP and Fowler JD. Conservative versus surgical management of gastrointestinal linear foreign bodies in the cat. Vet Surg 1987;16:135-138.

Bebchuck TN. Feline gastrointestinal foreign bodies. Vet Clin N Am Small Anim Pract 2002;32:861-880.

Boag AK et al. Acid-base and electrolyte abnormalities in dogs with gastrointestinal foreign bodies. J Vet Intern Med 2005;19:816-821.

Papazoglou LG et al. Intestinal foreign bodies in dogs and cats. Compend Contin Educ Pract Vet 2003;25:830-836.

Tyrrell D and Beck C. Survey of the use of radiography vs. ultrasonography in the investigation of gastrointestinal foreign bodies in small animals. Vet Radiol Ultrasound 2006;47:404-408.

23 肠切除吻合术

Intestinal Resection and Anastomosis

常见的肠切除吻合适应证包括肠肿瘤、肠套叠、缺血或创伤。如果组织的活力较差，肠穿孔或溃疡及异物阻塞可能也需要肠切除（相对于清创和一期闭合）。对于发生巨结肠的猫，在药物治疗失败后，需要进行结肠全切除术或部分切除术。

术前管理

应该评估动物是否存在脱水、贫血、低蛋白血症、低血糖、酸碱及电解质紊乱、败血症、凝血病和器官衰竭。术前，尽可能稳定动物的代谢状况。但如果动物发生肠穿孔、肠完全梗阻、腹膜炎（见第15章）或无法控制的出血，则需立即手术。需要预防性使用抗生素；在发生感染、缺血、败血症或严重肠壁损伤的动物，需要继续使用抗生素治疗。第一代头孢菌素通常在涉及近端肠管的手术中使用。具有良好的抗厌氧菌抗生素，如头孢西丁，通常推荐在涉及远端肠管的手术中使用。

术前不应该进行灌肠，因为这样会使粪便液化，导致术中泄露的风险增加。如果术中需要放置饲管或腹腔引流管（见第86~88页），则腹部需要进行大面积剃毛准备。剖腹手术纱布、开张器、冲洗液及抽吸装置需提前准备齐全。干净的手套及器械需要放置一边留作闭合之用。

手术

肠管切除的范围取决于潜在的病因及肠管的活力。肠道肿瘤通常要求切除肿瘤边缘以外2.5~5cm的范围。对于发生特发性巨结肠的猫，如果回肠正常，则切除范围仅局限在结肠，将近端的升结肠（邻近盲肠结肠结合部）与末端结肠（邻近结肠直肠结合部）吻合。如果回肠及回结肠括约肌也发生扩张，则需要进行全结肠切除术，并将回肠与末端结肠吻合。在猫，如果结肠部分切除后肠吻合的张力过大，则需要实行全结肠切除术。

肠管的活力通常依靠临床判断。健康肠管的肠系膜动脉脉搏可以触摸到。当肠壁颜色呈现黑色、青绿色、暗红色、肠壁菲薄、易脆或肠切开不出血时，应该实行肠切除。动物是否能够耐受切除占总长50%~70%的肠管，这主要取决于剩余胃肠道的健康状态。

肠吻合时，可使用吻合器或缝线。使用缝线进行肠吻合时，采用单层简单连续或间断缝合。两种缝合技术的并发症发生率相同，但连续缝合的速度更快且黏膜对合更好。最好选择带圆针或铲针的可吸收线（3-0或4-0）作为缝合材料。有报道称，曾有使用丙纶缝线连续缝合吻合肠管后，发生肠异物梗阻的情况。这些动物是由于异物被突入肠腔的不可吸收缝线缠住导致发病。

肠吻合部位可以使用大网膜瓣或浆膜片（将邻近的肠管缝合到吻合部位）滋养。大网膜瓣法快速且操作简单。使用3-0可吸收线结节缝合，将大网膜的游离缘固定在吻合部位的一侧。缝合深度至黏膜下层。将大网膜松散环绕包裹对肠系膜侧，然后180°折转遮盖另一侧吻合部位。大网膜不要360°环绕包裹肠管，因为这样会导致肠狭窄。

一些外科医生推荐对空肠和回肠进行肠折褶术（在折叠排列的肠管的对肠系膜侧，结节缝合固定相邻的肠管），以防止肠套叠术后再次发生肠套叠。肠折褶术后，肠管容易出现阻塞或局部缺血，尤其是肠管急性折叠排列时最为严重。肠折褶术的适应证包括：术中发现肠管活动过强，导致肠套叠的潜在病因未解决，套叠的肠管被复位但未切除。

手术技术：肠切除吻合术

1 沿腹中线开腹，用润湿的剖腹手术垫将受损的肠管隔离开。

2 如果有肠套叠，尝试通过轻轻牵引来复位。

    a. 如果复位成功，肠管有活力，且无肠壁肿物，则实施肠折褶术。

    b. 如果复位失败，出现血管栓塞、肠壁的完整性被破坏或存在肠壁肿物，则需要进行肠切除吻合。

3 将肠内容物从切除部位挤向两端。如果可以的话，应该有几厘米的健康组织随病变部位一起被切除。

4 为减少泄露，可以使用无损伤的Doyen钳、Penrose管或助手手指在距离切除位置3~5cm处夹住肠管（图23-1）。或者，用湿润的纱布包裹肠管后，再用Allis组织钳的钳臂夹住肠管，注意血管和肠壁不要被钳齿夹住。直肠很难被夹住固定。

5 结扎并剪断供应肠管的血管（图23-1）。

    a. 小肠的切除：

       i. 将血管两侧的肠系膜戳破从而使血管游离，双重

结扎并剪断血管。

       ii. 为了结扎紧贴肠管肠系膜侧走向的弓形血管，在切除位点需要紧贴肠壁入针。

    b. 结肠部分切除术（图23-2）：

       i. 在右结肠、中结肠及副中结肠动静脉的结肠系膜上做开口。结扎并剪断这些血管。保留回结肠动静脉。

       ii. 结扎从后肠系膜动静脉分支出的左结肠动静脉。

       iii. 在截除更远端的肠管时，结扎单个的直肠动脉分支（直肠血管）。保留前直肠动静脉（图23-2）。

6 沿着结扎线横断大网膜。

7 用Kelly或Carmalt钳夹住需要切除的肠管的两端。

8 靠近Kelly或Carmalt钳截断肠管。可以垂直于肠管纵轴横断肠管，也可以轻度成角缩短血供较少的对肠系膜侧。

9 调整肠管管径大小的差异，切除管径较细的肠管时要成钝角，使对肠系膜侧更短，或修剪对肠系膜侧使其断面直径能匹配。

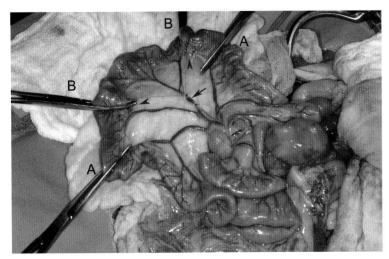

图23-1 距离切除部位3~5cm处用Doyen 钳（A）或其他无损伤钳夹住肠管。用Kelly或Carmalt 钳夹住需要切除的肠管的两端（B）。双重结扎肠系膜上的主要血管（长箭头所示）及沿肠壁分布的终末弧形血管分支（短箭头所示）。

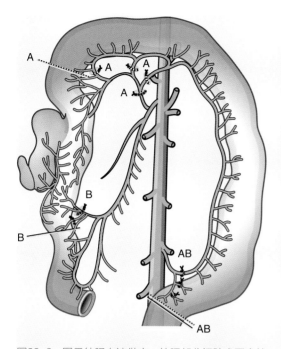

图23-2 图示结肠血液供应。结肠部分切除术要求结扎血管并从结肠直肠结合部（AB）及近端结肠（A）截断肠管。结肠全切术则要求将截除范围延伸至回肠或空肠远端（B）。保留近端直肠的血液供应。

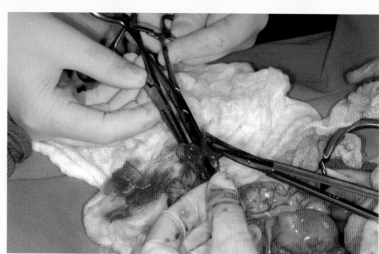

图23-3 为了协调肠管直径的差异，切开直径较小肠管的对肠系膜侧。

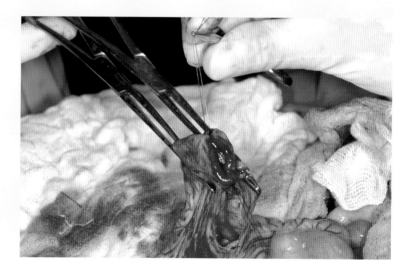

图23-4 为了使肠管的断端对齐，在肠管的肠系膜侧和对肠系膜侧留置间断缝合线。分别收紧打结并把线头留长以便操作。

10 用湿纱布轻轻吸或擦干净肠断端的碎屑。

11 为了对齐肠管断端，在肠管的肠系膜侧和对肠系膜侧间断缝合（图23-4）。线头要留长，并用止血钳夹住以便对肠管进行操作。

12 对合肠管断端，从肠系膜侧起使用连续Gambee或改良Ganbee法（第120~121页）缝合，缝合材料使用3-0或4-0单股可吸收缝线。或者，修剪任何凸起的黏膜，使用简单连续缝合对合肠管断端。进针点距断端

3~4mm，针距为3~4mm，这取决于肠壁厚度和肠管直径。进针深度要至黏膜下层。最后与对肠系膜侧牵引线的线头一起打结（图23-5）。

13 翻转肠钳缝合对侧肠壁，从原处继续缝合或在肠系膜侧重新开始缝合（图23-6）。将缝线与其中一个牵引线头打结并将所用线头剪短。打结时要小心避免在吻合端形成"荷包缝合"效应（图23-7）。

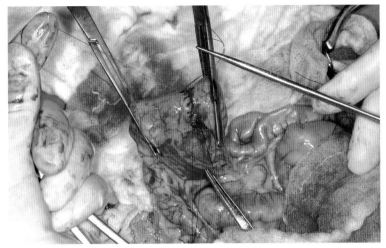

图23-5 从肠系膜侧起使用连续Gambee缝合法缝合肠管断端的一侧。打结缝合线。

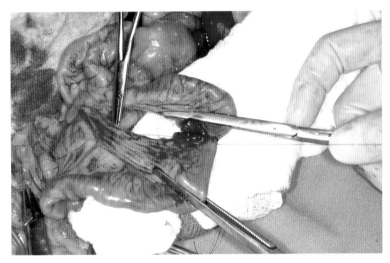

图23-6 将肠管和肠钳翻转，从肠系膜侧开始对合对侧的肠管。

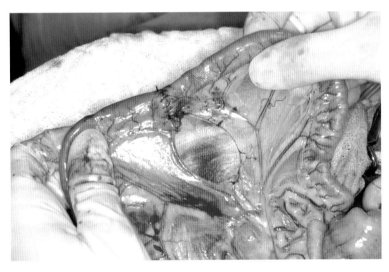

图23-7 最终效果图。

14 注射生理盐水或除去肠钳使肠内容物向吻合部位推挤可检测肠管吻合的密闭性。使用间断缝合闭合任何缝隙。

15 除去肠钳，用4-0快吸收线缝合肠系膜缺口，要避开所有血管（图23-8）。

16 间断缝合数针将大网膜固定在肠管吻合部位。不要使大网膜360°环绕包裹吻合部位。

17 关腹前进行腹腔冲洗和抽吸。

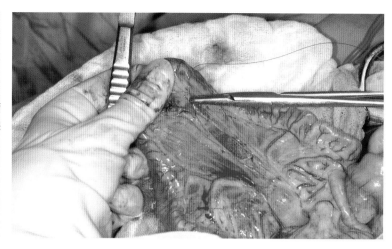

图23-8 用简单连续缝合对合肠系膜。要从肠系膜血管内侧进针以避免破坏肠管吻合部位的血液供应。

术后注意事项

术后一直保持静脉输液直至动物能饮水。给2~3d的止疼药。术后，如果动物未发生呕吐，则12~24h内可给食物和水。营养不良的动物应监测是否会发生再饲喂综合征（磷、钾和镁的降低和水潴留）。使用胃复安或止吐药如马罗匹坦治疗呕吐，纠正一切电解质紊乱，尤其是低镁血症。如果发生持续性呕吐，应检查有无腹膜炎（见第78~79页），并进行X线检查以排除明显的机械性梗阻。

肠切除吻合术的并发症包括开裂、泄漏、感染、肠梗阻及短肠综合征。其中最让人担心的是肠吻合部位因发生泄漏或开裂而导致的腹膜炎。肠管吻合部位在使用连续缝合和间断缝合后，发生肠泄露的概率分别为3%和11%。肠开裂最常见于因肠内异物或损伤而进行肠切除的动物。患有低白蛋白血症（≤2.5g/dL）并伴有腹膜炎或异物的动物发生肠开裂的风险也会升高。通常在术后2~5d现肠开裂，原因可能是手术技术差或在吻合端存在病变的组织。在第15章中详述腹膜炎的诊断及治疗。

对于特发性巨结肠症，术后有高达45%的猫临床症状会复发，尤其在结肠组织切除不足时更为明显。实施结肠–结肠吻合术后粪便通常会变软但成形。猫在切除回肠结肠括约肌后可能表现出腹泻，但1~13周之后粪便可成形。在这两种情况下排便次数均会增加。增加食物中可溶性纤维的含量，可改善因全结肠切除术或短肠综合征所引起的腹泻，这些纤维可促进剩余的肠道黏膜增厚。

参考文献

Allen DA et al. Prevalence of small intestinal dehiscence and associated clinical factors: a retrospective study of 121 dogs. J Am Anim Hosp Assoc 1992;28:70-76.

Applewhite AA et al. Complications of enteroplication for the prevention of intussusception recurrence in dogs: 35 cases (1989-1999). J Am Vet Med Assoc 2001;219:1415-1418.

Gorman SC et al. Extensive small bowel resection in dogs and cats: 20 cases (1998-2004). J Am Vet Med Assoc 2006;228:403-407.

Kouti VI et al. Short-bowel syndrome in dogs and cats. Compend Contin Educ Pract Vet 2006;28:182-195.

Milovancev M et al. Foreign body attachment to polypropylene suture material extruded into the small intestine lumen after enteric closure in three dogs. J Am Vet Med Assoc 2004;225:1713-1715.

Ralphs SC et al. Risk factors for leakage following intestinal anastomosis in dogs and cats: 115 cases (1991-2000). J Am Vet Med Assoc 2003;223:73-77.

Sweet DC et al. Preservation versus excision of the ileocolic junction during colectomy for megacolon: a study of 22 cats. J Small Anim Pract 1994;35: 358-363.

Tobias KM and Ayres R. Intestinal resection and anastomosis. Vet Med 2006;101:226-229.

Weisman DL et al. Comparison of a continuous suture pattern with a simple interrupted for enteric closure in dogs and cats: 83 cases (1991-1997). J Am Vet Med Assoc 1999;214:1507-1510.

24 肠道饲管放置术
Enterostomy Tube Placement

　　不愿或不能采食的动物、或口腔因创伤或手术而需将其绕过以便其愈合的动物，可能需要营养支持。与胃肠外营养支持相比，经胃肠道的营养疗法更符合生理学需求且经济实惠，既可以保持胃肠道黏膜的健康和免疫功能，也可以减少留置针引起的感染、血管炎、代谢紊乱、细菌植入和败血症。当禁忌使用鼻饲管、食道饲管或胃饲管时，最好的营养支持方法为经肠道饲喂。肠道饲管的禁忌症包括肠造口部位后方的机械性肠梗阻和动力学肠梗阻。

术前管理　　术前应根据动物的基本情况进行诊断和治疗。由于肠道饲管的出口通常位于右侧腹壁，因此在腹部剃毛和手术准备时应包括右侧腹壁。

手术　　尽管大多数报道称肠道饲管应放置在空肠，但放置在降十二指肠也是可以的。通常是在沿腹中线切开进行开腹探查时放置饲管。肠道饲管也可通过腹腔镜辅助技术来放置，或通过胃饲管来饲喂以避免肠切开。

　　可买到商业化的肠道饲管；或者使用红色橡胶管。根据肠管的直径，在猫和小型犬通常放置5Fr管；在中型和大型犬可使用8Fr管。应剪掉肠道饲管闭合的管头部分，以避免食物的堆积和阻塞。饲管通常长为50~80cm。饲管需要有足够的长度使其插入远端的肠腔15~30cm。

　　进行肠道饲管放置术时应准备两支大小及长度相同的饲管。一旦肠管放置完毕，另一支饲管则被用来判断插入肠腔的饲管长度是否合适。

　　肠饲管的放置可使用针或导管辅助技术或者使用带或不带浆膜瓣的肠切开术完成。针/导管辅助技术主要用于小号饲管（5Fr）的放置。一旦饲管放置完成，应进行肠固定术以固定肠管并促进饲管周围形成纤维性封膜。用间断褥式缝合或两层连续褥式缝合的互锁盒式（interlocking box）技术，将肠管固定在腹壁上。与间断褥式缝合相比，互锁盒式技术更复杂，但此技术允许某些动物在术后2~3d出空肠饲管。或者，使用大网膜来包裹肠固定的部位以降低饲管取出后发生腹腔泄漏的概率。

　　在肠固定术结束并将饲管固定到皮肤后，用灭菌记号笔在饲管的皮肤水平位置上画出一条线来监测愈合后饲管的位置。除非饲管对应的皮肤切口很大，否则不需要荷包缝合，因为一旦有肠内容物从饲管周围露出，荷包缝合会导致动物易出现蜂窝织炎。

手术技术：针-或导管-辅助肠道饲管放置术

1 选择大孔径针或管径比饲管稍粗的套管针导管。

2 经腹中线开腹后，在右侧的腹外侧壁上选择一点作为饲管出口，此点应与预计的肠固定位置相邻，这样可以防止需固定的肠道不会承受过大的张力或扭折。

3 将导管或针从腹膜和腹壁刺入，从皮肤穿出。将饲管插入针头或导管内，将其导入腹腔。从腹壁中撤出导管或针。

4 确定所要固定的肠段内正常的食物流动方向（从头侧向尾侧）。在肠管尾侧（下游）的对肠系膜侧插入导管或针，在头侧（上游；图24-1）2~4cm处出针。

   a. 如果使用针，在穿肠壁时针的斜面应朝上。

   b. 如果使用套管针导管，在导管穿出头侧肠壁后应取出导管针芯。

5 将饲管头插入到针或导管末端内1cm（图24-2）。如果饲管不能插入到套管的尖端，需剪掉导管的末端。

6 往回退针/导管直至退出头侧（上游）穿刺孔，使其进入肠腔中（图24-3）。

7 牢固抓住饲管，并把针/导管从肠腔中撤出，将饲管留在肠腔内。

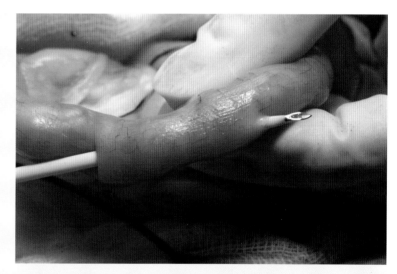

图24-1 导管应按从后向前的方向穿出肠壁。

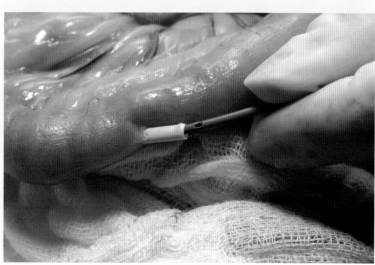

图24-2 将饲管插入到导管末端。注意针芯已被取出且导管尖端已被剪掉。

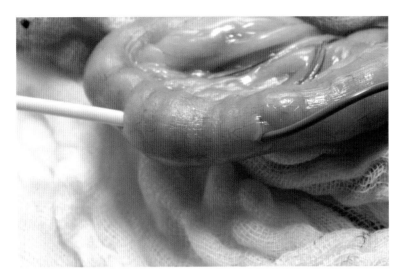

图24-3 将装有饲管的导管退回到肠腔内，然后将导管从肠道拔出。

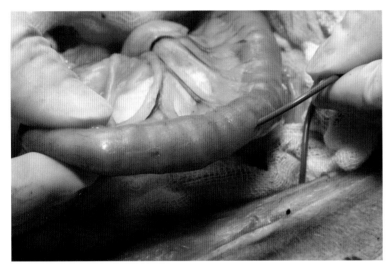

图24-4 将饲管向尾侧推入肠腔中15~30cm。

8 进一步向尾侧插入饲管直至其进入肠腔内15~30cm（图24-4）。如果饲管放置在降十二指肠，应触诊肠管确保饲管没有扭结或弯曲，并且保证饲管要越过位于十二指肠结肠韧带连接处的后十二指肠弯。

9 使用3-0或4-0单股可吸收缝线，简单间断缝合或十字交叉缝合尾侧的肠壁穿刺孔。

10 使用3-0或4-0单股可吸收缝线，荷包缝合头侧饲管周围的肠壁（图24-5）。收紧缝线使肠壁牢固的对合在饲管周围，但不能收紧到使组织变白。

11 使用3-0单股可吸收缝线，在肠穿刺孔处周围留置四针褥式缝合，形成四边形的固定（图24-6）。进针点要距离穿刺孔1~2cm，每针的深度要到肠道黏膜下层和腹壁肌层。先缝合最靠背侧的一针。

12 收紧固定的缝线，使肠壁和腹壁相对合。如果需要，可用大网膜环绕包裹固定点，并用可吸收线结节缝合固定大网膜。

13 使用蝶式胶带缝合或指套缝合（见第336~339页）将饲管固定在在腹外侧壁上。在皮肤比较松弛的犬和猫，指套缝合时进针要到皮下肌肉组织，以防止饲管随着皮肤移动。

14 关腹后，在包扎之前先测量并记录体外的饲管长度或在饲管的皮肤水平处做个记号。

图24-5　用简单间断缝合或十字交叉缝合法缝合尾侧的肠壁穿刺孔，在饲管入口处用荷包缝合周围肠壁。

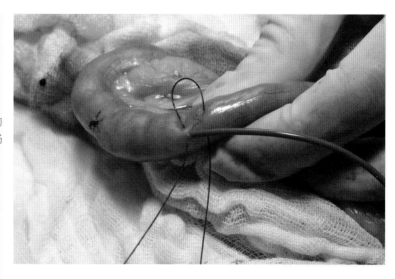

图24-6　将饲管周围的肠壁与对应的腹壁固定在一起。

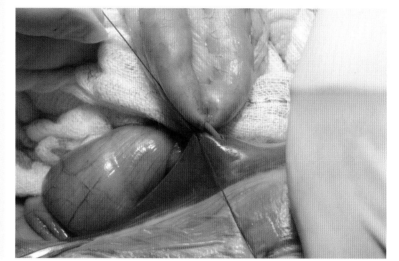

手术技术：使用浆膜肌层瓣技术的肠道饲管放置术

1 将一把细头止血钳伸进腹腔，并在腹壁上对应的肠固定点刺透腹膜和腹壁后顶住皮肤。切破止血钳尖的皮肤，用止血钳夹住饲管并将其牵引至腹腔内。

2 在预定的肠切开部位，用15号手术刀在对肠系膜侧切开肠壁的浆膜肌层1.5~2cm，暴露肠道黏膜层（图24-7）。

3 用细头止血钳或11号手术刀片，在浆膜肌层切口的尾侧端刺入黏膜层（图24-8和图24-9）。从此穿刺孔向肠腔内插入饲管，并向尾侧方向继续插入15~25cm，如上所述。

4 用3-0或4-0单股缝线，简单间断缝合饲管头侧的浆膜肌层切口（图24-10）。

5 用3-0或4-0单股可吸收缝线从切口头侧开始环绕饲管进行荷包缝合。收紧缝线使肠壁牢固对合在饲管周围，但不能收紧到使组织变白坏死。

6 饲管的腹壁固定法及皮肤固定法与上述相同。

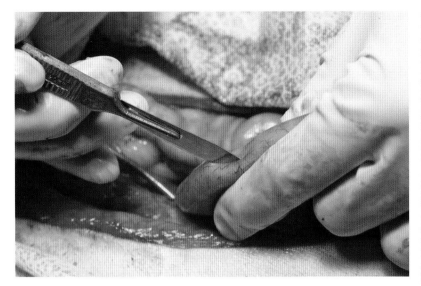

图24-7　切入浆膜肌层以暴露肠道黏膜层。

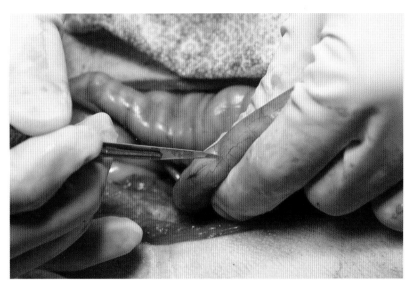

图24-8　在浆膜肌层切口的尾侧端用11号手术刀片刺穿黏膜层。

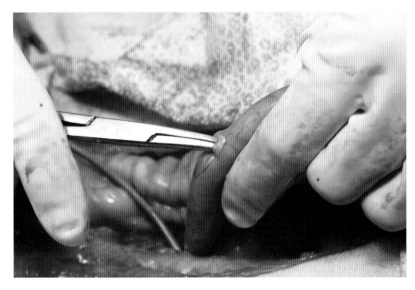

图24-9　从穿刺孔插入细头止血钳以确认黏膜层被彻底穿透。

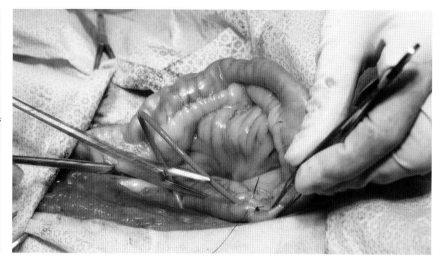

图24-10 缝合饲管上方的浆膜肌层，在饲管入口处荷包缝合周围肠壁。

术后注意事项　　建议戴伊利莎白脖圈或侧杆支架防止饲管移位。可马上通过肠道饲管喂食。最初，液体食物可稀释到50%，在输液泵的控制下低速［如0.5~1mL/(kg·h)］给予。经2~3d适应饲喂后，食物的浓度和喂食速度可逐渐升高。每隔4~6h，饲管要用水或生理盐水冲洗，以免饲管堵塞。阻塞的饲管可用碳酸盐饮料冲洗。所饲喂的量要满足机体静止能量需求（公式：$70 \times kg\ BW^{0.75}$）和液体维持量。最好使用商品化食物，因为此类食物与自制食物相比不易堵塞饲管，且容易换算能量。大多商品化液体食物所含的能量为0.9~1.0kcal/mL。

使用液体食物时经常见到轻度腹泻。如果发生呕吐、持续腹泻或恶心（如流涎），要降低食物浓度和给食物频率，且要检查是否存在肠梗阻。饲管通常至少要放置6~10d才能拔除，目的是要确保在肠切开部位形成纤维封膜。剪断指套缝合线，轻轻牵拉便可取出饲管。取出饲管后，皮肤创口在24~48h内二期愈合。

18%~44%动物可能会出现并发症，包括腹膜炎，饲管的逆行移位，皮肤创口发生蜂窝织炎，饲管的堵塞、扭结或阻塞，以及饲管被动物或看管者无意间拔出。快速饲喂、肠梗阻或腹膜炎时都可以导致呕吐或腹泻。如果没有食物或肠道分泌物蓄积在皮下，则在饲管取出后皮肤的蜂窝织炎会消退。严重营养不良、长期厌食、饥饿或多尿的动物可能会发生再饲喂综合征，再饲喂会引起阳离子快速向细胞内转移。所引起的低磷血症、低血钾症或低镁血症可能会导致肌无力、血管内溶血、心血管或呼吸系统功能紊乱及死亡。对此类动物的饲喂要缓慢进行，且要经常监测电解质水平，及时补充所需电解质。

参考文献　　Daye RM et al. Interlocking box jejunostomy: a new technique for enteral feeding. J Am Anim Hosp Assoc 1999;35:129-134.

Heuter K. Placement of jejunal feeding tubes for post-gastric feeding. Clin Techniques Small Anim Pract 2004;19:32-42.

Orton EC. Enteral hyperalimentation administered via needle catheter-jejunostoma as an adjunct to cranial abdominal surgery in dogs and cats. J Am Vet Med Assoc 1986;188:1406-1411.

Swann HM et al. Complications associated with use of jejunostomy tubes in dogs and cats: 40 cases (1989-1994). J Am Vet Med Assoc 1997;12:1764-1767.

Wortinger A. Care and use of feeding tubes in dogs and cats. J Am Anim Hosp Assoc 2006;42:401-406.

Yagil-Kelmer E et al. Postoperative complications associated with jejunostomy tube placement using the interlocking box technique compared with other jejunopexy methods in dogs and cats: 76 cases (1999-2003). J Vet Emerg Crit Care 2006;16:S14-S20.

25 结肠固定术
Colopexy

结肠固定术是指把结肠固定在腹壁上。此手术的适应征包括反复性直肠脱出及与会阴疝相关的直肠憩室和移位。患有复杂会阴疝的动物，会阴疝修补术可以在结肠固定术后立即进行，也可以延后数周进行，以减少对疝修补处的刺激。

术前管理

在结肠固定术之前没必要进行长期的禁食和灌肠。由于术中缝合时结肠可能会无意间被扎穿，在诱导麻醉时需预防性静注给抗生素，之后2~6h重复给药。常用抗革兰氏阴性菌和厌氧菌抗生素（如头孢西丁）。硬膜外麻醉可减少术后努责，尤其是对患有直肠疾病的犬。

手术

通过后腹中线切口开腹。为了达到永久性粘连的目的，在将结肠缝合到腹壁前，先用刀片划开结肠的浆膜和肌层或用刀片或纱布海绵划破结肠的浆膜层。此两种方法的结肠固定术效果无明显差异。

手术技术：结肠固定术

1 使用Balfour开张器或帕巾钳夹住并提起左侧腹壁创缘以暴露左侧腹膜。

2 用刀片或干纱布海绵将耻骨前的降结肠对肠系膜侧划破数厘米（图25-1）。或者，切开结肠浆膜层（图25-2）。

3 向头侧牵引降结肠以消除任何直肠憩室、移位或脱出。

   a. 如需要，可同时通过助手直肠检查以确认直肠被拉直并且脱出已经复位。

   b. 向头侧牵引结肠时，需检查降结肠的颜色以及血管，以确保张力不要过大。如果张力过大，结肠会变白且动脉搏动增强。

4 在腹壁左腹外侧的腹膜上切开与结肠划痕或切口相对应的切口（图25-2）。切口通常位于髂骨翼前方。

5 间断缝合腹壁切口与降结肠切口（图25-3）。

   a. 使用圆针单股慢吸收缝线。

   b. 缝合腹壁切口时进针深度要到达腹横肌。

图25-1　用手术刀划破结肠浆膜层。

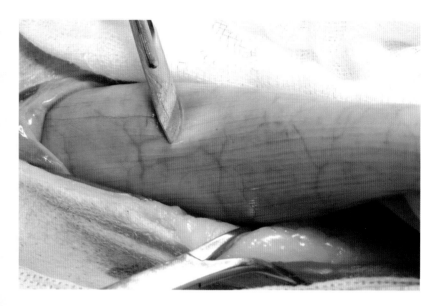

图25-2　向头侧牵引结肠以消除直肠憩室并使直肠脱整复，然后在相邻的腹壁上制作一个对应腹膜切口。

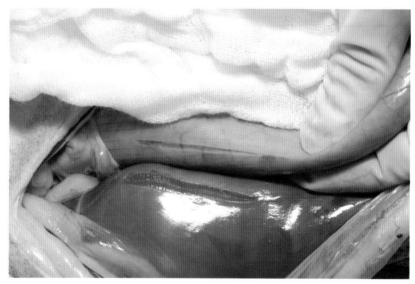

图25-3　间断缝合使结肠固定到腹壁上。

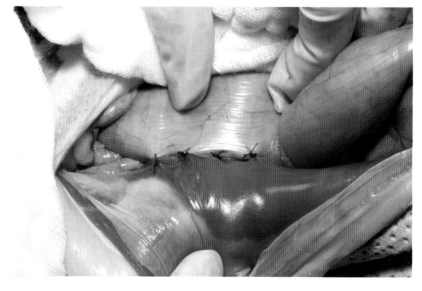

　　　c. 缝合结肠时进针深度要到达黏膜下层，不能穿透黏膜。

　　　d. 进、出针点距离切口均为1cm，打结要轻轻收紧使组织对合且防止组织坏死。

　　　e. 共缝合四到八针，针距为1cm。

6 常规关腹。

7 直肠检查确认直肠伸直且直肠脱出或多余的直肠褶皱已消除。

术后注意事项　　　通常使用1~3d的止疼药。根据潜在病因，可能需要使用乳果糖或其他粪便软化剂。术后最常见的并发症为临床症状复发，其原因是手术技术差、固定结节脱落或潜在的病因持续存在。固定结肠时肠黏膜被穿透可能会导致腹膜腔的感染。划破浆膜层而不是切开浆膜层可避免这种情况的发生。张力过大可能会导致结肠壁的坏死或固定部位的脱落。表现出嗜睡、食欲下降、发烧或其他任何全身性疾病症状的动物，应检查是否发生腹膜炎（见第15章）。

参考文献　　　Brissot HN et al. Use of laparotomy in a staged approach for resolution of bilateral or complicated perineal hernia in 41 dogs. Vet Surg 2004;33:412-421.

Gilley RS et al. Treatment with a combined cystopexy-colopexy for dysuria and rectal prolapse after bilateral perineal herniorrhaphy in a dog. J Am Vet Med Assoc 2003;222:1717-1721.

Popovitch CA et al. Colopexy as a treatment for rectal prolapse in dogs and cats: a retrospective study of 14 cases. Vet Surg 1994;23:115-118.

26 直肠息肉切除术
Rectal Polyp Resection

在犬，最常见的肠道肿物为结肠直肠腺癌和息肉。直肠息肉通常单个存在，可有蒂或基部宽。息肉通常位于距离肛门5cm范围内（图26-1），用牵引线拉出肿物及其周围直肠黏膜便可暴露并可切除肿物。尽管在外观上呈现良性，但大多息肉在组织切片中呈现出明显的恶性特征。患病动物可能无明显临床症状或表现出里急后重、便血、大便困难、拉稀或间歇性或持久性直肠脱出。触诊或直肠镜检查可做出诊断。单个肿物建议手术切除。使用吡罗昔康可减少直肠息肉引起的临床症状，当存在多个息肉或主人不愿做手术时也可使用此药。

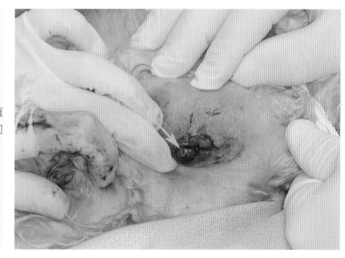

图26-1 此直肠息肉（箭头所示）位于直肠末端的6点钟方向，撑开肛门便很容易暴露。

术前管理　　在术前如果要进行直肠镜检查，动物应禁食24h并进行多次灌肠。如果只为进行手术则无需灌肠，而且灌肠会增加术中粪便泄漏的风险。给硬膜外止疼药有利于肛门的扩张和息肉的暴露且减少术后的不适。如果切除范围仅限于直肠黏膜和黏膜下层，并不需要预防性抗菌药治疗。本手术的术势与会阴疝手术的术势相同，必要时要进行正压通气。如存在固体粪便，术前应手指取粪。

手术　　直肠息肉摘除的技术包括手术切除并缝合黏膜缺口，或实施冷冻手术或电外科法在黏膜水平处进行冷冻或烧烙以切除肿物。电外科法摘除息肉可能会导致直肠穿孔。

手术技术：直肠息肉切除

1 如果用手指可使息肉脱出，在息肉及准备切除边缘的头侧的黏膜和黏膜下层中设置牵引线。用止血钳固定牵引线。

2 如果息肉不易脱出，用无损伤钳夹住息肉尾侧的直肠黏膜并在黏膜下层设置牵引线。轻轻但牢固地牵引以暴露更多的黏膜，并在头侧的黏膜上设置另一个牵引线（图26-2）。继续向头侧设置牵引线直至息肉脱出肛门外。或可用多个Babcock钳逐步夹住前方黏膜直至息肉暴露。在息肉基部前方设置最后一个牵引线。

3 为了更好地牵引出肿物，在肿瘤上再置入牵引线或用无损伤钳（如Babcock钳）夹住肿瘤。

4 切除围绕肿物的一半黏膜基部，包括1cm的正常组织（图26-3）。切口应位于最头侧牵引线之后。

5 用3-0或4-0圆针单股快吸收缝线简单连续缝合黏膜创口（图26-4）。

6 一旦创口部分被缝合，切除剩余肿物，包括与其相连的黏膜和黏膜下层，并完成创口的闭合。去除牵引线。

7 可用单股快吸收缝线结扎肿物基部，从结扎线上方切除肿物。用冷冻探针冷冻残端。

8 用钉皮器可快速摘除大的肿物：

　a. 在肿物上设置牵引线将其从周围黏膜中牵拉出。

　b. 将TA30或55钉皮器（蓝色盒子）置于肿物的基部，并钉住。

　c. 在撤出钉皮器前，于钉皮器上方横断肿物。

9 直肠检查以确认肠腔通畅且无黏膜缺损。

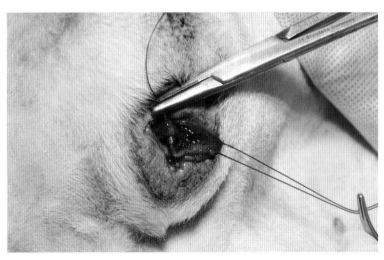

图26-2　在息肉前方的黏膜和黏膜下层设置牵引线保持黏膜脱出。

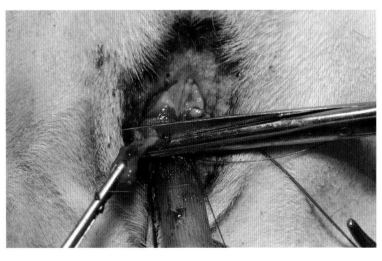

图26-3　切除一半环绕肿物的黏膜基部。在该犬，直肠中插入一个导管，以便术者辨认直肠腔。

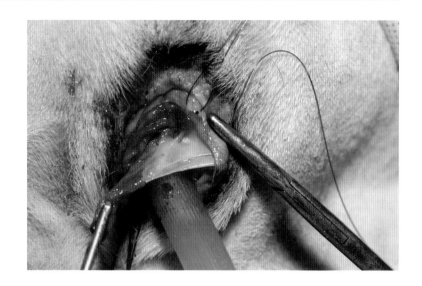

图26-4　用连续缝合对合黏膜。

术后注意事项　在将息肉放入福尔马林之前，应涂片检查组织块基部，评估切口边缘。在恢复期应避免进行直肠体温检查，防止对手术创的损伤。患有里急后重的动物应使用粪便软化剂（如乳果糖）和止疼药。

直肠出血和里急后重分别在肿物切除后的2d和7d内消失。持续的努责或严重的炎症可能会导致直肠脱出（见第48章）。息肉大、基部宽、呈弥散性、多个肿物或组织学显示明显恶性特征的患犬在术后复发率更高。

参考文献　Danova NA et al. Surgical excision of primary canine rectal tumors by an anal approach in twenty-three dogs. Vet Surg 2006;35:337-340.

Holt PE and Durdey P. Evaluation of transanal endoscopic treatment of benign canine rectal neoplasia. J Small Anim Pract 2007;48:17-25.

Knottenbelt CM et al. Preliminary clinical observations of the use of piroxicam in the management of rectal tubulopapillary polyps. J Small Anim Pract 2000;41:393-397.

Valerius KD et al. Aenomatous polyps and carcinoma in situ of the canine colon and rectum: 334 cases (1982-1994). J Am Anim Hosp Assoc 1997;33:156-160.

PART

第四部分　生殖系统手术
Surgery of the Reproductive Tract

27 发情期前性腺切除术
Prepubertal Gonadectomy

发情期前进行性腺切除术，最常见的原因是为了防止所收养的动物再繁殖。其他的好处包括麻醉剂和耗材少、操作简单、恢复快以及并发症少。

在猫，与常规年龄绝育相比，发情期前性腺切除术对免疫机能及肥胖和糖尿病的发生率没有影响。在公猫，早期去势不会显著减小尿道直径和增加患下泌尿道疾病和梗阻的风险。在5.5月龄之前去势的好处是可以降低公猫的攻击性、性行为、尿液喷射和脓肿发生率。对公猫和母猫进行早期性腺切除术，可以降低哮喘、牙龈炎和活动过度的发病率。在猫，潜在的不良影响包括：羞怯增加和外生殖器发育不成熟。对于在7周龄进行去势的公猫，龟头包皮褶可能残留。尽管不会影响排尿，但会使导尿管的放置难度增加。对于在7月龄或7月龄之前去势的猫，骨骺闭合时间会延长，由此导致骨骺骨折的风险增加。

发情期前性腺切除术可以降低母犬患乳腺肿瘤的风险。在第一次发情期前进行绝育的犬，乳腺肿瘤的发病率为0.5%；而在第二次发情期后绝育或未做绝育的犬，乳腺肿瘤的发病率为26%。在1岁或1岁之前摘除性腺的罗威纳犬，发生骨肉瘤的风险较未摘除的犬增加3~4倍。在犬，发情期前性腺切除术的潜在不良影响包括泌尿生殖道异常、骨骺闭合延迟以及关节不稳。与晚些时候切除性腺的犬相比，在5.5月龄之前进行去势或卵巢子宫摘除的犬发生轻微髋关节发育不良的风险增大。骨骺闭合延迟可能导致骨的长度增加，但其功能似乎并不会受到影响。发情期前卵巢子宫摘除术使犬（尤其是2月龄的犬）发生尿失禁的风险增大。此外，早期绝育的犬可能保留未发育成熟的外阴，使它们更容易发生阴道炎和膀胱炎。因此，母犬应至少在3月龄之后绝育，而对于那些外阴发育不成熟或存在尿失禁风险的犬应在发情期后再行绝育。

术前管理　　根据动物的年龄和体况，幼龄动物应最多禁食4~8h，以减小患低血糖的风险。如果需要，可以在卵巢子宫摘除术中给含葡萄糖的液体。有许多针对5月龄以下动物的麻醉规程。常规的为术前用格隆溴铵和布托啡诺，并通过面罩用异氟烷对动物进行诱导麻醉。为防止出现体温过低，应事先将液体加热至动物体温，并在术中将动物置于正压空气加热毯或循环热水垫上。麻醉和手术的时间应尽可能短，苏醒过程中环境应足够温暖。

手术

幼龄动物的性腺切除术与年长动物类似（见第28、29和33章），只有一小部分不同。对于幼犬，卵巢子宫摘除术的腹部切口较常规切口偏向尾侧，打开腹腔时可能会看到较多的浆液样液体。幼龄动物的组织较脆弱，操作要轻柔。如果使用绝育钩，应小心谨慎。非常小的卵巢蒂可能只需结扎一道。关腹过程中，缝合应带上腹直肌的筋膜。如果很难将其与皮下组织区分，可以用Metzenbaum剪以推剪的方式将皮下脂肪从切口两旁的筋膜上分开（第55~57页）。

幼猫与成年猫的去势方法类似（见第150页），但幼猫的精索不能拉出阴囊很远所以操作时需更加轻柔。发情期前的幼犬可以通过阴囊前或阴囊切口去势。阴囊前去势术难度较大，因为睾丸在向前推挤的过程中很容易进入腹股沟管。如果采用阴囊切口，术前阴囊需要剃毛。在非常年轻的幼犬，精索可以像猫的被睾去势术那样自身打结。与猫相比，该法用于幼犬去势时有两个明显的不同。提睾肌在靠近睾丸处突然断裂，使血管撕裂的风险加大。因此，许多外科医生将其完整保留。精索较粗，提睾肌完整时尤为明显，使得精索自身打结难度较大。如果精索太粗不能自身打结，可以用缝线将其结扎。

手术方法：幼猫和幼犬的发情期前卵巢子宫摘除术

1 于脐孔和耻骨间的中1/3切开2~3cm（图27-1）。
2 用镊子柄或绝育钩柄将膀胱向中间拨开，暴露位于结肠和体壁背侧附近的子宫。
3 用止血钳夹住固有韧带，轻轻地将卵巢牵引出腹腔。如果需要，用食指轻轻地拉伸悬吊韧带直至卵巢充分显露（图27-2）。
4 如果需要，在卵巢蒂部放置两把蚊式止血钳，仅用钳尖将其夹住。在两钳之间横断，并用止血夹或3-0或4-0可吸收线对两断端分别做1~2道结扎。
5 缝线环绕结扎子宫体（图27-3）。
6 用3-0或4-0单股可吸收缝线简单连续缝合腹壁肌肉。缝线穿透全层或仅穿透外侧直肌鞘。如有皮下脂肪，用3-0或4-0快吸收线简单连续缝合皮下组织。以皮内缝合、皮肤缝合或组织胶对合皮肤。

图27-1　在脐孔（U）和耻骨（P）之间的中间位置切开（线条）。

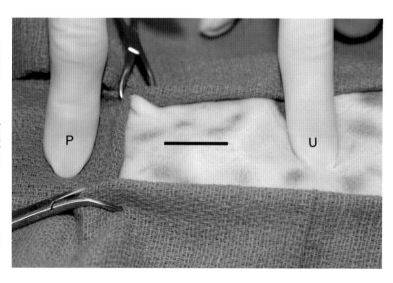

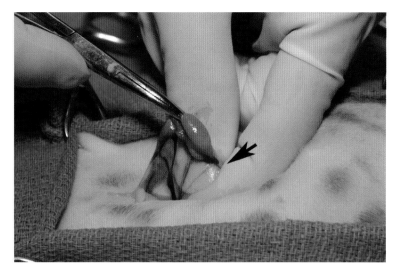

图27-2　用止血钳夹住固有韧带显露卵巢及其蒂部，如果需要，拉伸悬吊韧带（箭头所示）使其显露更加充分。

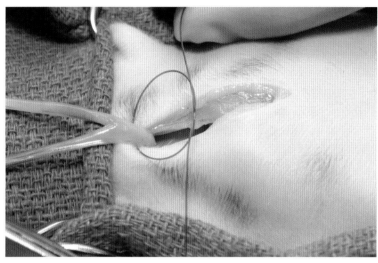

图27-3　在分叉处附近结扎子宫体。

手术方法：幼犬被睾去势术

1 阴囊区域剃毛和准备。

2 用拇指和食指固定住睾丸基部。在靠近阴囊中线处切开睾丸上方的皮肤。

3 将睾丸挤出切口。

4 用拇指和食指或止血钳夹住睾丸，用纱布剥去与其相连的筋膜。

5 用3-0可吸收线或止血夹结扎精索。或者像猫的去势术一样（见第150页），将精索自身打结（图27-4）。

6 将另一个睾丸推至原切口处，切开其上的皮下组织和筋膜显露睾丸。或者，另做一个切口显露睾丸。挤出睾丸并结扎精索。

7 保持皮肤切口开放，或者将皮肤创缘对合并滴一滴组织胶使其黏合。

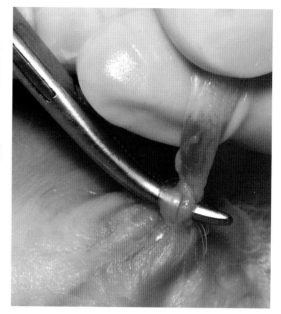

图27-4　与猫相比，幼犬的精索更短更宽，自身打结较困难。

术后注意事项　　通常，幼犬和幼猫术后会迅速苏醒，并且常常在手术的当天就能出院。为避免低血糖，应在麻醉彻底苏醒后的第一时间给予食物。术后镇痛药应至少给6h。发情期前卵巢子宫摘除术的瘢痕很小，建议给雌性动物作皮肤标记以避免以后不必要的探查。

与5月龄之后进行手术的犬、猫相比，死亡率和手术并发症是相似的。由于幼龄犬患感染性疾病的风险更高，它们在术后更容易感染细小病毒。

参考文献

Cooley DM et al. Endogenous gonadal hormone exposure and bone sarcoma risk. Cancer Epidem Biomarkers Prev 2002;11:1434-1440.

Howe LM. Surgical methods of contraception and sterilization. Theriogenology 2006;66:500-509.

Kustritz MVR. Early spay-neuter: clinical considerations. Clin Tech Small Anim Pract 2002;17:124-128.

Spain CV et al. Long-term risks and benefits of early-age gonadectomy in cats. J Am Vet Med Assoc 2004;224:372-379.

Spain CV et al. Long-term risks and benefits of early-age gonadectomy in dogs. J Am Vet Med Assoc 2004;224:380-387.

28 猫去势术
Feline Castration

与未去势公猫相比，去势公猫更适合作为伴侣动物，因为它们对人的感情更加深厚且对动物的攻击性较小。去势还可以减少标记行为和"如厕"问题（在猫砂盆外排尿和排便）。由于理毛行为减少，去势公猫的寿命会更长并且接触肠道寄生虫和其他疾病的机会也会相应减少。但是，去势公猫体重容易增加，由此会引起一系列与肥胖相关的疾病。对7月龄及以下的猫施行去势术会延迟骨骺的闭合，使骨骺骨折的风险增大。但是，去势的好处要远远高于它可能带来的风险，而且也罕有手术并发症的发生。

术前管理　　手术准备时，阴囊处毛发可以轻柔地剪掉或"拔除"。拔毛时朝向阴囊基部的方向比平直地拔出损伤更小。猫可以侧卧或俯卧，将后腿和尾部向前牵拉。可以用止血钳将尾部与背部毛发夹在一起使尾部保持向前。术前准备完毕之后，在术野铺设纸质创巾、手套内包装或牙用橡皮障。用杀菌喷剂浸湿会阴部可以使纸质创巾的铺设更加容易。

手术　　可以选择露睾去势或被睾去势，通过精索打结止血。露睾去势是用输精管和血管打4道结，即两个方结。这种方法在结打到一半时容易失败，通常是因为打结过程中张力不均匀所致。被睾去势是将精索自身打成一个单结，这种方法失败常常是由于打结不够紧所致。缝线结扎或止血夹也可以用来止血。

手术方法：被睾去势术

1 用拇指和食指捏紧阴囊基部使睾丸紧贴皮肤。

2 纵行切开皮肤和皮下组织，保持总鞘膜完整（图28-1）。可能还需要切开皮下一小层网状筋膜，以使睾丸可以从切口弹出。

3 一手抓住睾丸将其拉出，另一手用干纱布剥去其与阴囊的附着（图28-2）。

4 一手缓慢平稳的牵拉睾丸，同时另一手持纱布向会阴部推。牵拉精索直至提睾肌断开。

5 将弯止血钳由下方插入，环绕一周，在精索上方将其夹住，保持钳尖向下并朝向猫（图28-3）。将止血钳握在掌中使其更容易环绕精索。

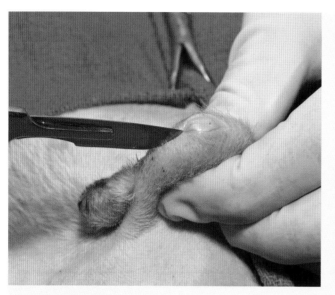

图28-1　抬高睾丸使其紧贴阴囊并纵向切开皮肤。

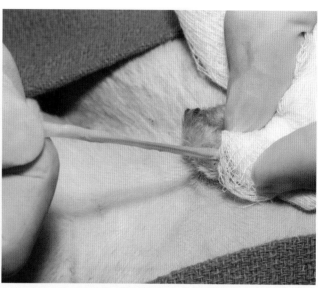

图28-2　剥去阴囊的附着，然后缓慢平稳牵拉撕断提睾肌。

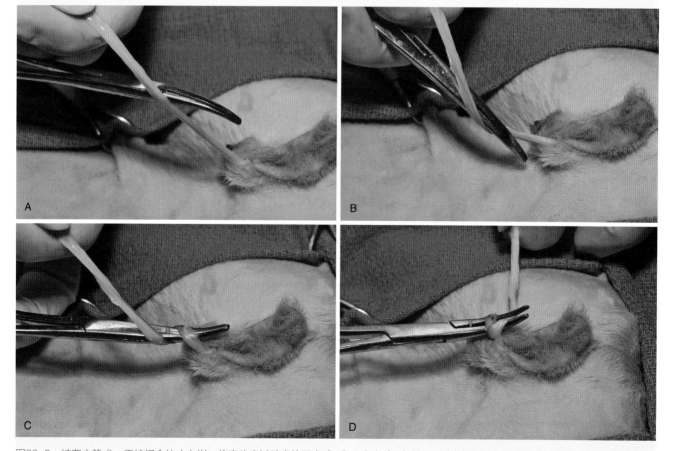

图28-3　被睾去势术。手持闭合的止血钳，将弯头穿过精索的下方（A）、上方（B）并环绕（C）精索，保持钳尖朝向猫。在止血钳尖夹紧精索之前调整结的位置使其尽可能靠近猫（D）。

6 为方便打结，调整精索的位置使其环绕于止血钳并靠近钳尖和猫（止血钳垂直滑动重新定位）。

7 从钳夹远端1~2mm处剪断精索摘除睾丸（图28-4）。

8 用纱布或手指将精索从止血钳上推下打结（图28-5）。调整止血钳尖平行于精索以便于打结。

9 松开止血钳之前，将精索的结打紧：将拇指指甲放在止血钳和结之间并向猫的方向推结（图 28-6）。

10 切开另一侧阴囊并重复步骤3~9。

11 用拇指、食指和中指抓住阴囊并拉向尾侧使切口边缘对合。保持切口开放。

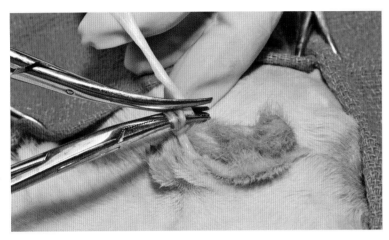

图28-4　靠近止血钳剪断精索。

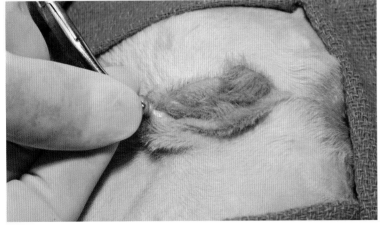

图28-5　手持止血钳平行于精索的方向，用纱布或手指将精索推离止血钳尖端。

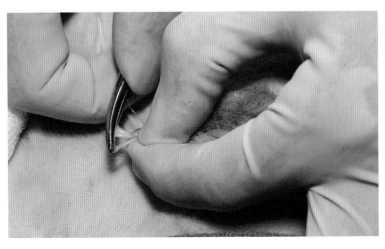

图28-6　将拇指和食指放在止血钳和结之间，向猫的方向把结推紧。

手术方法：露睾去势术

1 固定睾丸，使其紧贴阴囊，纵向切开皮肤和总鞘膜（图28-7），暴露出表面花白的睾丸和附睾。

2 扩大鞘膜切口并拉出睾丸，暴露精索。

3 分离睾丸和鞘膜（图28-8）。如果需要，用剪刀剪断鞘膜。

4 将输精管与睾丸血管分开并将其从睾丸上分离（图28-9）。

5 用输精管和血管做4个方形缠绕，形成两个方结（图28-10）。在结下滑的过程中注意确保张力平均分布于两端并且结没有被挂住。

6 在结的远端切断。重复以上步骤摘除另一个睾丸。

图28-7　露睾去势术。切开总鞘膜（箭头所示）。

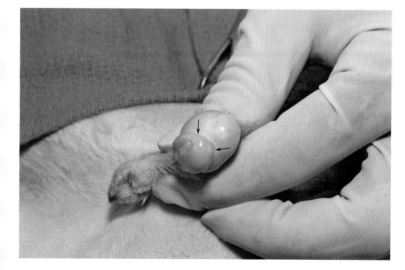

图28-8　将睾丸和精索与鞘膜分开。

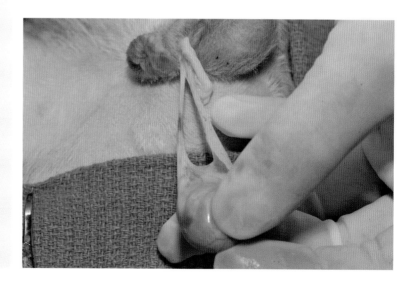

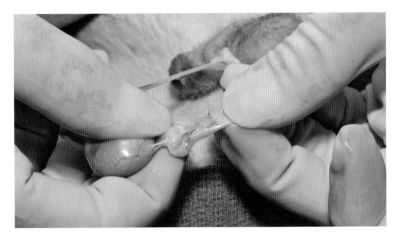

图28-9 将输精管与睾丸血管分开并将其从睾丸上分离。

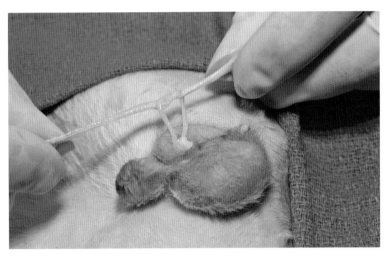

图28-10 系4个方形缠绕。

术后注意事项　因为阴囊切口保持开放，所以通常推荐在术后1周使用纸质猫砂。去势猫容易发胖，如果发现有不健康的增重，应减少其能量摄入。

术后并发症罕见。阴囊出血可能见于显露过程中睾丸血管撕裂或打结失败。如果手术过程中出现这种情况，可以通过扩大这一侧的阴囊切口来寻找松脱的血管。有时候可以用止血钳盲夹找到血管，但精索常常因回缩很深而无法找到。如果找不到出血的血管，应在腹股沟环和阴囊区域按压5~15min。苏醒过程中应给与猫镇静剂并佩戴伊丽莎白脖圈以减少出血的可能性。在猫，未结扎的血管极少会导致严重的腹腔出血。如果担心出血，可以对血细胞比容进行一系列的监测。如果出现显著的贫血，应该通过腹部切口找到血管并将其结扎。

术后感染的临床症状包括：厌食和会阴疼痛。多数猫对口服抗生素反应良好并且不需要进行伤口引流。

参考文献　Neilson J. Thinking outside the box: feline elimination. J Fel Med Surg 2004;6:5-11.

Petit GD. There's more than one way to castrate a cat. Mod Vet Pract 1981;62:713-716.

Root MV et al. The effect of prepuberal and postpuberal gonadectomy on radial physeal closure in male and female domestic cats. Vet Radiol Ultrasound 1997;38:42-47.

Scott KC et al. Body condition of feral cats and the effect of neutering. J Appl Anim Welf Sci 2002;5:203-213.

Spain VC et al. Long-term risks and benefits of early-age gonadectomy in cats. J Am Vet Med Assoc 2004;224:372-379.

29 犬去势术
Canine Castration

犬去势最常见的原因是阻止激素诱导的行为、不必要的繁育和睾丸肿瘤，在未去势公犬睾丸肿瘤的发病率为29%。去势术还适用于摘除感染、扭转或创伤的睾丸以及预防和治疗肛周腺瘤、前列腺囊肿、前列腺炎、良性前列腺增生、前列腺脓肿和性激素相关的脱毛。对于无并发症的良性前列腺增生，去势三周后前列腺的大小会减小50%，临床症状会在2~3个月后消退。据报道，95%的犬肛周腺瘤会在去势后消退。不幸的是，犬患前列腺癌、骨肉瘤和移行细胞癌的风险会在性腺切除术后升高。

术前管理

多数犬在去势前仅需要极少的术前诊断。对于患睾丸肿瘤的犬，应对其是否转移和存在骨髓中毒进行评估，尤其在出现贫血或雌性化表现时。骨髓中毒常常在肿瘤摘除后2~3周消退，但也可能预后不良，尽管给予合理的治疗仍有可能死亡。睾丸扭转常见于隐睾肿瘤，但也可能发生在阴囊睾丸。临床症状包括休克和腹部或阴囊疼痛，可以通过超声检查和手术探查诊断。

除非需要切除阴囊或切口已经计划好，否则只需对阴囊前的区域剃毛，因为剃毛对阴囊和股内侧的损伤会促使动物舔咬。将阴囊上的长毛剃短，手术准备过程中用消毒液喷洒阴囊。

手术

对于惯用右手的术者，在进行成年犬去势术时站在犬的左侧较易操作，左手将睾丸向前推同时右手切开皮肤。去势术可以采用露睾去势或被睾去势。被睾去势可用于任何体型的犬，只要将精索拉伸并掳成至直径较窄的一条（小于1cm）。较细的精索用2-0或3-0单股可吸收缝线双道环绕结扎，直径大于5mm的精索至少做一道贯穿/环绕结扎。结扎过程中可以将精索夹住，但是粗大的精索在没被夹住时更容易进行贯穿结扎。犬患有阴囊皮炎、肿瘤或阴囊皮肤薄而下垂时需要同时切除阴囊。对于没有切除阴囊的犬，术后多数阴囊都会完全退化。

幼犬和睾丸很小的犬可以通过阴囊切口施行去势（见第148~149页）。犬的精索比猫厚，所以当提睾肌断开的时候血管更容易撕裂。因此，结扎线或止血夹比自身打结可能更加安全。阴囊切口不需要闭合。

1 为保护尿道将睾丸推向头侧，切开阴囊前睾丸上方的皮肤和皮下组织（图29-1）。通常能在总鞘膜的表面看到一小团脂肪，切到这个位置说明到了做被睾去势的合适深度。

2 用两手将睾丸头极斜向切口推挤，将睾丸挤出切口之外。

3 右手抓住睾丸，左手持纱布将睾丸后极与阴囊相连的阴囊韧带断开（图29-2）。如果韧带没有断裂，用剪刀将其横断。在剥离韧带的时候，阴囊内侧可能会外翻，在术野呈现白色的"团块"。

4 找到精索和其周围软组织交界的指示性白线（图29-3）。

5 用左手提拉睾丸同时右手纱布向精索的基部剥离（图29-4）。这样可以将精索与周围的组织分离并使其直径牵拉至小于1cm。从下向上抹去精索上残留的脂肪。

6 做第一道结扎。用食指将精索展开使组织分开，然后从提睾肌和血管之间进针，做贯穿/环绕结扎（图29-5）。

在血管一侧做2个简单缠绕，然后环绕整个精索再做4个缠绕（图29-6）。如果精索较粗，先打一个外科结然后再将结扎线环绕整个精索。

7 在第一道结扎的上方或下方做环绕结扎或第二道贯穿/环绕结扎，两道结扎线间距至少0.5cm。

8 在睾丸下方几厘米的位置钳夹精索，然后用镊子在结扎线上方夹住精索并将其剪断。

9 将精索向身体的方向松开，观察断端是否出血。

10 将另一侧睾丸推向切口的位置，切开上方的筋膜（阴囊中隔）。重复上面的步骤。

11 以皮内或皮下−皮内缝合法（第4~7页）闭合切口。

　　a. 为便于显露皮下组织，用镊子将皮肤向旁边拉开，可以看到两侧的两个环状的开口以及位于中线处的尿道。

　　b. 从切口下方5~7mm处穿过皮下组织缝合，如果需要的话，带上阴囊中隔的浅层边缘。避开中间的尿道。

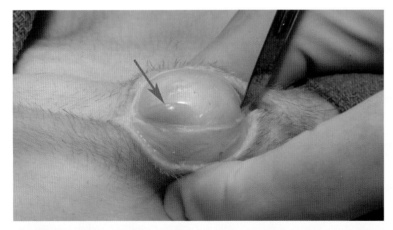

图29-1　被睾去势术。将睾丸推向头侧并切开阴囊前的皮肤和皮下组织直至总鞘膜水平。通常能在总鞘膜的表面看到一小团脂肪（箭头所示）。

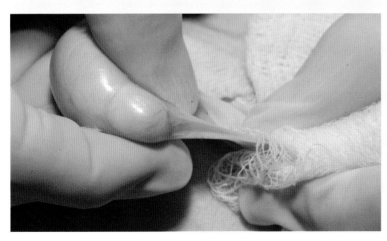

图29-2　撕断阴囊韧带。

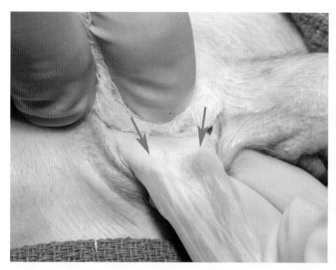

图29-3 找到精索与周围软组织的界限（箭头所示）。

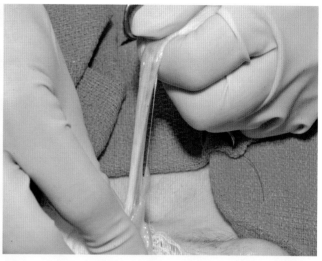

图29-4 提起睾丸的同时用纱布向精索的基部剥离。精索与软组织（图29-3）的分离使精索拉长。

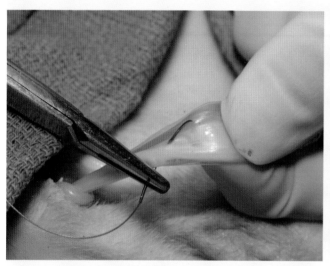

图29-5 用拇指和食指将精索捋平并将提睾肌与血管分离，将贯穿结扎线环绕精索血管。

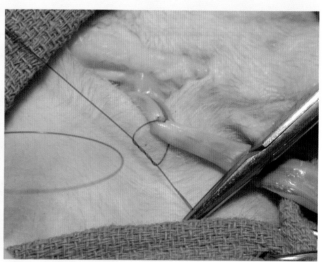

图29-6 先在血管侧结扎一道，然后将线尾环绕整个精索，打四道结。

手术方法：露睾去势

1 将睾丸向前推并如上描述切开皮肤。

2 切开总鞘膜显露睾丸和附睾（图29-7）。

3 将睾丸从总鞘膜切口挤出，用剪刀扩大鞘膜切口以显露血管（图29-8）。

4 将总鞘膜和提睾肌一同结扎，如果鞘膜宽于1cm，需要贯穿-环绕结扎，之后将组织切除（图29-9）。

5 双道结扎并横断血管（图29-10）。

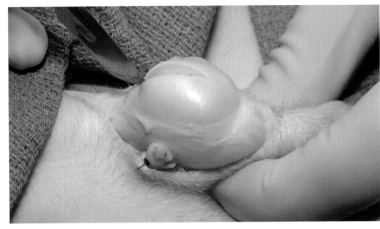

图29-7　露睾去势术。切开总鞘膜。

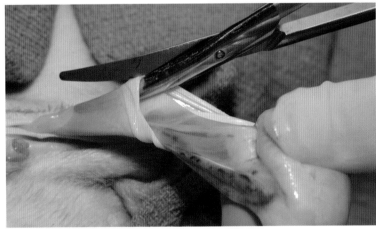

图29-8　用剪刀扩大总鞘膜切口以显露血管。

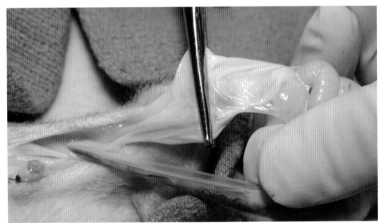

图29-9　从提睾肌上分离血管。如果需要，将提睾肌和
　　　　鞘膜一同切断。

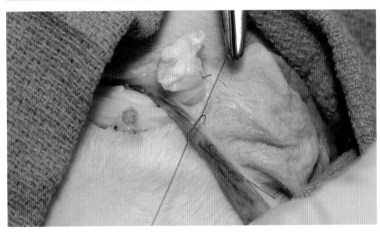

图29-10　双道结扎血管。这只犬还同时结扎了输精
　　　　　管。

手术方法：阴囊切除及去势

1 环绕阴囊基部切开皮肤（图29-11）。结扎或烧灼止血，血管主要位于阴囊的侧面。

2 用Metzenbaum剪分离皮下组织和阴囊隔膜。如果犬未做过去势，沿睾丸剥离阴囊并如上所述施行去势（图29-12）。

3 使用3-0单股快吸收线对合皮下组织，然后通过皮内缝合或直接皮肤缝合闭合皮肤（图29-13）。

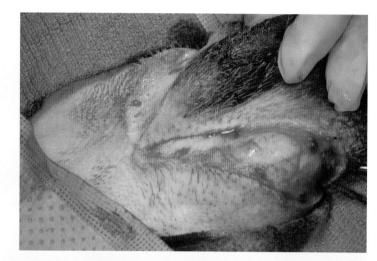

图29-11 环绕阴囊基部切开皮肤。

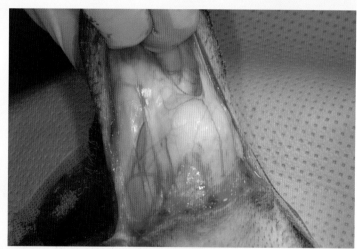

图29-12 分离皮下组织和阴囊韧带以显露睾丸。

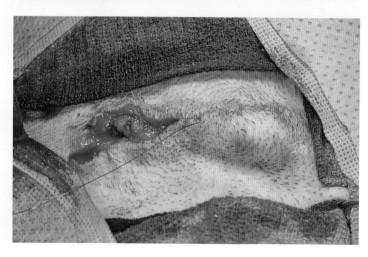

图29-13 对合皮下组织后，皮内缝合皮肤。

术后注意事项　去势术的并发症包括自损、肿胀、擦伤、阴囊血肿、伤口开裂和感染。肿胀比较常见，尤其在露睾去势术之后，可以通过限制运动、冷敷以及术后使用伊丽莎白脖圈来控制。出血最常发生于皮下和中隔血管，可以通过镇定和按压止血。严重的阴囊出血、肿胀或感染可能需要切除阴囊。极少数情况下是由于结扎不确实的精索回缩到腹腔内引起出血。如果动物发生出血，需监测一系列的红细胞压积；如果出血危及生命，需及时进行开腹探查。睾丸的血管可以回缩至肾脏水平，所以腹壁的切口可能较大。在患睾丸肿瘤并引起骨髓中毒的犬，需要每周监测血相以确定是否改善。对患前列腺疾病的犬，术后2周重复进行直肠指检，在患良性前列腺增生的犬，去势后10d内前列腺应有所减小。

化学去势术　为减少出血可选择非手术性的化学疗法，此方法被允许对3月龄至10岁的犬进行绝育。将葡萄糖酸锌注射到每个睾丸里可以使睾丸萎缩并减少99.6%的精子生成。睾酮的生成减少但并未消失，因此，并不会预防或消除由激素诱导的行为或前列腺疾病。

预先用卡尺对睾丸进行测量以决定注射的剂量（0.2~1.0mL/睾丸）。使用28G、1.3cm针头，因为更大的针头或者快速或用力的注射可能造成皮下渗漏。推荐使用镇定或镇痛药防止操作过程中动物活动。2.7%的犬在注射过程中表现疼痛，6.3%的犬在注射后2d内发展为阴囊炎症、皮炎、溃疡或坏死，尤其是剃毛时剃到阴囊、使用酒精备皮或者锌溶液泄露到阴囊内。4.4%的犬会出现呕吐，通常发生在注射后的4h内。化学去势法禁用于隐睾、睾丸畸形、阴囊炎、皮炎，或者睾丸直径小于10mm或大于27mm。化学去势法不会在注射之后立即杀灭精子，因此应将公犬与母犬隔离至少60d。

参考文献　Bryan JN et al. A population study of neutering status as a risk factor for canine prostate cancer. Prostate 2007;67:1174-1181.

Cooley DM et al. Endogenous gonadal hormone exposure and bone sarcoma risk. Cancer Epidem Biomark Prevent 2002;11:1434-1440.

Freitag T et al. Surgical management of common canine prostatic conditions. Compendium Contin Educ 2007;29:656-673.

Kustritz MVR. Determining the optimal age for gonadectomy of dogs and cats. J Am Vet Med Assoc 2007;231:1665-1675.

Levy JK et al. Comparison of intratesticular injection of zinc gluconate versus surgical castration to sterilize male dogs. Am J Vet Res 2008;69:140-143.

Wilson GP and Hayes HM. Castration for treatment of perianal gland neoplasms in dogs. J Am Vet Med Assoc 1979;174:1301-1303.

30 隐睾去势术
Cryptorchid Castration

睾丸正常情况下由肾脏后极下降，通过腹股沟管，在出生后40d下降到阴囊。睾丸在腹股沟区域或腹腔内的滞留称为隐睾。隐睾最常见于单侧。滞留的睾丸常位于腹股沟区域，而且犬的右侧隐睾最为常见。建议摘除滞留的睾丸，因为它会持续分泌激素，增加肿瘤、扭转和遗传病的风险。隐睾睾丸发生肿瘤化的风险是阴囊睾丸的9倍。与睾丸位于阴囊的犬相比，睾丸滞留的犬出现支持细胞瘤的年龄更早而且更容易诱发雄激素增多的临床症状。

隐睾通常是体格检查中的一个意外发现。出现睾丸扭转的动物会表现急腹症的临床症状。患有支持细胞瘤的犬可能会出现乳腺发育、脱毛、前列腺炎和骨髓发育不良。隐睾可以通过阴囊触诊进行诊断。此外，发生睾丸滞留的猫的阴茎倒刺也将持续存在。当动物的病史未知时，可以进行超声检查。超声对于探查滞留的睾丸非常敏感，尤其是当睾丸发生肿瘤化或位于腹股沟的时候。隐睾还可以通过给予促性腺素释放素或人绒毛膜促性腺素后出现的血液睾酮水平升高确诊。

术前管理　　　幼年动物在进行隐睾去势术前通常是健康的，并且仅需要极少的术前诊断。而患肿瘤或睾丸扭转的动物应该进行全血细胞计数、血清生化检查和尿检。据报道10%~20%患支持细胞瘤的犬会出现转移。对疑似患肿瘤的动物，腹部超声检查应对局部淋巴结、肾、肝和脾这些最常出现转移的部位进行评估。支持和间质细胞瘤可能会导致再生障碍性贫血。如果在全血细胞计数时检测有非再生性贫血，应对骨髓样本进行评估。

术前可以通过人工按压或导尿排空膀胱。由于隐睾切除术可能需要做腹部切口，腹部和腹股沟部应该预先剃毛和准备。在最后准备完成前，应用消毒溶液冲洗包皮腔。

手术　　　可以将一些滞留的睾丸推回至阴囊前的区域并通过常规去势通路切除。对于滞留于腹股沟区域的睾丸，直接从其上方或腹股沟浅环切开摘除最为容易。腹股沟浅环是腹外斜肌腱膜的一个缝隙（图11-1）。如果没有被脂肪遮挡的话，可以在最后乳头的后外侧、距离股环和耻骨肌1cm的前内侧摸到。有时，在触诊腹股沟隐睾的过程中，会意外将其地推入腹股沟管而不得不通过腹部切口摘除。如果手术过程中无法找到滞留的睾丸，可能需要同时切开腹壁和腹股沟。

对于患单侧腹腔隐睾的动物，可以通过将正常侧的睾丸朝腹股沟的方向向前推来确定患侧。对于单侧腹腔隐睾较小的犬，可以通过腹壁正中旁切口摘除。对于患双侧腹腔隐睾或单侧睾丸扭转或肿瘤的犬，可以通过包皮后腹中线切口摘除留滞的睾丸。猫腹腔内的睾丸可通过后腹中线开腹术摘除。沿着输精管或者睾丸血管的方向可以找到腹腔内隐睾的位置。输精管位于前列腺处膀胱的背侧。睾丸的血管从肾区向后延伸。

对于腹股沟有大的脂肪垫并伴有睾丸萎缩的动物，隐睾的位置可能很难确定。如果睾丸的位置不确定，那么最初皮肤切口的位置，在犬选择中线旁切口，在猫选择后部腹中线。牵拉开皮肤检查腹股沟浅环。如果没有找到睾丸，再打开腹腔。

手术技术：腹股沟隐睾切除术

1 在可以触及的腹股沟睾丸处或腹股沟环上方切开皮肤。

2 用Metzenbaum剪沿长轴方向分离皮下组织，显露滞留的睾丸（图30-1）。

3 用干纱布或Metzenbaum剪从睾丸基部将与其相连的筋膜剥离（图30-2），并将睾丸从切口牵拉出来。

4 双道结扎并横断精索（见157页）。

5 用3-0可吸收缝线间断缝合皮下组织。对于肥胖的动物，分两层缝合以闭合死腔。

6 常规缝合皮肤。

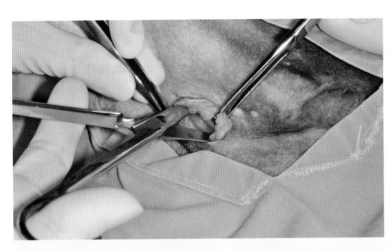

图30-1 在可以触及的腹股沟睾丸处或腹股沟环处切开皮肤，沿长轴方向分离皮下组织显露睾丸。

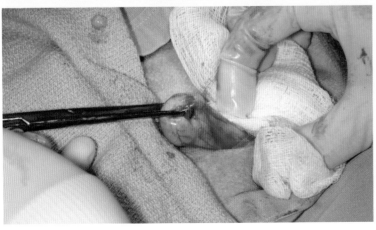

图30-2 在结扎精索前，剥离相连的筋膜并将睾丸从切口牵拉出来。

手术技术：公犬腹中线旁隐睾切除术

1 于阴茎和最后乳头旁数厘米，做一个3~5cm的纵向皮肤切口。

2 用Metzenbaum剪纵向分离皮下组织显露腹直肌鞘。如果需要，用Gelpi开张器撑开皮下组织。

3 用刀片切开腹直肌鞘。用剪刀或食指纵向分离下面的肌纤维，显露腹膜（图30-3）。

4 用镊子小心地夹起腹膜并用刀片或剪刀刺破（图30-4）。膀胱可能在切口的正下方，不小心可能被切到。

5 将体壁牵开显露输精管。如果看不到输精管，将腹腔内脏向中间推。输精管和睾丸血管可能位于后腹部的背外侧。

6 抓住输精管并将其牵拉出切口外以显露睾丸（图30-5）。如果看不到睾丸，沿输精管向尾侧探查，确定睾丸是否已进入腹股沟管。扩大腹股沟浅环上方的皮肤和皮下组织切口使显露更加充分。

7 断开残留的阴囊韧带（图30-6），然后将睾丸血管和输精管一同结扎并剪断（图30-7）。

8 用2-0或3-0可吸收线简单连续缝合外侧腹直肌鞘（图30-8）。常规缝合皮下组织和皮肤。

图30-3　腹中线旁切口。切开腹直肌鞘膜并用剪刀纵向分离肌纤维。

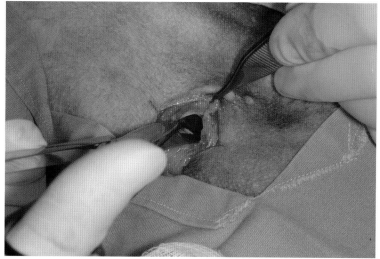

图30-4　切开下面的腹膜并将其扩大以显露输精管、睾丸血管或睾丸。

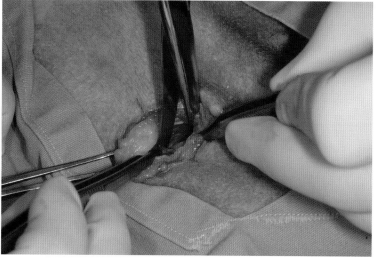

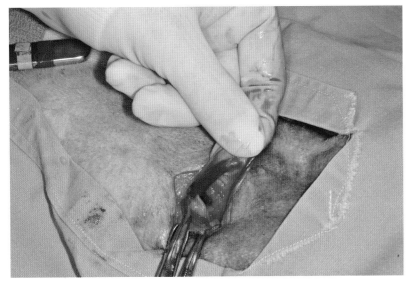

图30-5　将输精管和睾丸血管轻柔地从腹腔牵拉
　　　　出，显露睾丸。

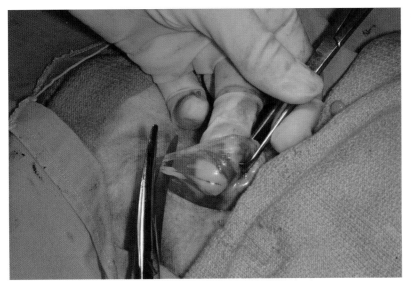

图30-6　切断或撕断阴囊韧带。

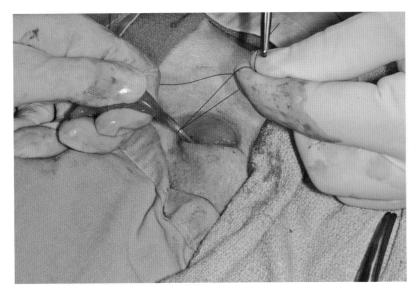

图30-7　结扎并剪断血管和输精管，摘除睾丸。

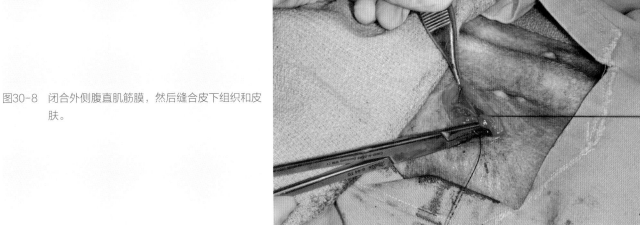

图30-8 闭合外侧腹直肌筋膜，然后缝合皮下组织和皮肤。

术后注意事项　术后将睾丸送交病理学评估。给1~3d的镇痛药。术部常常出现肿胀，尤其那些活泼并做过中线旁切开术的犬。闭合死腔可以防止血清肿的形成。

隐睾切除术后严重的并发症极为罕见。医源性尿道损伤见于使用绝育钩对睾丸进行盲目探查时。前列腺也会被误认为留滞的睾丸而被切除，导致尿道不慎被切断。在雄激素增多的动物，去势后临床症状常常会消退。对于一些动物，骨髓发育不良是不可逆的，并可导致动物的死亡。

参考文献　Birchard SJ and Nappier M. Cryptorchidism. Compend Contin Educ 2008;30:325-336.

Hecht S et al. Ultrasound diagnosis: intra-abdominal torsion of a non-neoplastic testicle in a cryptorchid dog. Vet Radiol Ultrasound 2004;45:58-61.

Romagnoli SE. Canine cryptorchidism. Vet Clin N Am Small Anim Pract 1991;21:533-544.

Schulz KS et al. Inadvertent prostatectomy as a complication of cryptorchidectomy in four dogs. J Am Anim Hosp Assoc 1996;32:211-214.

Yates D et al. Incidence of cryptorchidism in dogs and cats. Vet Rec 2003;152:502-504.

31 前列腺活组织检查
Prostatic Biopsy

前列腺疾病常见于年龄大于10岁的未去势犬。一些犬当前列腺相对较小的时候并不表现症状。前列腺增大后，可能会压迫结肠或尿道，导致里急后重或痛性尿淋漓。前列腺严重增大的动物可能因邻近的淋巴管或血管压迫而导致后肢水肿。伴有炎症、感染或肿瘤的犬可能会表现出血尿、疼痛或全身性疾病的症状。

术前管理

对于患前列腺疾病的动物，初期检查应包括全血细胞计数、生化检查、尿液分析和培养及直肠指检。直肠检查时，良性的前列腺增生坚实、对称和无痛。患急性细菌性前列腺炎的前列腺增大、坚实、疼痛。但伴有慢性感染的情况下，前列腺可能变小、坚硬并且无痛。前列腺脓肿和囊肿常表现为不对称性增大且触诊坚实或有波动感。患前列腺脓肿的犬在直肠指检时常表现疼痛。

超声有助于检查前列腺的大小和性质。它常常用于辅助经皮抽吸和穿刺（如：tru-cut）活组织检查。然而，50%~70%的病例在抽吸和穿刺活检不能提供充足的样本。前列腺疾病可能需要切开活检才能确诊，尤其是对那些因为其他原因而进行开腹手术的犬。

术前，患全身性疾病的犬应该状态稳定。腹部从剑状软骨至阴囊前缘剃毛和准备。未去势犬还应该准备去势术。如果进行阴囊切除去势术，剃毛范围还要包括阴囊。应在最后一次刷洗前用消毒溶液冲洗包皮腔。

手术

前列腺手术的通路为后腹中线切口（第52页）。分离皮下组织时需将阴部外血管的分支结扎。由腹中线切开腹壁。靠近耻骨的位置看不见此线条。可以通过将膀胱向头侧牵拉显露前列腺（图31-1），用湿剖腹手术垫隔离。为进一步显露，可以在膀胱或前列腺上留置牵引线并向头侧牵拉。或将彭氏引流管环绕前列腺和尿道放置并向头侧牵拉。过度的牵拉可能损伤支配膀胱的神经。

插入导尿管以便在活检时可以辨认尿道。下腹部和盆神经与前列腺背侧和背外侧的大血管分支联系紧密。如果可能的话，前列腺的操作和活检应局限于腺体的腹侧一半，以避免尿失禁。对于伴有全身性疾病的犬，应从腺体的腹外侧表面活检以避免损伤尿道，因为尿道正好从前列腺的正中线偏背侧通过（图31-2）。切开时，被膜下血管及前列腺实质出血较多。将创缘对合后出血通常会减缓，但在一些犬可能需要使用双极电灼术止血。

由于睾酮会使很多前列腺疾病恶化，未去势的公犬应在活检时去势。去势术应在腹部切口闭合后通过阴囊前切口或阴囊切除法完成。

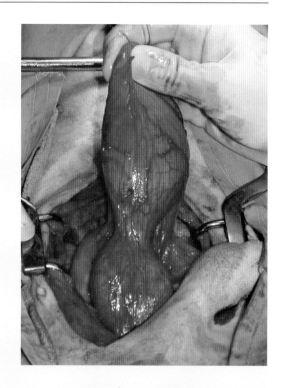

图31-1　将膀胱向头侧牵拉，显露前列腺。

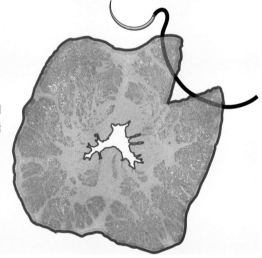

图31-2　在正常犬，尿道从前列腺中心的背侧穿过前列
　　　　腺。在前列腺腹外侧面进行楔形活检，并间断缝
　　　　合创缘，缝合应包括被膜和实质。

手术技术：前列腺活检

1 用Metzenbaum剪将前列腺周围的脂肪从活检部位分离开。

　a. 用镊子夹住脂肪并将剪刀尖从脂肪基部与前列腺相连的部位插入。

　b. 轻柔地撑开剪刀尖以显露下方的前列腺被膜。

　c. 如果需要，锐性分离附着在前列腺腹外侧表面的无血管组织。不要分离附着在背侧的任何组织。

2 用11号或15号刀片在前列腺上做一个椭圆形切口（图31-3）。切口应包括被膜和实质。

　a. 对于局限性疾病，选择一个远离尿道和神经的位置。

　b. 对于弥散性疾病，切开前列腺的腹外侧表面。

　c. 根据前列腺的大小，做一个长1~2cm、深0.5~1cm的切口。

   d. 切开时，刀片向内成角切开。

3 可以用手术刀片撬起组织或用镊子夹起被膜来轻柔地移除组织。

4 用手指压迫促进止血。

5 用3-0单股可吸收线做1~2个十字或褥式缝合。

   a. 如果被膜较薄，缝合应包括切口两侧的浅层实质。

   b. 第一次缠绕为外科缠绕，使组织紧密对合。

   c. 再做3个缠绕并将线头剪短。

6 如果持续出血，可以再追加缝合几针，或使用可吸收线将大网膜间断缝合到出血部位。

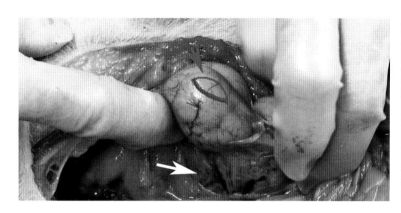

图31-3　对于泛发性疾病，在前列腺的被膜和实质上取一个椭圆形楔块（蓝箭头所示）。注意前列腺背侧的神经血管蒂（白箭头所示）。

术后注意事项　　　前列腺活检样本应做细菌培养和组织学检查。如果在活检过程中发现脓性物质或空腔，可能需要采取网膜化（见第32章）。并发症（比如：术后出血和尿道瘘）比较罕见。如果担心出血，术后可以监测红细胞压积。如果发展为严重贫血，应检查动物是否存在凝血病并输血。保守治疗对于多数出血有效。如果在前列腺活检时意外地切到尿道，可以尝试一次性闭合；或者，可以对合断裂部位的前列腺实质。导尿管放置5~7d，直至损伤的尿道黏膜完全愈合。

参考文献

Barsanti JA et al. Evaluation of diagnostic techniques for canine prostatic diseases. J Am Vet Med Assoc 1980;177:160-163.

Freitag T et al. Surgical management of common canine prostatic conditions. Compend Contin Educ Pract Vet 2007;29:656-672.

Powe JR et al. Evaluation of the cytologic diagnosis of canine prostatic disorders. Vet Clin Path 2004;33:150-154.

32 前列腺网膜遮盖术
Prostatic Omentalization

与前列腺有关的液性包囊有几种类型。实质性的"潴留"囊肿是由前列腺管的阻塞所致，在前列腺实质内形成一个融合的、充满液体的、可能与尿道相通的腔。前列腺旁囊肿被认为是退化的米勒管（前列腺囊）。这些囊肿附着于前列腺但与尿道并不相通。血源性细菌或感染侵入前列腺囊肿后可能会导致前列腺脓肿（图32-1）。

患前列腺囊肿的犬通常为中型至大型犬。临床症状可能包括痛性尿淋漓、血尿、排尿困难、里急后重和尿失禁。伴有脓肿的犬同时还表现出全身性疾病症状，包括嗜睡、发热、腹部疼痛和厌食，并且可能出现后肢僵硬和水肿。如果脓肿破裂，可能出现腹膜炎、休克和死亡。

对前列腺囊肿和脓肿的诊断最初是基于直肠检查和超声检查的结果。直肠指检时，前列腺不对称性增大并且患犬有疼痛表现，尤其是存在脓肿的时候。超声检查时，囊肿常表现为无回声、界限清晰的腔性病变。可能需要进行逆行性尿道造影对X线片中的膀胱和囊肿结构进行区分。

对于囊肿或脓肿较小或者临床症状轻微的犬，在施行去势、麻醉状态下超声引导经皮引流以及长期使用抗生素（至少6周）可能有效。65%的犬需要进行多次引流，90%~100%的患犬在经过1~4次的治疗后彻底痊愈。呈现中度或重度临床症状、腹膜炎或者囊肿或脓肿较大的犬需要进行手术治疗。前列腺网膜化能有效地治疗前列腺囊肿或脓肿，且并发症很少。来自网膜的血液循环可以将抗生素、白细胞和血管生成因子运送至患处，并且可提供生理性引流。由于术中已经对脓肿进行过抽吸和冲洗，因此，网膜遮盖术不会导致败血症或腹膜炎的风险增大。

术前管理

患前列腺脓肿的犬容易出现低血糖、氮质血症、白细胞增多、脓尿和细菌尿。对于这些动物，术前需要进行输液和抗生素治疗。需要对导尿获得的尿液样本进行培养。为减少破裂的危险，较大的前列腺囊肿和脓肿通常直到手术时才对其进行培养。前列腺脓肿培养中最常见的细菌为大肠杆菌。也有葡萄球菌、链球菌、克雷伯菌、变形杆菌、假单胞菌、支原体和布氏杆菌感染的报道。最初应选择可以有效对抗这些微生物的抗生素，直到获得尿液和组织培养的结果。腹部剃毛应从脐孔到耻骨，未去势的公犬还应包括阴囊区域。包皮应用消毒溶液冲洗。

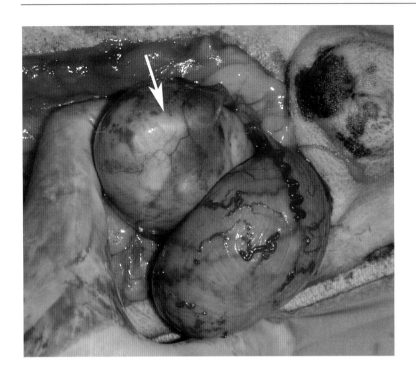

图32-1 与膀胱相邻的前列腺脓肿（箭头所示）。

手术

如果怀疑有脓肿，应将无菌器械置于一旁以留作关腹之用。通常要将包皮置于术野中以便术中放置导尿管。由后部腹中线开腹（第56页）显露前列腺并用湿剖腹手术垫隔离。如果需要，在显露膀胱后可以通过膀胱穿刺采集尿样。应从囊肿或脓肿的腹侧或腹外侧打开囊壁，以避免损伤支配膀胱和尿道的神经。在排空囊腔或脓腔之后，采样进行活组织检查和培养并对空腔进行网膜遮盖。多数犬的网膜可以很容易到达囊腔。有时需要通过用电烙、结扎并剪断来切断背侧网膜使网膜瓣延长。如果存在腹膜炎，可能需要采用持续抽吸引流法（见第86~88页）。如果犬未去势，应在手术最后进行去势。

手术方法：前列腺网膜化

1 在膀胱或囊肿的纤维包囊上设置牵引线并向头侧牵引，显露前列腺。

2 为便于识别尿道放置一根导尿管。

3 用刀片或止血钳刺穿囊肿或脓肿壁的腹外侧壁（远离尿道）。将内容物吸出（图32-2）。

4 用手指将腔内的每个间隔打开，然后抽吸并用灭菌生理盐水冲洗囊腔。

5 从创缘切除一部分囊壁做培养和组织学检查。对于较大的囊肿，切除一半的囊肿壁。

6 将网膜的游离缘填入抽空的囊腔中，用它将整个空腔填满。

    a. 如果腔大，可以将Carmalt钳从囊壁的一侧穿入并从切口穿出。用钳尖夹住网膜并将其牵引入囊腔，最后一起从囊壁的另一侧穿出（图32-3）。

    b. 如果囊腔是双侧的，从两侧囊腔填入网膜，注意不要360°环绕尿道。

7 使用单股可吸收线做2~4个简单间断缝合，将大网膜固定在前列腺创缘或钳穿透处（图32-4和图32-5）。

8 更换手套和器械，然后进行腹腔冲洗并关腹。

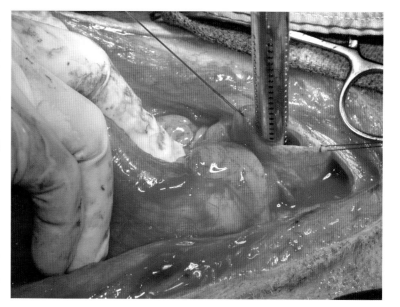

图32-2　插入导尿管后，切开囊壁并吸出内容物。在囊壁设置牵引线便于操作。

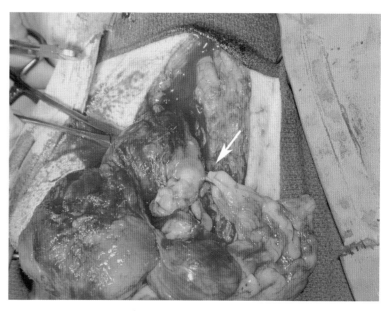

图32-3　将Carmalt 钳贯穿囊肿或脓肿，用钳尖（箭头所示）夹住网膜并将其牵引入囊腔，最后从囊壁的另一侧穿出。

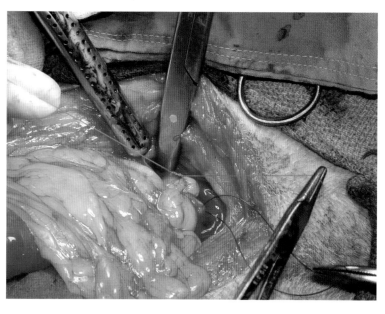

图32-4　将网膜与前列腺外表面做简单间断缝合固定。

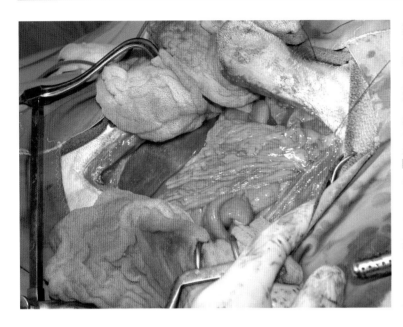

图32-5 术后效果。

术后注意事项　　对进行脓肿网膜化的犬，持续使用抗生素至少1周。在抗生素治疗结束后，需重新对尿液进行培养。术后发生急性并发症包括呕吐或尿潴留的犬占7%。发生败血症或腹膜炎的犬可能死亡。据报道，20%的犬在前列腺网膜化后出现短暂性尿失禁。尿失禁可能继发于术中过度分离或牵拉所致的神经损伤。对于前列腺持续增大的犬，应检查是否存在膀胱炎和尿道梗阻。苯丙醇胺对于尿失禁有效，症状通常在8周之内消退。

参考文献　　Boland LE et al. Ultrasound-guided percutaneous drainage as the primary treatment for prostatic abscesses and cysts in dogs. J Am Anim Hosp Assoc 2003;39:151-159.

Bray JP et al. Partial resection and omentalization: a new technique for management of prostatic retention cysts in dogs. Vet Surg 1997;26:202-209.

Freitag T et al. Surgical management of common canine prostatic conditions. Compendium Contin Educ 2007;29:656-673.

White RAS et al. Intracapsular prostatic omentalization: a new technique for management of prostatic abscesses in dogs. Vet Surg 1995;24:390-395.

33 卵巢子宫切除术
Ovariohysterectomy

选择性卵巢子宫切除术（"阉割"）常常用于防止发情和不希望的妊娠。其他好处包括防止发生子宫蓄脓和卵巢或子宫的肿瘤。动物在较小的时候做绝育可以极大地降低乳腺肿瘤的发病率。在第一次和第二次发情之前被绝育，犬患乳腺肿瘤的风险分别为0.5%和8%。在此之后无论犬是否绝育风险为26%。对于猫，在6个月、12个月和24个月之前绝育可以使乳腺肿瘤的患病风险分别降低91%、86%和11%。对2岁之后的猫和2.5岁之后的犬实施绝育，对乳腺肿瘤的发生没有预防作用。

卵巢子宫切除术可以治疗子宫蓄脓、难产、子宫或卵巢癌以及阴道增生或脱出。对有先天性凝血异常的犬，卵巢子宫切除术可以防止在发情期出现危及生命的出血。卵巢子宫切除术还可以消除干扰糖尿病和癫痫药物治疗的激素变化。

卵巢切除的不良影响包括：肥胖、尿失禁和外生殖器发育不良。绝育犬发生尿失禁的概率比未绝育犬高8倍。由于外阴发育过程中需要卵巢激素，因此，幼犬在绝育后可能仍保留幼年时的阴门。受到影响的犬易患阴道炎、皮炎和尿潴留。卵巢子宫切除术还与移行细胞癌、骨肉瘤和血管肉瘤的发病风险增高有关。

尤其是腹腔镜的使用，使不切除子宫的卵巢切除术越来越常见。仅切除卵巢不会增加患子宫积脓的风险，因为子宫内膜炎、子宫积脓或残端蓄脓都需要内源性或外源性孕激素。由于切口更小而且对组织的操作也更少，卵巢切除术可能比卵巢子宫切除术的损伤更小。与子宫卵巢切除术相比，唯一的风险是子宫肿瘤的发病率升高。犬子宫肿瘤的发病率较低（0.03%），而且90%的肿瘤为良性子宫肌瘤。

术前管理

对健康年轻动物，应检测红细胞压积和总蛋白。玩具犬和任何有低血糖倾向的犬应检测血糖。其他诊断应根据不同情况的品种倾向和动物的年龄及健康状况。

对于凝血异常的犬，如冯·维勒布兰德氏病（von Willebrand's Disease，遗传性假血友病），术前可能需要输注新鲜冰冻血浆或冷沉淀。在这些动物应避免肌内注射。

术前，对未妊娠动物进行人工按压膀胱排尿，以便于定位子宫。腹部从剑突到耻骨剃毛准备，隔离后的术野应宽一些，以便于卵巢蒂或子宫回缩找不到的时候可以分别向头侧或尾侧扩大切口。对于凝血异常的犬，应避免用帕巾钳穿透皮肤。

卵巢切除术和卵巢子宫切除术通常在乏情期进行，因为在雌激素的影响下生殖器官和乳腺组织有更多的血管供应。此外，发情期的子宫更易碎，钳夹时可能被撕裂。对于凝血异常的动物，应直接从腹中线开腹，必须仔细地进行皮下止血以减少术后出血的风险。对于这些动物应结扎悬吊韧带和阔韧带，术后腹部进行绷带包扎。

在进行选择性卵巢子宫切除术时，可以用食指或绝育钩定位子宫并将其牵拉出来。应小心地插入并回拉绝育钩，防止不慎损伤脾脏或肠系膜血管。绝育钩禁用于子宫蓄脓、凝血异常、妊娠或易碎的子宫。如果不能很容易地找到子宫或卵巢，应扩大切口并检查膀胱背侧及肾后区域。

撕断悬吊韧带常常是卵巢子宫切除术中最可怕的部分。悬吊韧带从卵巢的头极延伸至肾脏后极或肾脏背侧的体壁。卵巢血管由背正中线水平延伸至卵巢。从最靠近头侧的位置撕断悬吊韧带更不容易损伤卵巢血管。撕断悬吊韧带后，如果过于用力牵拉卵巢，其血管可能被撕裂。最终目的是将卵巢从腹腔内充分提起以显露蒂部。在一些动物，尤其是猫，或者妊娠或发情的动物，只需要拉伸悬吊韧带即可。

三钳法常用于结扎卵巢蒂。如果可能的话，将所有止血钳都放置于卵巢和主动脉之间的血管蒂上。在最靠近卵巢的两把止血钳之间横断，如果蒂较短，则穿过蒂部在卵巢下方放置两把钳，另一把钳穿过并夹住子宫角和子宫动静脉。这种情况下，从卵巢和第二把钳之间横断卵巢蒂。较大的止血钳在合上的时候会在靠近铰链位置残留一道缝隙，因此，应该用止血钳尖夹持卵巢蒂。

小的卵巢蒂可以在结扎前横断。大的卵巢蒂应先结扎以防止操作时不慎将其撕裂。卵巢蒂应使用可吸收线结扎，根据蒂的大小选择3-0至0号线结扎。结扎时可以用手或器械打结。器械打结时使用的缝线较少，而徒手打结对结的感觉更为准确。如果蒂部较宽，第一道结扎应打外科结。在有张力的情况下结扎，外科结的安全性更好。如果医生打结时有提拉缝线的倾向，也有必要打外科结。为正确扎紧，结扎线应尽可能远离止血钳放置。

沿一侧子宫角向子宫分叉处探查可以找到对侧子宫角。如果找到了另一侧子宫角，但未显露子宫分叉，此时子宫角可能终止于结肠或尿道的对侧，从而导致意外环绕并压迫这些器官。

将卵巢蒂结扎后，撕断阔韧带使子宫显露在外。对于患凝血病的动物应结扎阔韧带。一旦子宫圆韧带被剪断，子宫体就可以被牵拉出腹腔之外。如果子宫体很难暴露，应向头侧牵拉子宫角然后将其牵引出腹腔。如果仍不能看到子宫体，应向尾侧扩大切口。一些兽医在结扎时采用三钳法钳夹子宫体。如果子宫是健康的，钳夹是没有必要的。结扎子宫的方法取决于子宫的粗细。细的子宫可以做两道环绕结扎。粗的子宫做两道环绕-贯穿结扎。通常使用单股合成可吸收线结扎。缝线的型号取决于子宫直径，最常用的是3-0或2-0缝线。

贯穿-环绕结扎用于较厚较宽的子宫体和卵巢蒂。缝针或缝线由组织中间（针尖向前或线尾向后）穿过，环绕组织做2道缠绕。然后将缝线环绕过整个组织再做4道缠绕。贯穿-环绕结扎不容易将结扎线从组织上拉脱。结扎时潜在的并发症可能包括组织撕裂或不慎穿透血管。

如果卵巢或子宫血管在术中松脱、撕裂或结扎不确实，可能导致严重的出血。出血可以通过按压蒂部得到暂时的控制，直到找到血管。子宫残端可以通过向后扩大腹部切口并将膀胱牵拉出腹腔而显露。卵巢蒂可以通过向头侧扩大切口并将肠系膜和内脏往后牵拉而显露。寻找左侧卵巢蒂时可以将肠管向右侧结肠系膜后牵拉。寻找右侧卵巢蒂时，将肠管向左侧十二直肠系膜后牵拉。Balfour开张器有助于组织的显露。通常从肾后侧的子宫角处牵拉出卵巢蒂。为防止伤及输尿管，在钳夹血管之前应先用镊子将其提起。

犬卵巢子宫切除术在成年犬，卵巢可能很难被探及和牵拉。因此，腹部切口应从脐孔开始延伸至脐孔与耻骨间距离的前1/3处。在幼犬，切口应位于中1/3的位置，因为此时卵巢更靠近尾侧（见第147页）。腹中线表面覆盖有皮下脂肪组织，使其不易于辨认。用推-剪的方法将脂肪从其附着的基部分离（见第56~57页）。打开腹腔后，用手指或绝育钩寻找子宫角。如果使用绝育钩寻找子宫角，绝育钩应从成年犬腹部切口的尾侧进入腹腔，以避免不慎钩到卵巢。小到中型的蒂部通常需要两道环绕结扎。大的蒂部可能需要再加一道贯穿-环绕结扎。在卵巢和子宫切除后，检查腹腔有无大量出血。皮下出血通常会蓄积在肠管表面或脊柱旁的区域，这在那些发情、泌乳或怀孕时摘除卵巢子宫的犬尤为突出。

手术方法：犬卵巢子宫切除术

1 沿腹中线开腹（见第9章）。

2 用绝育钩定位左侧子宫角。

   a. 手握器械使其可以朝向头侧或尾侧。

   b. 将绝育钩由切口尾侧伸入腹腔，并紧贴左腹外侧腹膜表面（图33-1）。

   c. 将绝育钩向尾侧旋转30°~40°。

   d. 将器械沿左侧体壁外侧和背侧滑动直到感觉有来自腹中线结肠或脊柱方向的阻力。

   e. 转动绝育钩使其朝向腹中线，并与腹壁垂直。

   f. 慢慢提起绝育钩并向腹外牵拉。在提起的过程中如有任何阻力应停止牵拉（可能钩到脾、卵巢或结肠）。

   g. 轻柔地将钩到的网膜除去。

   h. 检查钩上剩余的组织（图33-2）。如果是脂肪，可能是阔韧带。此时，沿着组织的内侧面向中线寻找与其相连的子宫角。

3 提起子宫角显露固有韧带。固有韧带是一条白色的带状组织，由卵巢延伸到子宫角。

4 用一把止血钳的钳尖夹住固有韧带（图33-3）。

5 向后和向上牵拉夹住固有韧带的止血钳以显露卵巢。如果看不到卵巢或者卵巢蒂很短，需撕断悬吊韧带。

图33-1　在犬，将绝育钩由切口尾侧伸入腹腔，使钩尖朝向头侧。倾斜绝育钩使其朝向尾侧和外侧，并沿体侧壁向犬背侧滑动。

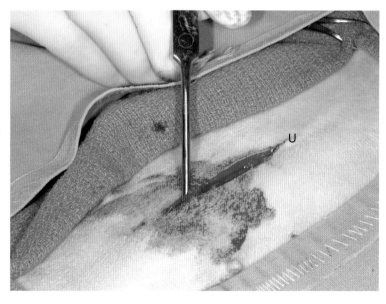

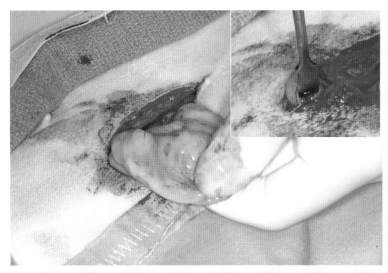

图33-2 将绝育钩越过中线并上提以显露阔韧带（插图）。抓住阔韧带并沿着它的内侧面向背侧寻找子宫体。

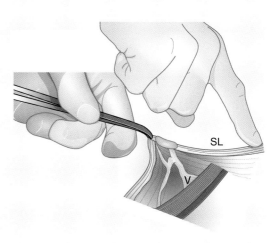

图33-3 撕断悬吊韧带（SL）时手的姿势。止血钳夹在固有韧带上。血管（V）位于韧带的后侧和内侧。

    a. 将夹有固有韧带的钳向后牵拉。

    b. 将食指从腹部切口伸入，并尽可能触摸悬吊韧带的最头端（图33-3和图33-4）。

    c. 在向后轻轻牵拉止血钳的同时，向背侧和中线方向拨弄韧带的头侧端（图33-4）。

    d. 另一种方法是用拇指和食指抓住悬吊韧带的头侧端，绕拇指向中线方向转动食指。这样会使韧带向内扭转，在它横过食指的时候将其拉长。

    e. 如果不能很容易地撕断悬吊韧带或者卵巢蒂很脆，需向头侧扩大腹部切口。

6 一旦卵巢被拉出切口之外，在血管尾侧的阔韧带上做一个开口。

    a. 用Kelly或Carmal.钳在卵巢蒂尾侧的阔韧带上穿孔。

      i. 许多蒂部有多个扭曲的血管，确保在所有卵巢血管的尾侧穿孔。

      ii. 确保从卵巢与子宫血管吻合支的背侧（下方）穿孔。

      iii. 在许多犬，卵巢血管的尾侧面有一个半透明区域，这是理想的阔韧带穿孔位置。

    b. 平行于卵巢血管张开止血钳以减少撕裂血管的风险（图33-5）。

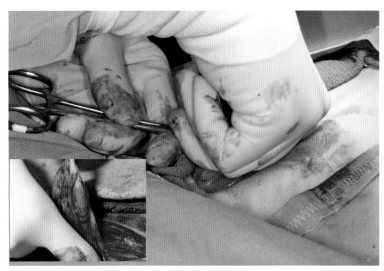

图33-4 用止血钳夹住固有韧带并向尾侧牵拉，同时拉长或用食指从悬吊韧带的最头侧撕断韧带。向尾侧和中间按压将韧带拉长（插图）。

图33-5　平行于卵巢血管的方向张开钳，在阔韧带上做一个开口。

7 三钳法在卵巢下方尽可能远的位置夹住卵巢蒂。

　　a. 手持Kelly或Carmal. 钳使钳尖向上并朝向自己。用钳尖夹住蒂部。

　　b. 在第一把钳下放置第二把钳。为防止卵巢滑落腹腔，在放置第二把钳时钳尖向上并朝向远离自己的方向（两把钳指向相反的方向）。这样可以保证在进行第一道结扎时卵巢蒂始终保持在腹壁之外。

　　　　i. 如果在没有助手的情况下放置最下面的止血钳，需要用无名指和小指将第一把止血钳握在手中（图33-6）。

　　　　ii. 用无名指和小指将钳抬起。同时用拇指和食指或中指下压腹壁。这样有助于显露更多的卵巢蒂。

　　　　iii. 在第一把钳下方向按相反的方向放置第二把钳。确保皮肤和皮下组织没有被止血钳夹住。

　　c. 在卵巢蒂或子宫角及其相关血管上放置第三把钳。

8 结扎卵巢蒂（图33-7）。

　　a. 在尽可能远离最下面止血钳的位置做一道环绕结扎。如果需要，在收紧第一道结时松开最下面的止血钳。如果没有助手的话这可能很难做到。

　　b. 在最下面钳夹过的位置做第二道结扎。

　　　　i. 如果蒂较大，做贯穿-环绕结扎。

　　　　ii. 如果蒂较小，做环绕结扎。

9 横断卵巢。

　　a. 在剩余的两把钳之间横断卵巢，一把钳留置在蒂部，另一把钳用来防止卵巢和子宫角出血。

　　b. 用剪刀剪断蒂部，使钳的上方残留少量的组织，便于夹持蒂部。

　　c. 不要残留任何卵巢组织。

10 在靠近钳夹的位置用镊子夹住剩余蒂部的边缘。不要提起镊子，否则组织会被撕裂。

11 松开止血钳并检查蒂部残端有无出血。将其还纳入腹腔。

12 沿子宫角找到对侧子宫和卵巢（图33-8）。

　　a. 如果看不到分叉处，用手指抓住子宫体而不包括阔韧带。轻柔并持续地向头侧、上方以及尾侧牵拉子宫角以显露分叉处。

　　b. 或者，如果看不到分叉处，向尾侧扩大切口。

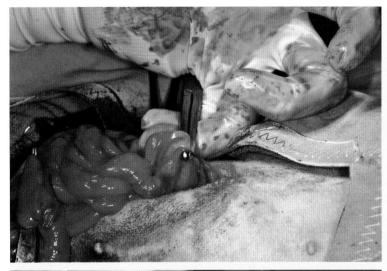

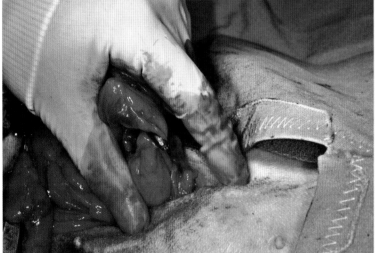

图33-6 为显露更多的蒂部，用无名指和小指提钳（上图），并用拇指和食指下压腹壁（下图）。这样有助于在第一把钳的下方放置第二把。

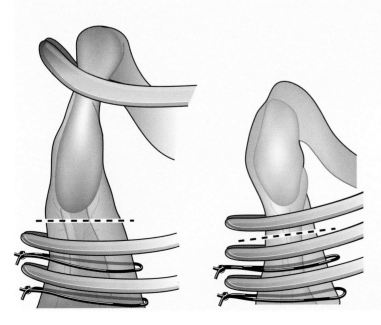

图33-7 三钳法钳夹卵巢蒂；如果蒂部较短（左图所示），在卵巢下方放置两把，卵巢上方放置一把止血钳。在最下面两把钳下和两钳之间结扎。

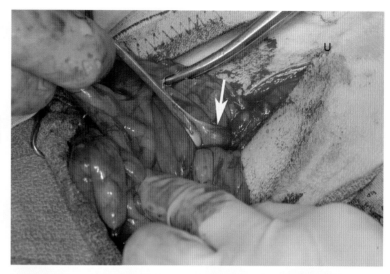

图33-8　向前（头侧）、向上、向后（尾侧）牵拉子宫角，显露子宫分叉处和另一侧子宫角（箭头）。U：脐孔。

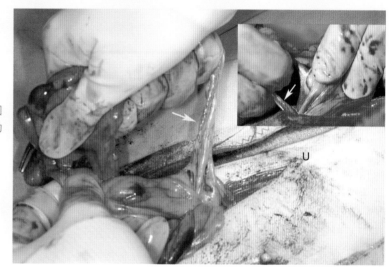

图33-9　一只手保护子宫血管和子宫，另一只手抓住圆韧带（箭头所示）并从后腹部向前拉。在小动物，用拇指和食指抓持圆韧带（插图）。U：脐孔。

13 撕断悬吊韧带并如前所述结扎第二个卵巢蒂。

14 将子宫体轻柔地牵拉出腹腔显露分叉处，展开阔韧带辨认与子宫体伴行的子宫动脉和静脉。

15 撕断阔韧带和圆韧带（图33-9）。

    a. 左手小指向下拇指向上并朝向自己。

    b. 用这只手环绕一侧阔韧带和子宫体。

    c. 右手展开剩下的阔韧带使子宫动静脉和圆韧带显露清楚。

    d. 先用左手握持子宫，用左手拇指和中指保护剩下的阔韧带上的子宫血管不受损伤（图33-9小图）。尽可能确保靠近子宫体远端的血管不受损伤。

    e. 用止血钳或右手的拇指和食指沿着与血管平行的方向及子宫圆韧带的内侧在剩下的阔韧带上做一个开口。

    f. 用右手抓住剩下的阔韧带及其相连的圆韧带。确保右手小指向下拇指向上。

g. 腕关节弯曲，右手朝子宫体旋转拉紧并撕断阔韧带和圆韧带，移出腹腔。

 i. 应从右手小指外侧和靠近腹股沟环的位置撕断韧带。

 ii. 如果韧带被拉长则可能需要用右手向韧带下方重新抓持。

h. 在对侧重复以上操作，交换手的位置。

16 在子宫颈的上方和分叉处的下方结扎子宫体（图33-10）。结扎应包括子宫动脉。

a. 较小的子宫体做两道环绕结扎。

b. 对于较大的子宫体，靠近子宫颈做一道环绕结扎并距离子宫颈稍远处再做一至两道贯穿环绕结扎。做子宫的贯穿−环绕结扎

需要：

 i. 用针穿过子宫体横向宽度的1/3。

 ii. 用2个单次缠绕结扎环绕的组织和子宫血管。

 iii. 将缝线环绕剩余的子宫体和血管。

 iv. 用两个结结扎整个子宫体和子宫血管，第一次用打外科缠绕。

17 钳夹并横断子宫体。

a. 在分叉处和结扎线之间钳夹子宫体。

b. 用镊子轻柔地夹住结扎线上方的子宫体中间部位（结扎线和止血钳之间）。

c. 用Mayo剪从止血钳和镊子之间横断子宫体。

d. 检查子宫残端有无出血并将其还纳腹腔。

18 常规关腹前，检查有无出血。

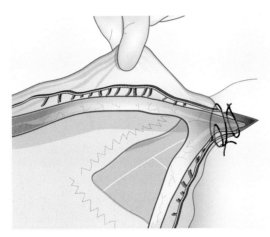

图33-10　用缝线环绕和贯穿−环绕结扎子宫和子宫动脉和静脉。

猫卵巢子宫切除术

  猫绝育可以使用腹中线或胁腹部通路。两种方法的手术时间和并发症的发病率相似，不同的是，胁腹部手术后猫更容易出现伤口渗出。胁腹部卵巢子宫切除术被推荐用于患乳腺纤维腺瘤样增生的猫。一些兽医还喜欢对正在泌乳期的猫选择胁腹部通路，此时乳腺很难与腹中线分离开。因为乳汁是无菌的，所以有乳汁渗漏到皮下通常不会引起术后问题。

  在猫，卵巢相对比较容易被从腹腔中牵拉出来，但子宫体较难显露。因此，应从脐孔到耻骨的中1/3切开腹壁。切开皮下脂肪后很容易看到外侧直肌中线，但这条线可能会非常细。镰状韧带与腹白线内侧相连，可能会干扰视野和绝育钩的使用。可以用绝育钩或食指定位子宫。在猫，网膜比阔韧带容易被钩到，所以用绝育钩来寻找子宫可能会受挫。通常看不到猫的子宫颈，而且输尿管可能位于子宫颈周围的阔韧带里。为了防止损伤输尿管，应在靠近分叉处的子宫体结扎。

手术技术：猫卵巢子宫切除术

1 做腹中线切口。

2 用绝育钩定位左侧子宫角。

将绝育钩从切口的最前端伸进腹腔。

如在犬中所述钩出左侧子宫角。

3 用蚊氏止血钳尖夹住固有韧带。

4 将止血钳向尾侧牵拉显露卵巢。

5 如果不能从腹腔牵出卵巢，将悬吊韧带拉长。

　　a. 向尾侧牵拉止血钳，使韧带拉紧。

　　b. 将悬吊韧带拉长。通常没有必要将其撕断。

　　　i. 将食指伸入腹腔，向背侧或中间按压悬吊韧带的最头侧端。

　　　ii. 或者，通过外部按压拉伸悬吊韧带（图33-11）。把食指放在韧带上方的体壁外。一边轻柔地牵拉夹住固有韧带的止血钳，一边将悬吊韧带上方的皮肤和腹壁向下压。

6 钳夹、结扎并横断卵巢蒂。

　　a. 与犬一样使用三钳法钳夹卵巢蒂。环绕结扎，一道位于最底部止血钳的下方，另一道位于该止血钳所夹之处。在结扎前或结扎之后横断。

　　b. 或者使用双钳钳夹并横断卵巢蒂。在最底部止血钳下方做一或两道环绕结扎。

7 用止血钳在圆韧带和子宫血管之间的阔韧带上做一开口。用拇指和食指撕断子宫圆韧带（图33-12）。

8 在子宫分叉处下方0.5~1cm的位置，用两道环绕结扎或一道环绕和一道贯穿环绕结扎子宫体。横断子宫并检查有无出血。

9 常规关腹。

图33-11　在猫，通过向尾侧牵拉夹有固有韧带的止血钳，同时将拉紧的悬吊韧带上方的腹壁下压，使悬吊韧带断开或拉长。U：脐孔。

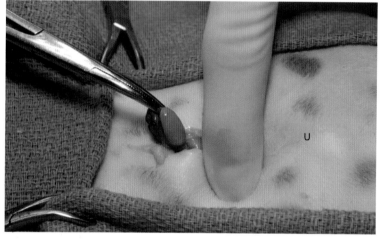

图33-12　猫的子宫圆韧带（箭头）。

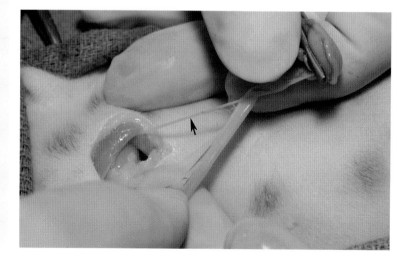

术后注意事项 卵巢子宫切除术的并发症包括：腹腔出血、血清肿、切口感染、皮肤裂开、切口疝、尿失禁和阴道出血。不常见的并发症包括：缝线肉芽肿、输尿管阴道瘘、破伤风、结肠或尿道阻塞以及因结扎或粘连导致的输尿管阻塞。如果术中不小心将输尿管结扎，应立即去除结扎线。一旦出现纤维化，需要进行输尿管切除和移位（输尿管膀胱吻合术）。如果完全闭塞4周或更久时间，则会导致永久性损伤，可能需要进行肾切除术（第39章）。

卵巢子宫切除术后常见伤口肿胀，尤其在那些比较活泼的动物。许多猫切口的下方形成一条脊状的较厚组织，看起来像疝一样。肿胀处坚实、无痛并且不可复位，但会随时间消退。术后过多的活动会导致肿胀和组织反应加重。

在结扎卵巢蒂时，可能因操作不当导致术后出血。结可能在打到一半时出现松动，这通常是因打结过程中向上牵拉线所致。如果过于靠近止血钳结扎，则很难收紧线结，导致组织结扎不确实。如果不小心将皮下组织与卵巢蒂结扎在一起，在腹直肌鞘回复的过程中可能导致卵巢蒂撕裂或者结扎线脱落。腹腔出血可以通过镇定或者腹绷带压迫缓解。如果担心术后出血，应监测动物的体温、脉搏、黏膜颜色、毛细血管再充盈时间和红细胞压积。还可以借助超声对腹腔进行检查，确定是否存在明显的出血。

术后阴道出血可能见于子宫残端感染或结扎不当。子宫壁内的大血管可能在贯穿结扎过程中不小心被穿到。出血还可能由子宫结扎过松或者勒豁组织导致。如果术后马上出现阴道出血，应将动物镇定并监测贫血。出现明显或持续出血的动物应该检查有无凝血病和感染。在极少情况下，可能需要结扎、横断并对子宫残端进行培养。

如果有卵巢残留在腹腔内，可能会出现发情症状（"卵巢残留综合征"）。最常见的是整个卵巢残留，然而残存的卵巢组织也会出现新的血液供应。可以通过检测孕酮浓度来诊断犬的卵巢残留综合征。在猫，可以在给人绒毛膜促性腺激素7d后，检测孕酮浓度。应该在动物发情的时候进行探查，此时更容易发现残留的卵巢或伴行的血管。

使用不可吸收缝线尤其是编织活性材料或尼龙结扎卵巢蒂时，可能会出现肉芽肿。临床症状包括腹痛或在胁腹部或腰下部形成窦道。肉芽肿通常需要开腹术切除。

在3%~20%的绝育母犬会出现尿失禁。特定品种的大型犬，如古老英国牧羊犬、罗威纳犬、杜宾、魏玛犬和爱尔兰猎犬发病率较高。绝育母犬发生肥胖的几率是未绝育犬的2倍。可以通过运动和控制合理的能量摄入来防止增重。

参考文献 Burrow R et al. Complications observed during and after ovariohysterectomy of 142 bitches at a veterinary teaching hospital. Vet Rec 2005;157:829-833.

Coe RJ et al. Feline ovariohysterectomy: comparison of flank and midline surgical approaches. Vet Rec 2006;159:303-313.

Goethem BV et al. Making a rational choice between ovariectomy and ovariohysterectomy in the dog: a discussion of the benefits of either technique. Vet Surg 2006;35:136-143.

Kustritz MR. Determining the optimal age for gonadectomy of dogs and cats. J Am Vet Med Assoc 2007;231:1665-1667.

Salomon JF et al. Experimental study of urodynamic changes after ovariectomy in 10 dogs. Vet Rec 2006;159:807-811.

34 剖腹产术
Cesarean Section

剖腹产术的适应证是治疗或预防难产。难产可以因母体因素，如宫缩乏力或骨盆腔狭窄，或胎儿因素，如胎儿畸形或胎位不正所致。剖腹产术在骨盆窄小的短头品种，如斗牛犬，以及有难产史的动物可能作为一项选择性操作。

术前管理

选择性剖腹产术应尽可能在足月的时候进行。妊娠期通常为63d，但也可能为57~72d不等。一个即将分娩的可靠指标是中心体温降至37.8° C以下，一般发生在分娩前的24h之内。血清孕酮水平也会在分娩前的24h内降到小于2ng/mL。家用商业试纸对孕酮检测的准确率并不是很高。

术前可以进行腹部X线或超声检查以确定胎儿的数量。B超检查，胎儿心率小于150次/min提示胎儿窘迫。通过直肠指检或阴道检查确定胎儿是否进入产道。血液学检查评价是否出现低钙血症、低血糖和毒血症。怀孕动物正常情况下红细胞压积为30%~35%，因为母体外周血容量会增多。此时如果出现正常的红细胞压积则提示存在脱水。

在诱导麻醉前，放置静脉导管并进行静脉输液。对存在毒血症、败血症或怀有死胎的动物给抗生素注射剂，如第一代头孢菌素。在无菌操作中断的情况下，可能需要在术中开始抗生素治疗。

尽量缩短麻醉时间来提高胎儿的存活率。在诱导前，对动物进行剃毛和准备。手术室应准备好相应的设备，并留有人员对胎儿进行复苏。如果可能的话，医生应在诱导之前完成刷洗并穿好手术衣。

麻醉前应使用具有可逆性的药物如阿片类和咪达唑仑。应避免使用能够迅速通过胎盘的药物，如吩噻嗪类、巴比妥类和氯胺酮。抗胆碱能药物的使用取决于母体和胎儿的体况。与格隆溴铵不同，阿托品可以通过胎盘屏障使胎儿的心率升高。在诱导前和诱导过程中用面罩给氧以防止母体和胎儿缺氧。在手术室用丙泊酚对动物进行诱导麻醉，然后插管并用氧气维持。如果可以，直至胎儿取出后再给吸入麻醉剂（如：异氟烷）。可以通过追加注射丙泊酚或者用最低量的异氟烷来维持麻醉。腹中线的利多卡因阻滞（最大量：10mg/kg SQ）可以降低术中麻醉药的用量。在铺设创巾前对动物进行最后一次手术准备。将头部一侧手术台轻微升高以减少对母犬膈的压迫。

手术

沿腹中线开腹。切口应足够长，使整个子宫体充分显露。切开腹白线时需小心防止损伤妊娠的子宫。如果施行常规剖腹产术，则从腹腔轻柔地牵拉出子宫，并在切开前用润湿的剖腹手术垫隔离。

对于难产同时进行卵巢子宫切除术的动物，可将子宫整个切除。将子宫和卵巢从腹腔取出后，断开阔韧带。卵巢蒂和子宫体用双钳或三钳钳夹，确保胎儿位于夹子宫体的止血钳的头侧。在30~60s内将卵巢蒂和子宫横断。立即将子宫交于辅助人员，打开子宫取出胎儿。接下来按卵巢子宫切除术完成剩下的部分（见第33章）。胎儿的存活率在整体切除和剖腹产基本相同。

取出胎儿后，清洁、弄干胎儿并快速地擦拭以刺激呼吸。如有必要，可将羊水从鼻孔和鼻咽部吸出。如果没有自主呼吸，应用面罩或插入导管给予氧气。可以通过在舌下滴一滴纳洛酮来拮抗阿片类药物。苏醒后可能需要再滴一次。多沙普仑（滴一滴于舌下）在呼吸暂停的胎儿可以刺激呼吸，但在已有呼吸的胎儿并不能改善其氧合状态。应在距离体壁数厘米处将脐带结扎、横断并消毒。如果脐带足够长，其中的脐静脉可以用来做静脉注射。在将胎儿放入32℃保育箱或温暖的容器前应检查有无先天性畸形。

手术技术：剖腹产术

1 沿腹中线开腹。轻柔地将子宫从腹腔内牵拉出（图34-1）并用润湿的剖腹手术垫隔离。

2 用镊子或拇指和其他手指绷紧子宫壁，沿子宫壁正中线局部切开子宫。

3 用Metzenbaum剪小心地扩开切口，以便轻松地取出胎儿。

4 从切口取出胎儿（图34-2）。用手指或剪刀将其口鼻部的羊膜撕破，并用止血钳在距离胎儿体壁至少3cm处夹住脐带（图34-3）。无菌地将每个胎儿递呈给辅助人员。

5 通过轻柔地牵拉，尽可能地移除胎盘。如果胎盘不能很快很容易地从子宫壁上脱落，将其留在原位并继续牵拉下一个胎儿。

6 用非惯用手将胎儿从子宫角挤出，并从子宫切口牵拉出来（图34-5）。

7 触摸子宫确定所有胎儿都已取出。

8 使用3-0合成单股快吸收线，通过一层或两层连续对接或内翻缝合闭合子宫切口（图34-6）。缝线没必要穿透黏膜层。

9 缝合子宫后，冲洗腹腔清除污染物。

10 用单股可吸收线连续缝合腹壁肌肉。

11 用3-0快吸收线皮内缝合皮肤。

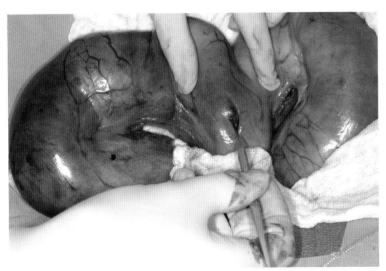

图34-1 从腹腔取出子宫，确保子宫体和子宫角都充分显露出来。

图34-2 从子宫体中线切口取出胎儿，并撕破胎儿口鼻部的羊膜（小图）。

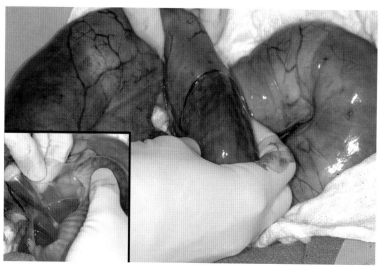

图34-3 在距离胎儿体壁至少3cm处钳夹脐带。

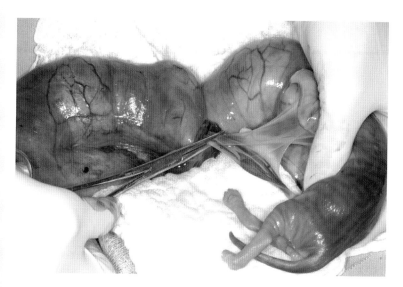

图34-4 在每个胎儿被取出后将胎盘轻轻地从子宫内移除。

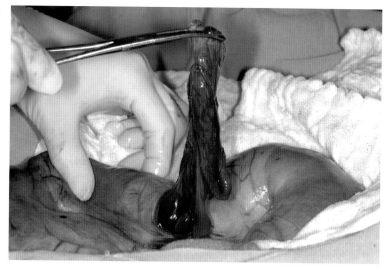

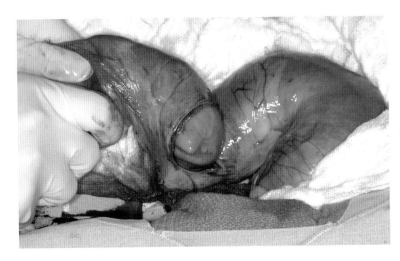

图34-5 将胎儿依次从子宫角中挤出切口外。

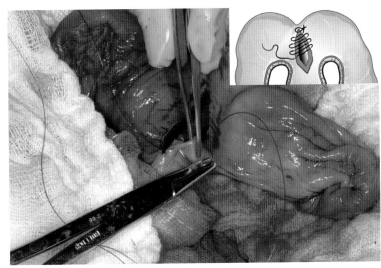

图34-6 连续穿透部分全层缝合子宫壁（小图）。

术后注意事项　清洁腹壁皮肤，去除消毒剂和皮屑后再将胎儿与母体放在一起。应尽可能早地对胎儿哺乳以确保初乳的摄入。术后应监测母犬是否出现体温过低、低血压、低血钙、排斥胎儿和乳泌缺乏。卵巢子宫切除术不会影响母性和泌乳。

母犬的并发症可能包括：出血、腹膜炎、子宫内膜炎、乳腺炎或伤口感染。无臭的阴道分泌物可能会持续数周。强制性将胎盘与子宫内膜剥离会导致出血，给催产素可能有效。剖腹产的母犬死亡率为1%。胎儿死亡率为8%~20%。长时间的难产、短头品种或胎儿数量较多时死亡率较高。使用氯胺酮、巴比妥类、赛拉嗪或甲氧氟烷麻醉时，胎儿的死亡率上升。

参考文献　Gendler A et al. Canine dystocia: medical and surgical management. Compend Contin Educ Pract Vet 2007;29:551-562.

Moon-Massat PF and Erb HN. Perioperative factors associated with puppy vigor after delivery by cesarean section. J Am Anim Hosp Assoc 2002;38:90-96.

Robbins MA and Mullin HS. En bloc ovariohysterectomy as a treatment for dystocia in dogs and cats. Vet Surg 1994;23:48.

Ryan SD and Wagner AE. Cesarean section in dogs: anesthetic management. Compend Contin Educ Pract Vet 2006;28:44-54.

Ryan SD and Wagner AE. Cesarean section in dogs: physiology and perioperative considerations. Compend Contin Educ Pract Vet 2006;28:34-42.

Smith FO. Challenges in small animal parturition: timing elective and emergency cesarean sections. Theriogenol 2007;68:348-353.

35 子宫蓄脓
Pyometra

子宫蓄脓是指脓性物质在子宫内的蓄积。据报道，3%~15%的未绝育母犬会发生子宫蓄脓，而且最常发生于最后一次发情期后的1~4个月。在孕酮的影响下，子宫内膜腺体分泌增加以及肌层收缩降低，导致子宫内液体蓄积。随后的细菌污染可导致严重的感染。猫的子宫蓄脓更常见于无菌性交配之后，因为猫是诱导排卵的。子宫残端蓄脓仅发生在卵巢残留或者受到外源性孕激素刺激的动物。

患开放性子宫蓄脓的动物可能有阴道分泌物和轻微的非特异性临床症状。但闭合性子宫蓄脓可能导致败血症、腹膜炎和死亡，因此，被认为是一种急诊手术。

术前管理

子宫蓄脓的诊断通常基于病史和临床症状。多数犬的腹部X线片均显示子宫增大，但超声检查才是术前最准确的检查。子宫蓄脓典型的超声征象是子宫壁增厚和腔内液体蓄积。残端蓄脓表现为膀胱或尿道与结肠之间出现液性肿物。

患有闭合性子宫蓄脓的动物应检查有无贫血、脱水、氮质血症、低血糖和电解质失衡。对于休克、败血症或疑似毒血症的动物应进行血凝检测、血小板计数和血压测量。在患子宫蓄脓的犬中，有25%的犬发现同时患有细菌性膀胱炎，因而应在术中膀胱可视的情况下进行膀胱穿刺尿液培养。

麻醉前，动物应输液以纠正脱水、电解质和血糖异常。同时应静脉注射广谱抗生素，如第一代头孢菌素。最常见的细菌种类是大肠杆菌，其对孕酮致敏的子宫内膜有着特定的亲和力。败血症或毒血症的动物可能需要羟乙基淀粉、新鲜冷冻血浆、多巴胺和测定中心静脉压（详见第79~80页）。术前准备时，腹部由剑状软骨至耻骨前缘剃毛以充分显露增大的子宫。

手术

线性切开腹壁时要小心，防止损伤子宫。子宫通常增大且易碎，必须轻柔操作以防破裂。用剖腹手术垫隔离子宫以降低污染的概率。子宫蓄脓的切除与常规卵巢子宫切除术相似，区别在于子宫的重量常常将悬吊韧带拉长以至于不需要将其撕断。尽管子宫蓄脓时卵巢的血管通常增粗，但由于拉伸和缺少脂肪，卵巢蒂总的直径通常比预想的要细。

切除子宫后，可对子宫残端进行培养并清除残留的分泌物。没必要缝合子宫残端，而且缝合可能增加发生肉芽肿和脓肿的风险。清除剖腹手术垫并在关腹前更换手套和器械。如果发生污染，应用灭菌生理盐水进行腹腔冲洗。在发生腹膜炎的动物，需要在腹部放置引流管（见第80~82页）。

如果存在子宫残端蓄脓，应开腹探查，在肾脏的后极附近找到卵巢残端。在动物发情期，由于卵巢残端的血液供应增加，比较容易找到。在发情间期，由于黄体比较明显也易于找到，可以通过将肠管拉到十二直肠系膜或结肠系膜之后，以便于在腹壁背侧、网膜以及肾脏后极的区域探查卵巢残端。如果找不到卵巢组织，任何先前结扎部位周围的组织都应被切除并送交组织学检查。应先找到子宫，因为它们通常位于背侧区域。蓄脓的残端应从周围的组织中分离出来并结扎、剪断、摘除。不能切除的残端应开放，并用类似于前列腺脓肿的方法进行网膜化（图33-4）。

手术方法：子宫蓄脓的卵巢子宫切除术

1 从剑状软骨与脐孔的中点至耻骨前缘沿腹中线开腹。

2 轻柔地牵拉出子宫并用润湿的剖腹手术垫隔离（图35-1）。

3 使用三钳法（图35-2），结扎、横断卵巢蒂（第169~172页）。

4 如常规卵巢子宫切除术所述，撕断阔韧带（图33-9）。

5 在子宫颈上方用三把止血钳钳夹，在结扎前于最上方两把钳之间横断子宫体。将子宫移出术野。或者，在横断前结扎子宫。

    a. 用一把止血钳夹住子宫体。

    b. 用0、2-0、3-0单股可吸收缝线在钳夹下方至少2cm的位置做环绕结扎并打两个结，第一次做外科缠绕。如果结扎部位靠近钳夹的位置，在收紧第一次缠绕时迅速松开止血钳。

    c. 在第一道结扎与（图33-10）止血钳之间，用0、2-0或3-0单股可吸收线再做一至两道贯穿-环绕结扎（图35-3）。

6 拭去残端的脓汁。如果需要，用单股可吸收线将网膜与残端做结节缝合。

7 如果发生污染，关腹前进行腹腔冲洗。

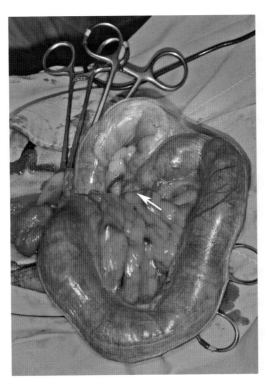

图35-1 将整个子宫，包括子宫颈（箭头所示）从腹中线切口中牵拉出来。

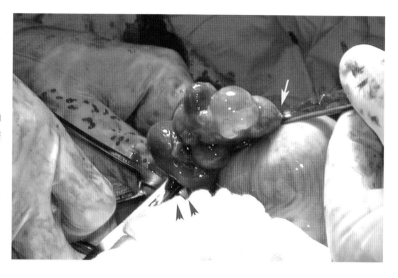

图35-2　用一把止血钳夹住固有韧带（白箭头），将卵巢从腹腔牵拉出来，然后用三把止血钳（蓝箭头）夹住卵巢蒂。

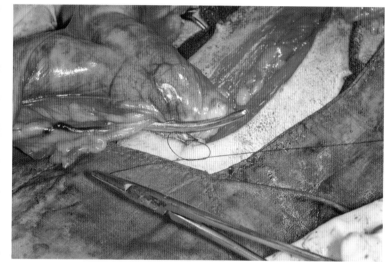

图35-3　用环绕和环绕-贯穿法结扎子宫。

术后注意事项　　术后根据需要采取支持治疗。白细胞计数常在术后第1天迅速升高（如：成熟的中性粒细胞大于50 000个细胞/μL），但2~3d后，当趋化因子减少时其浓度会降低。抗生素应根据尿液和子宫培养以及细菌的敏感性选择，治疗应持续至少1周。停用抗生素1周后应对尿液进行培养以确定细菌性膀胱炎已经消退。

术后并发症通常与术后败血症、内毒素血症或腹膜炎有关。有报道称，术后5~6d由于败血症和血栓形成，可能导致神经学异常、骨髓炎以及脾梗塞。患子宫蓄脓的犬术后死亡率为5%~8%，但当出现子宫破裂时死亡率上升至57%。

参考文献

Campbell BG. Omentalization of a nonresectable uterine stump abscess in a dog. J Am Vet Med Assoc 2004;224:1799-1803.

Fransson BA and Ragle CA. Canine pyometra: an update on pathogenesis and treatment. Compend Contin Educ Pract Vet 2003;25:602-612.

Fukuda S. Incidence of pyometra in colony-raised beagle dogs. Exp Anim 2001;50:325-329.

Kenney KJ, Matthiesen DT, et al. Pyometra in cats: 183 cases (1979-1984). J Am Vet Med Assoc 1987;191:1130-1132.

Smith FO. Canine pyometra. Theriogenol 2006;66:610-612.

Wheaton LG et al. Results and complications of surgical treatment of pyometra: a review of 80 cases. J Am Anim Hosp Assoc 1989;25:563-568.

36 会阴切开术
Episiotomy

会阴切开术可用于阴道肿物或脱出的切除、撕裂伤的修补、导尿管的插入或阴道狭窄或先天性畸形的矫形。会阴切开术也用于辅助阴道分娩胎儿。

术前管理

在诱导麻醉和之后2~6h内经静脉给预防性广谱抗生素（如：第一代头孢菌素）。硬膜外区域麻醉可以提供较好的术中和术后早期镇痛。如果需要迅速施行会阴切开术（如：取出胎儿），可在中线注射0.2ml/kg的布比卡因或利多卡因达到阴门皮肤和肌肉传导阻滞的作用。

阴门和肛门周围的会阴部位剃毛。外科准备时，用稀释的氯己定或含碘杀菌剂冲洗前庭和阴道。动物以会阴部手术体位保定，肛门做荷包缝合（见第250~251页）并用隔离巾覆盖。

手术

会阴切开术的切口通常由外阴背侧接合处延伸至阴道开始的位置，跨过尿道结节。切开组织之前，用手指触摸确定前庭背侧的边界。这有助于防止不小心损伤肛门。可用刀片切开皮肤，然后用剪刀分离其下的肌肉和黏膜层。或者，用Mayo剪插入阴门直至尖端触到背侧的凹陷处，然后将各层组织一起剪开。通过电烙或压迫止血。在大型犬，可以用Doyen止血钳夹住切开的阴唇边缘以减少出血。一些外科医生在切开之前用Doyen或直止血钳将中线上的所有组织夹住。由于该部位血流充足，所以由组织挫伤导致的坏死并不常见。

与直肠息肉的切除类似（见第141~142页），阴道肿物或脱出组织通常使用切除-缝合法切除。在切除部分组织基部后开始缝合黏膜层直至肿物或脱出物全部切除。

手术技术：会阴切开术

1 对于选择性会阴切开术，用刀片切开中线处皮肤（图36-1）。用mayo剪或刀片切开中线处剩余的皮下组织、肌肉和黏膜（图36-2）。
2 如果要对难产动物实施快速会阴切开术，则用Mayo剪将全层一起切开（图36-3）。
3 在切口边缘设置牵引线并将创缘向两侧牵拉（图36-4）。

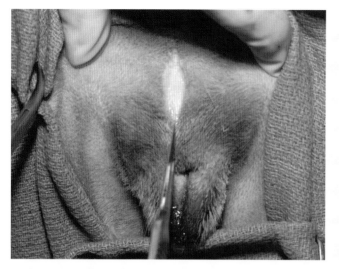

图36-1 对于选择性会阴切开术，用刀片切开中线处皮肤。

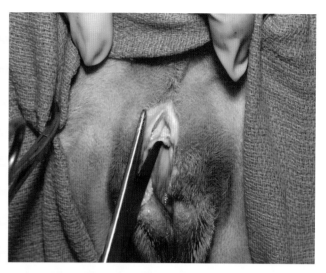

图36-2 用剪刀分离剩余的组织层。

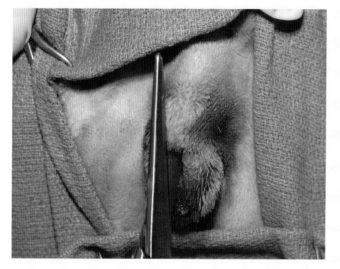

图36-3 在紧急会阴切开术，插入直Mayo剪至阴道前庭同时切开所有组织层。

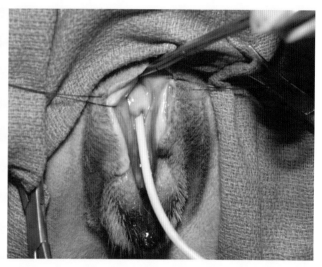

图36-4 用牵引线拉开前庭壁，并在切除组织前放置导尿管。

4 如果需要切除组织，则事先确定尿道的开口并插入导尿管。

5 如果需要切除肿物，则用3-0或4-0单股快吸收线缝合黏膜。

6 用3-0或4-0快吸收线以简单连续缝合对合前庭黏膜（图36-5）。由外阴背侧接合处开始缝合。

7 用3-0快吸收线简单连续或简单间断缝合肌层和皮下组织。

8 用尼龙线缝合皮肤切口，从切口腹侧开始缝合使外阴边缘对合整齐（图36-6）。

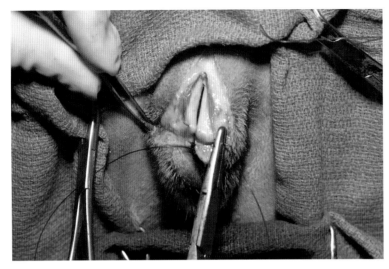

图36-5　连续缝合阴道黏膜，从腹侧开始对合外阴背侧连接处。

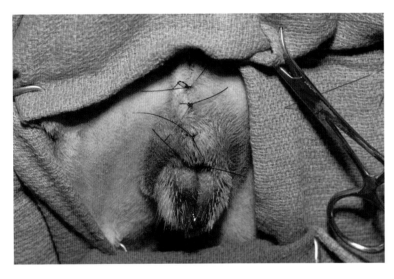

图36-6　皮肤缝合后的外观。

术后注意事项　　术后动物需要戴伊丽莎白脖圈7~10d以防止自损。最常见的并发症是肿胀和不适。其他的并发症比较罕见而且常常与潜在的病因有关。由于大多数阴道肿瘤均为纤维组织起源的良性肿瘤，因此，合理地切除后复发比较少见。

参考文献　　Cain JL. An overview of canine reproduction services. Vet Clin N Am Small Anim Pract 2001;31:209-218.

Kydd DM and Burnie AG. Vaginal neoplasia in the bitch: a review of forty clinical cases. J Small Anim Pract 1986;27:255-263.

Mathews KG. Surgery of the canine vagina and vulva. Vet Clin N Am Small Anim 2001;31:271-290.

37 外阴成形术
Episioplasty

会阴皮褶的切除又被称为外阴整形术或外阴成形术。适应证包括会阴部皮炎、阴道炎、膀胱炎或尿失禁。在肥胖或因全身性皮炎导致皮肤增厚的犬，会阴皮褶可能阻塞外阴开口（图37-1）。发情期前性腺切除可能使犬未发育成熟的阴门陷入会阴。局部的摩擦和湿气积聚使动物容易发生细菌感染和皮肤溃疡。外阴部皮褶还可以将尿液阻塞在阴道内，导致阴道炎、逆行性膀胱炎和明显的尿失禁。患病动物通常为中型或大型肥胖犬。临床症状可能包括过度舔舐、经常快速躲开、恶臭、皮炎、体位性尿渗漏或阴道分泌物。一些动物可能表现年轻成年动物的临床症状。

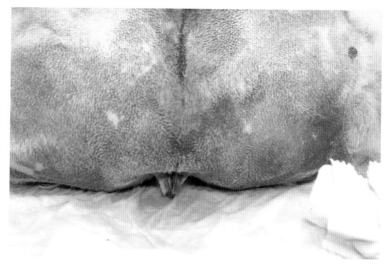

图37-1　一只肥胖和阴门未发育成熟犬的前庭开口阻塞。该犬因尿失禁和复发性膀胱炎就诊。

术前管理

术前，分别使用膀胱穿刺和无菌拭子对尿液和阴道采样培养。进行皮肤刮片和细胞学检查确定动物有无寄生虫或局部或全身性真菌或细菌感染。皮褶皮炎时最常见的是凝固酶阳性葡萄球菌。如果皮炎严重，应给与全身和局部抗菌药和抗炎药。对于这些动物，推迟手术直至皮肤状况得到改善。

如果操作前未使用抗生素，应在诱导麻醉后以及之后2~6h内静脉注射。患皮炎的犬术后持续使用抗生素至少7d。如果需要，可在术中或术后立即进行硬膜外神经阻滞镇痛。肛门荷包缝合以防止污染。对会阴部及肛周进行剃毛和准备，范围包括尾根基部。动物以会阴体位保定，即腿部横跨垫高的手术台边缘并将尾部向前拉。

手术　　用指尖向阴门背侧和外侧提起多余的皮肤以确定皮肤切除的范围（图37-2）。逐渐增加提起皮肤的量直至阴门位于尾侧并略微朝向背侧。可以用无菌记号笔或Allis组织钳标出皮肤切开范围。切开皮肤后，钝性及锐性分离皮肤与皮下组织。分离背中线位置需小心，因为前庭壁在此位置较为浅表。前庭两侧的脂肪可以去除或保留。皮下缝合为可选性的，但对于切除了大量会阴部脂肪或切口张力过大的动物，推荐皮下缝合。用3-0不可吸收单股缝线间断缝合皮肤。

手术技术：外阴成形术

1　用非惯用手提起皮褶直至外阴显露并不再凹陷（图37-2）。

2　用Allis组织钳沿皮褶周围夹持。闭合组织钳压紧皮褶基部（图37-3）。

3　在外阴周围五到六个点重复上述操作。这会形成两排压痕：外侧为更靠近背侧的一排，内侧为靠腹侧的一排。将这两排压痕作为皮肤切开的两道标界。

4　在外阴背侧及背外侧沿外侧标记做马蹄形皮肤切开（图37-4）。

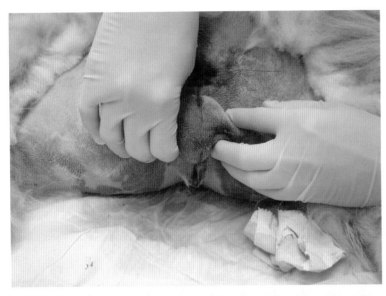

图37-2　用手捏起多余皮褶的基部以确定需要切除的量。

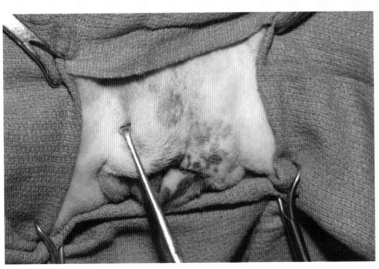

图37-3　用Allis组织钳夹住皮褶的基部，然后在多个点重复钳夹。用残留的压痕作为组织切开的标界。

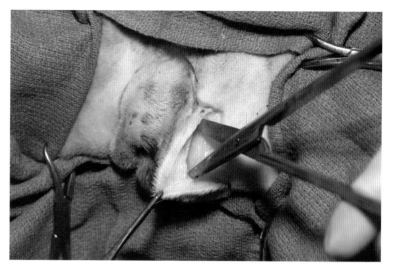

图37-4　马蹄形切开背侧皮肤并通过锐性或钝性分离皮下组织提起皮肤。

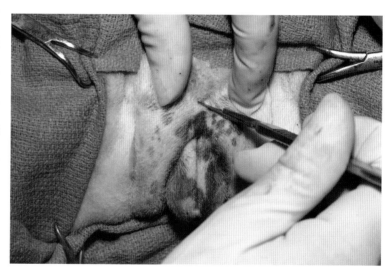

图37-5　将皮瓣向背侧牵拉确定阴门的最终位置，然后做腹内侧切口。

5 继续沿外侧标记向阴门两侧切开皮肤。

　　a. 切口应延伸至两侧外阴腹侧的接合处。

　　b. 皮肤切口在外阴腹外侧靠近并在外阴背侧及背外侧远离。

6 在做第二道皮肤切口前检查内侧压痕，确保切除的皮肤量合适。

　　a. 夹持皮肤切口的腹侧缘。

　　b. 向背侧牵拉皮瓣直至阴门位于合适的位置。

　　c. 对比内侧压痕与皮肤切口的背侧缘。

　　　　i. 因为背侧缘皮肤会收缩，所以在重新确定阴门位置时内侧的压痕应位于皮肤背侧缘下方0.5~1cm处。

　　　　ii. 如果需要切除的皮肤较多，重新标记腹侧切口。最终的闭合张力不应过大。

7 以平缓的弧度切开腹内侧皮肤（图37-5）。切除的组织应呈新月形并向与外阴腹侧接合处平行的方向延伸。

8 用Metzenbaum剪分离并剪断皮下组织去除皮肤，避免损伤中线处的阴道前庭（图37-6）。

9 锐性剪去两侧多余的皮下脂肪。

10 在切口背侧1/3的位置做三针间断缝合以评估外阴最终的位置（图37-7）。

    a. 在背正中线处缝合第一针（12点的位置）。

    b. 夹住腹侧缘十点钟位置的皮肤，将皮肤向背侧和外侧牵拉。调整皮肤的位置使阴门保持显露但又不向外张开。缝合第二针，将阴门固定在合适的位置。

    c. 在两点钟位置重复以上操作。

    d. 如果需要重新调整阴门的位置，根据需要拆除并调整背外侧缝合线。如果阴门仍有凹陷，拆除所有缝线并去除更多皮肤。

11 如果需要，用可吸收缝线间断缝合皮下组织，将结埋在下面。

12 结节缝合皮肤（图37-8）。拆除肛门荷包缝合。

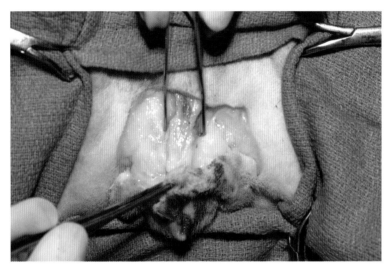

图37-6 切除皮肤后的外观。注意前庭（镊子夹持的位置）位于背中线十分浅表的位置。

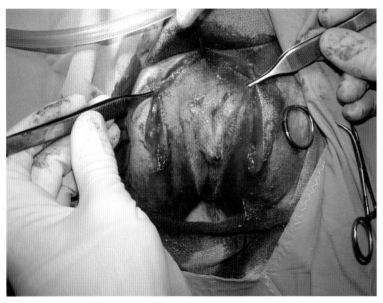

图37-7 在十点、十二点和两点的位置（镊子的位置）缝合前三针。注意皮肤切除的范围延伸至腹侧外阴接合处的水平位置。

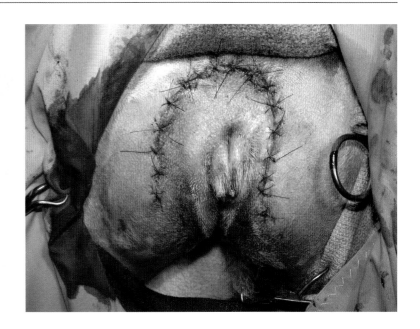

图37-8　闭合剩余的皮下组织和皮肤。

术后注意事项　　为防止自损，动物需佩戴伊丽莎白脖圈直至皮肤愈合。用抗真菌香波和外用药治疗残留的真菌性脓皮病。肥胖的动物应开始减肥。

　　潜在的并发症可能包括：肿胀、挫伤、开裂和临床症状复发。开裂通常因自损所致。会阴部手术的动物喜欢在家具和地毯上磨蹭术部。这些动物可能需要给镇定剂或抗组胺药以减少这种行为和瘙痒。皮肤切除不够或进一步肥胖会导致临床症状复发。然而只要操作合理，所有患阴道炎和反复性泌尿道感染犬的临床症状都会消退。由会阴皮褶导致的外阴阻塞及继发的尿潴留会消退。在阴道狭窄或前庭阴道狭窄的动物，尿潴留仍会持续。

参考文献　　Crawford JT and Adams WM. Influence of vestibulovaginal stenosis, pelvic bladder, and recessed vulva on response to treatment for clinical signs of lower urinary tract disease in dogs: 38 cases (1990-1999). J Am Vet Med Assoc 2002;221:995-999.

　　Hammel SP and Bjorling DE. Results of vulvoplasty for treatment of recessed vulva in dogs. J An Anim Hosp Assoc 2002;38:79-83.

　　Lightner BA et al. Episoplasty for the treatment of perivulvar dermatitis or recurrent urinary tract infections in dogs with excessive perivulvar skin folds: 31 cases (1983-2000). J Am Vet Med Assoc 2001;219:1577-1581.

PART

第五部分　泌尿系统手术
Surgery of the Urinary Tract

38 肾脏活组织检查
Renal Biopsy

在患急性肾衰竭和肾小球疾病的动物，肾脏活组织检查对于确定肾脏功能衰竭的潜在病因非常有用。在慢性肾衰竭或肾病末期的动物，活组织检查不可能改变治疗，并且可能会进一步损害肾功能。肾脏活组织检查的禁忌症还包括患中度到严重血小板减少或凝血疾病、未控制的全身性高血压、严重氮血症、严重肾盂积水、大的肾囊肿、肾周脓肿或弥散性肾盂肾炎的动物。

肾脏的针式（例如，Tru-cut针）活组织检查能在超声引导下或通过外侧锁孔通路实施。手术通路可以提供更高质量的样本，并且并发症更少。在体重小于5kg或还需要进行其他操作的犬尤其推荐此手术。在健康动物，一系列的针式活组织检查对肾脏功能和组织的影响非常小，除非在操作时造成大血管损伤。但是，在患肾脏疾病的犬和猫，还未评估活组织检查的影响。

术前管理

进行肾脏活组织检查前，应该评估全血细胞计数、生化和尿检，并要纠正所有严重的代谢性异常。患肾小球疾病的动物可能有明显的蛋白丢失，需要用血浆或羟乙基淀粉进行治疗。应该检查动脉血压和视网膜，判断是否存在全身性高血压。也推荐进行凝血指标检查。应该超声评估肾脏大小和结构，检查是否存在进行肾脏活组织检查的禁忌症。

应该从胸中部到后腹部对动物进行剃毛和准备。在出血严重的病例可使用吸引泵和止血凝胶。

手术

手术性肾脏活组织检查通过腹中线切口进行。从剑状软骨到脐孔与耻骨的中点开腹，腹壁用Balfour开张器牵开。为了暴露肾脏，将肠管推到十二指肠系膜或结肠系膜后。如果进行针式活组织检查，通常将肾脏固定在原位。如果进行楔形活组织检查，要将肾脏从腰椎窝抬起。

与针式（Tru-cut针）活组织检查相比，楔形活组织检查提供了质量更好的样本。为了控制楔形活组织检查时的出血，应该阻断肾脏动脉或小动脉。左肾的动脉可能不止一个。一旦动脉被阻断，肾脏应该在30~60s后变软。当切开时，肾实质仍然会渗出黑色的血液；然而，如果肾动脉没有被阻断，出血会呈亮红色、脉冲样，且很多。楔形活组织检查后，在动脉仍然被阻断的情况下，必须对合肾囊。由于包囊很薄，缝合时通常包含了浅层实质。缝线必须轻轻穿过组织。如果在穿针过程中将针提起或缝线打结太紧，将撕裂实质。肾动脉的阻断应该限制为20min。

在多数动物，针式采样即可提供足够的组织进行潜在病因的精确诊断。进行针式活组织检查时推荐使用14~18G的弹簧式工具。14G的针可以采集更多的肾小球，并且挤压性伪像更少。针式采样通常穿过肾极或沿肾脏凸面的长轴进行。为了避免挤压性伪像，应该用注射器和针头将生理盐水对着活组织检查工具的开口处，把样本轻轻冲到容器中。

由于样本很小，当进行针式活组织检查时，至少需要两份样本。在患肾小球疾病的动物，一份样本应该放到福尔马林中进行光学显微镜检查。第二份样本应该被分为都含肾小球的两半。一半放在固定剂中进行电子显微镜检查；另一半应该被冷冻，进行荧光免疫显微镜检查。小型样本在放入福尔马林前，应该封入微型组织包埋盒中，使其容易被定位。

手术技术：针式活组织检查

1 将针柄向后拉，压缩弹簧。

2 一只手抓住肾脏，将其抬起，使其凸面朝上。

3 用另一只手定位穿刺针，使之在按下后，针能够位于肾皮质的外1/3处。

    a. 在肾脏的前极或后极，使针垂直肾脏的长轴（图38-1）。

    b. 沿肾脏的凸面，使针平行于肾脏长轴（图38-2）。

4 将活检针刺入肾包囊，进针至外侧针鞘水平。

5 用拇指按压针柄，将针芯推入肾皮质。在刺入过程中要保持肾脏和工具的稳定。

6 按下扳机，使针鞘切断实质。

7 取下含有样本的针（图38-3和图38-4）。用手指压2~5min，减少活检部位的出血。

8 如果持续出血，用3-0或4-0可吸收单股缝线间断或十字缝合该部位的包囊和腹膜。

图38-1　固定肾脏，越过后极对针进行定位。

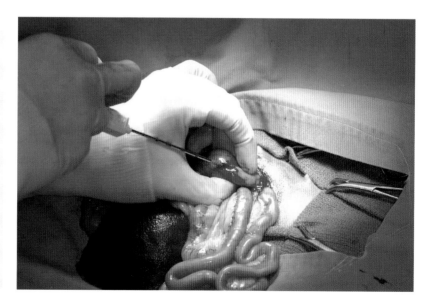

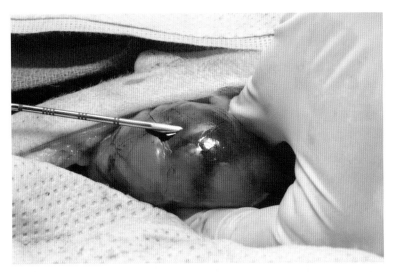

图38-2 在肾脏凸面进行活检。对针进行定位，使针平行于肾脏外表面，并且在按下后仍处于皮质内。

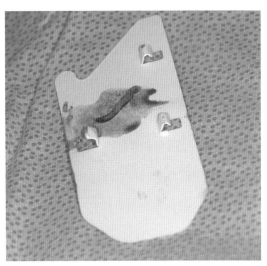

图38-4 活检针获得的组织样本。

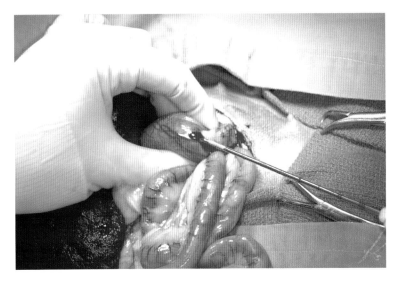

图38-3 通常用指压就可以控制拔出活检针后的出血。

手术技术：楔形活组织检查

1 用剪刀剪开肾后的腹膜，然后用手指撕开其余的附着部分，将肾脏从腹膜的附着处游离（见图39-1和图39-2）。

2 将肾脏向腹内侧压，暴露肾脏血管。

3 阻断肾动脉。

　　a. 一个助手抬起肾脏，并用拇指和食指阻断肾动脉。助手应该在能摸到脉搏的地方阻断血管。

　　b. 如果没有助手，将肾脏向腹内侧压，围绕血管放置血管夹或止血带。使用开腹用纱布将肾脏从体壁抬起。如果动脉被正确阻断，肾脏会变得更黑更软。

4 一旦肾脏变软，用11号刀片取楔形组织。

　　a. 做新月形切口，向内斜进入肾脏的外1/3，大约长5mm（图38-5）。根据皮质的厚度，切口应该深2~5mm。

b. 直线切开，切口末端与第一次的切口相连，刀片向内斜，在样本的基部切断实质间的连接（图38-6）。

c. 用刀片轻轻抬起样本，或用镊子夹住肾包囊的边缘取出样本。禁止用镊子夹肾实质。

5 用圆针及3-0或4-0可吸收单股缝线间断十字闭合肾脏包囊（图38-7）。采用外科缠绕，第二次缠绕时轻轻对合实质（图38-8）。

a. 将针穿过切口两边的包囊和实质，穿针过程中要顺着针的弧度。

b. 当针尖穿透对侧包囊后，放开针。重新夹住针尾，使其缓缓穿过组织，直到露出更多针头。

c. 再次放开针，旋转持针钳，使手掌朝下。在靠近针尖处夹针，沿着针的弧度将针拔出。

6 如果操作过程中包囊撕裂，要确认肾动脉被阻断，并进行第二次缝合，且要包括浅层实质。

7 如果持续出血，指压5~10min，或用间断缝合将网膜或腹膜固定在该处。

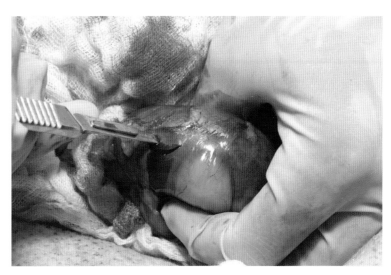

图38-5　一旦肾动脉被阻断，在肾皮质上做向内斜的半圆形切口。

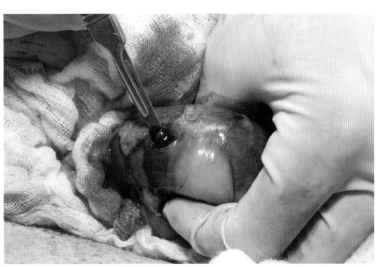

图38-6　直线切开，角度向内斜，切断实质间的连接。

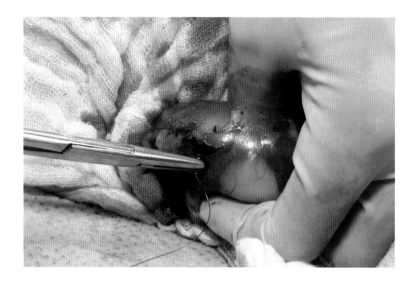

图38-7 闭合活检部位。缝合包括包囊和实质。

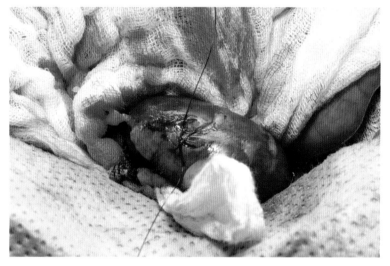

图38-8 用外科缠绕对合创缘。缝线不要太紧。

术后注意事项　　　肾脏活检后，应该给动物利尿数小时，以减小血凝块堵塞肾盂或输尿管的风险。应该监测血细胞比容，看是否出现明显的贫血，如果有，可能需要输血。应该限制活动72h。多数动物在活检后48h内显微镜下可见血尿。肉眼可见的血尿不常见，且通常在24h内消失。

　　报道的并发症为13%～19%。犬和猫发生严重的肾周出血的比例为3%～17%的，这通常是技术较差的结果。其他的并发症包括对肾脏血管的损伤、动静脉瘘的形成、永久性肾功能减弱以及死亡。在极少数的情况下会出现肾盂或输尿管被血凝块堵塞，引起肾积水。并发症更可能发生于存在血小板减少、凝血时间延长或血清肌酐>5mg/dL的动物。并发症也更常见于年龄大于4岁或体重小于5kg的动物。

参考文献　　　Groman RP et al. Effects of serial ultrasound-guided renal biopsies on kidneys of healthy adolescent dogs. Vet Radiol Ultrasound 2004;45:62-69.

　　Jeraj K et al. Evaluation of renal biopsy in 197 dogs and cats. J Am Vet Med Assoc 1982;181:367-369.

　　Vaden SL. Renal biopsy of dogs and cats. Clin Tech Small Anim Pract 2005;20:11-22.

　　Vaden SL et al. Renal biopsy: a retrospective study of methods and complications in 283 dogs and 65 cats. J Vet Int Med 2005;19:794-801.

39 肾切除术
Nephrectomy

肾切除术的适应证包括严重的肾脏或输尿管创伤、肾脏或肾周脓肿、末期肾积水、原发性肾肿瘤以及单侧特发性肾性血尿。不推荐对患单侧肾结石的动物实施肾切除，除非切除无功能的肾脏会防止动物病情的进一步恶化。在患氮血症的动物，肾切除可能是禁忌，因为整体的肾功能已经减少了至少75%。有大的或血管性肾肿瘤的动物应该推荐进行手术，因为许多腹膜和腹膜后的血管可能使患病的肾脏重新血管化。

术前管理　　如果手术的适应证不威胁生命，应该在考虑肾切除前对动物进行彻底评估，并稳定病情。潜在的全身性紊乱包括贫血、氮血症、电解质和酸碱异常、凝血疾病、低白蛋白血症、低蛋白血症及泌尿道感染。患原发性肾肿瘤的动物应该进行胸部X线和腹部超声检查，因为常常会转移到肺脏，并且会双侧发病。超声也会提供关于对侧肾脏的结构信息，并有助于细胞学或组织学样本的获得。排泄性尿路造影可能提供有关未发生病变肾脏功能的信息，但这并不及肾脏闪烁扫描敏感，而且可能引起急性肾功能衰竭。如果进行排泄性尿路造影，在操作中和操作后，应该使动物保持良好的灌注。

为了防止过度水合，应该放置颈静脉导管，在手术前和手术期间的输液过程中监测中心静脉压。应该通过留置导尿管和收集系统监测尿量。术前给予抗胆碱能药物可能有助于防止在肾切除期间发生的心输出量和外周阻力的暂时性降低。由于要在靠近膀胱的部位结扎并切除输尿管，进行肾切除需要进行大范围的准备和长切口。

手术　　可通过结肠系膜或十二指肠系膜将腹腔脏器牵开，分别暴露左肾和右肾。在切除病变的肾脏之前，首先应该确定存在对侧肾脏。在进行肾切除时，应该仔细检查多个或多分支的肾脏血管。在犬的左肾，出现多个肾动脉最常见。在一些动物，由于肾脏萎缩，可能看不到血管。如果动物未绝育，左肾静脉应该在与卵巢或睾丸静脉结合部的近端进行接扎。在进行肾切除前，应该确认对侧输尿管，防止意外损伤。

手术技术：肾切除

1. 抓住肾脏后极的腹膜，用Metzenbaum剪刀锐性剪开（图39-1）。

2. 切开或用手指撕开其余相连的无血管腹膜。用电烙器或电刀切断直径小于1mm的腹膜血管；接扎或钳夹较大的血管（图39-2）。

3. 将肾脏向腹内侧翻，以暴露背侧的动脉和静脉（图39-3）。如果需要，用纱布块或弯止血钳轻轻将肾周的脂肪从肾门分开，分离时保持与血管的长轴平行。

4. 沿动脉到主动脉，沿静脉到后腔静脉。

5. 用可吸收缝线分别三重接扎动脉和静脉，要给剪开留下足够的空间。另一个方法是，在双重接扎之上夹住每个血管，然后在夹子和接扎线之间剪开。

6. 如果未摘除卵巢或睾丸，确认腺体血管的所有分支，在分支的内侧接扎肾脏血管。

7. 沿输尿管到膀胱，将其从腹膜连接处钝性分离（图39-4），在切断前靠近膀胱夹住并接扎输尿管。

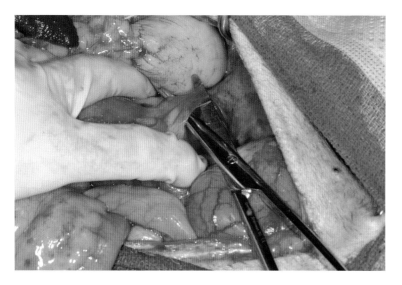

图39-1　提起和切开肾脏后极附近的腹膜。

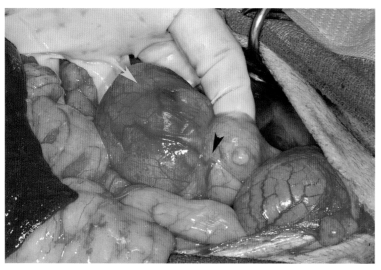

图39-2　在切开腹膜时，到肾脏（绿箭头）的大的腹膜血管（黑箭头）可能需要接扎或电烙。

图39-3　将肾脏向腹内侧翻，分离出肾动脉（绿箭头）和静脉（黑箭头）。切开前要三重接扎每个血管。

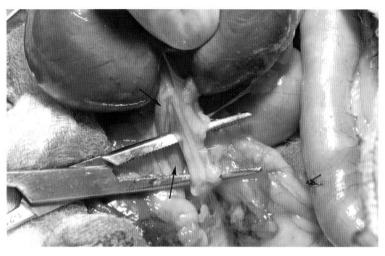

图39-4　从腹膜连接处将输尿管游离，在近膀胱处结扎。

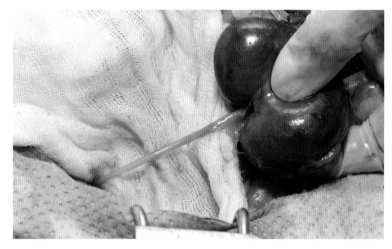

术后注意事项　　　手术后，要监测血细胞比容、中心静脉压、电解质、肌酐、尿素氮和尿量，连续静脉输液至少24h。术后并发症不常见，最常见的问题是由于持续性肾功能障碍引起的尿量减少。在健康的单侧肾切除的捐肾动物，由于代偿性肥大，保留的肾脏可能会增大。肾切除后，不需要减少蛋白和盐的摄入量；事实上，高蛋白食物能增加肾小球滤过率和肾血流量。在患肾功能障碍的猫，食物中氯化钠的减少可能引起低钾性肾病。

　　　单侧肾切除的成活率依赖于潜在的疾病。患单侧肾肿瘤犬的平均存活时间是16个月。患肾血管肉瘤和血腹的犬，平均存活时间为2个月。在患肾脏肿瘤的犬，死亡或安乐死通常是由于转移性疾病的结果。

参考文献

Bryan JN et al. Primary renal neoplasia of dogs. J Vet Int Med 2006;20:1155-1160.

Buranakarl C et al. Effects of dietary sodium chloride intake on renal function and blood pressure in cats with normal and reduced renal function. Am J Vet Res 2004;65(5):620-627.

Gookin JL et al. Unilateral nephrectomy in dogs with renal disease: 30 cases (1985-1994). J Am Vet Med Assoc 1996;28(12):2020-2026.

McCarthy RA et al. Effects of dietary protein on glomerular mesangial area and basement membrane thickness in aged uninephrectomized dogs. Can J Vet Res 2001;65:125-130.

Urie BK et al. Evaluation of clinical status, renal function, and hematopoietic variables after unilateral nephrectomy in canine kidney donors. J Am Vet Med Assoc 2007;230:1653-1656.

40 膀胱切开术
Cystotomy

　　膀胱切开最常被用来取膀胱结石。其他适应证包括肿物活检、异物取出、输尿管插管、输尿管再植和纠正膀胱壁内异位的输尿管。如果发现膀胱肿物或输尿管憩室，需要将膀胱切开转变为膀胱切除（膀胱壁切除）。即便切除75%的膀胱，在数月内膀胱就会恢复到最初的大小。

术前管理

　　对动物病情的检查要根据潜在的疾病过程。多数动物需要全血细胞计数、生化、尿检、尿液培养和X线检查。超声和膀胱镜对于确定疾病的程度也有用。一些病例可能需要在麻醉前稳定病情和插导尿管，尤其在出现严重氮血症、脱水、酸中毒或高钾血症的情况下。在患膀胱结石的动物，应该判读腹部X线片，评估结石的数目和大小。

　　一旦动物被麻醉，进行硬膜下镇痛，减少术后排尿引起的不适。进行手术准备时，从剑状软骨到耻骨进行腹部剃毛和准备。在公犬，对包皮进行剃毛，并用消毒液冲洗，因为它包括在无菌手术区内。在母犬，应该对阴门周围进行剃毛和清洗，因为在手术中顺向插入导尿管时，可能会不注意将管伸出尿道外。

手术

　　膀胱切开术通常经后腹中线切口进行。在公犬，皮肤切口可能要延伸到包皮的侧面，以暴露后面的中线。腹腔打开后，要确认输尿管、触诊膀胱、检查肿物。如果膀胱充盈，可用针头和注射器，或将针头连接在吸引管上来排空膀胱。切开膀胱前，应该用湿润的开腹垫围绕膀胱，以减少对腹膜的污染。

　　膀胱切开术的切口通常在膀胱的腹侧或顶部，以避免破坏输尿管开口。腹侧膀胱切开可更好地暴露膀胱三角区。可额外沿膀胱切口放置牵引线，更好地暴露膀胱内部。对膀胱黏膜的操作要轻，因为吸引泵头、纱布、镊子和结石取出时的创伤都会引起其迅速肿胀，并堵塞输尿管开口。沿膀胱切口用剪刀取下一条膀胱壁进行组织学检查。应该对膀胱黏膜或尿结石进行培养，因为在患尿石症的犬会出现尿液培养假阴性。在患膀胱结石的公犬，应该在尿道中逆向插入导尿管，进行多次冲洗，确保所有的结石均被取出。在母犬和母猫，通过膀胱切口顺向插入尿管，确保尿道通畅。如果在顺向插尿管时，尿管出了阴门到了非无菌区，因污染，应该将其丢掉。也可以通过膀胱切口插入灭菌显示器来检查尿道是否有残留的结石。

　　膀胱闭合与切开的位置和膀胱壁厚度有关。当膀胱较厚或切口靠近输尿管开口或三角区时，推荐进行连续对合缝合。较薄的膀胱经常需要采取双层对合缝合或内翻缝合。对合缝合和内翻缝合以及单层和双层缝合的强度一样。切开术后2~3周，膀胱100%恢复到最初的强度，因此，能保持3周有效伤口支持的3-0或4-0单股可吸收缝线便足以用于闭合膀胱。可吸收缝线穿透到膀胱腔可能引起结石形成。如果膀胱壁完整性或血管供应有问题，可在膀胱切开闭合后用可吸收缝线将大网膜间断缝合固定在整个膀胱上。

手术技术：膀胱切开术

1 用开腹垫隔离膀胱。

2 在膀胱顶放置全层单股牵引线用于牵拉（图40-1）。如需要，在预计切开处的外侧或尾侧放置其他牵引线。

3 提起牵引线的同时，在膀胱无血管区刺一个切口（图40-2）。用普氏吸引头吸走膀胱腔内的所有尿液。

4 用Metzenbaum剪刀扩大膀胱切口（图40-3）。对于腹侧膀胱切开，要沿膀胱长轴扩大切口。

5 如果需要，用剪刀在切口边缘剪下一条全层膀胱壁，用于培养和组织学检查。

6 如果有结石，用膀胱匙轻轻将其取出。

　　a. 取出结石后，冲洗和吸引膀胱。

　　b. 通过将红色橡胶导管顺向或逆向插入尿道以确认尿道通畅。边拔管边进行冲洗。

　　c. 至少反复冲洗和用匙舀3次。

　　d. 用戴手套的手指探查膀胱内部和三角区，确保尿道插管和冲洗后没有结石残留。

7 沿切口取部分膀胱黏膜进行培养。

8 简单连续对合法单层闭合切口，尤其是在膀胱壁较厚（图40-4）或切口靠近三角区或输尿管开口时。每针缝合都应包括黏膜下层。

9 如果膀胱壁薄，采用快速双层内翻方式闭合切口。

　　a. 在刚刚越过切口末端处垂直切口进针（图40-5），打两个结。保留较长的线尾，用止血钳夹住。

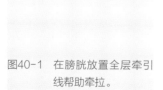

图40-1　在膀胱放置全层牵引
　　　　线帮助牵拉。

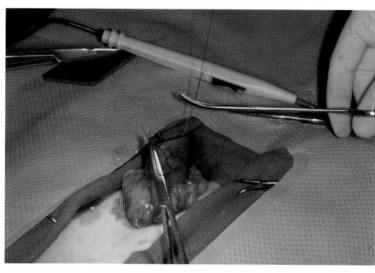

b. 平行切口进针进行库兴氏缝合（图40-6）。缝合时要与对侧轻微重叠，每次缝合后都应该轻度收紧缝线，使膀胱壁内翻。

c. 最后一针要越过切口，不要打结。

d. 立即开始伦伯特缝合（图40-7），缝合时往回盖住库兴氏缝合。垂直切口进针。为了避免使用镊子，进针时保持拉紧缝线（图40-8）。因为膀胱壁已经内翻，伦伯特缝合只要像简单连续缝合一样进行即可。

e. 结束第二层缝合后，与之前保留的线尾打结。

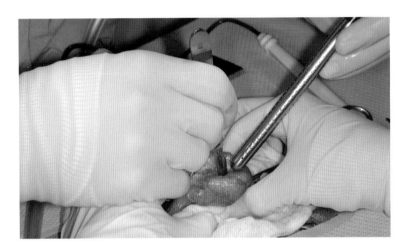

图40-2 戳开膀胱，用吸引泵吸走尿液。

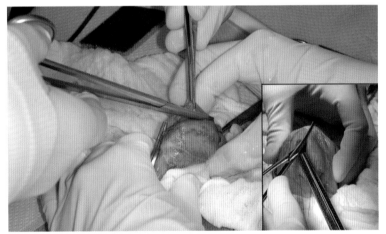

图40-3 用Mayo或Metzenbaum剪刀扩大膀胱切口。

图40-4 膀胱增厚，含有单个大结石。用简单连续缝合法闭合膀胱。

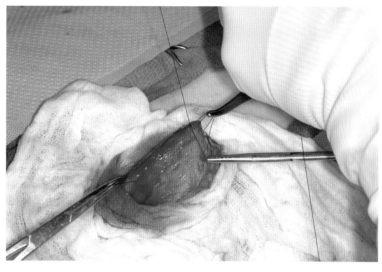

图40-5　闭合薄膀胱。第一针垂直于切口，打两个结。用止血钳夹住线尾。

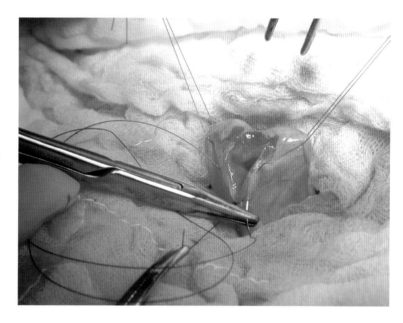

图40-6　库兴氏缝合。缝合时平行切口进针，角度轻微向外。每次缝合都要与对侧相互交叠。

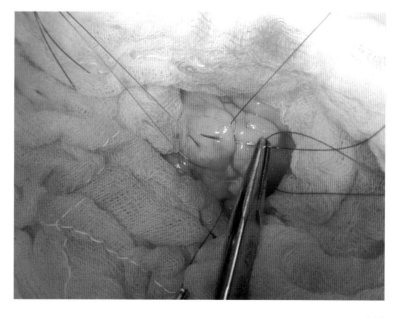

图40-7　伦伯特缝合。这种缝合方式看起来与简单连续缝合类似。

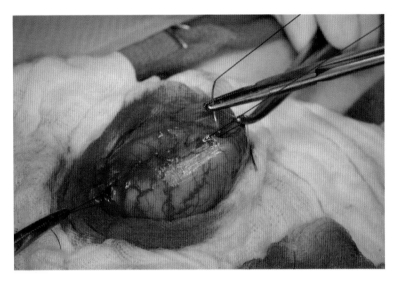

图40-8 代替镊子固定组织，在缝合时保持牵引线和
缝线紧张。最后一针要超过切口，与之前用
止血钳夹着的线尾打结。

术后注意事项 在患不透射线型膀胱结石的动物，手术后要进行腹部X线检查，确认所有的结石均被取出。另外，也可以在膀胱闭合前用灭菌关节镜或膀胱镜检查尿道近端。高达20%的动物有残留的膀胱结石。静脉补液至少持续12h，因为切口出血产生的血凝块会引起尿道梗阻。如果膀胱血液供应不良、弛缓或过小，应该经尿道放置Foley管至少2~3d，使膀胱保持排空。拔管后应该进行尿液培养，停用抗生素1周后也应进行尿液培养。

手术后，通常会持续几天轻度血尿和尿频。膀胱切开术后的严重并发症不常见。尿道梗阻可能继发于仍存在的或复发性结石、血凝块或肿物再生。如果膀胱壁脆弱，尿道梗阻的动物可能会因膀胱沿着缝线撕裂而出现尿腹。

参考文献 Appel SL et al. Evaluation of risk factors associated with suture-nidus cystoliths in dogs and cats: 176 cases (1999-2006). J Am Vet Med Assoc 2008;233:1889-1895.

Cornell KK. Cystotomy, partial cystectomy, and tube cystostomy. Clin Tech Small Anim Pract 2000;15:11-16.

Gatoria IS et al. Comparison of three techniques for the diagnosis of urinary tract infections in dogs with urolithiasis. J Small Anim Pract 2006;47:727-732.

Kaminski JM et al. Urinary bladder calculus formation on sutures in rabbits, cats and dogs. Surg Gyn Obstet 1978;146:353-357.

Lipscomb B. Surgery of the lower urinary tract in dogs: 1. Bladder surgery. In Practice 2003;Nov/Dec:597-605.

Radasch RM et al. Cystotomy closure. A comparison of the strength of appositional and inverting suture patterns. Vet Surg 1990;19:283-288.

41 膀胱造瘘管的放置
Cystostomy Tube Placement

可能需要尿流改道的情况有：在尿道损伤或修复后为了获得理想的愈合情况；在手术解除尿道梗阻前为了稳定动物；或当动物患有神经功能障碍或无法切除的尿道或三角区肿物时，对膨大的膀胱进行减压。在多数情况下，通过经尿道插管进行改道，但是，在一些完全梗阻的动物，可能无法进行尿道插管。对于发生尿道撕裂的动物，由导尿管周围泄露的尿液可能会延长愈合时间，并增加炎症，这可能使动物有发生尿道狭窄的倾向。膀胱造瘘管提供了完全的尿流改道，可用作临时性或长久性排空膀胱。

Foley和蘑菇头导管能用作临时性膀胱造瘘管，但是，由于长度的关系，这些导管更可能被破坏或被提前拔掉。此外，Foley管的囊随时间推移会逐渐缩小，增加了导管被意外拔出的可能性。当需要长期尿流改道时，推荐采用腹外侧低位（low-profile）膀胱造瘘术。腹外侧低位膀胱造瘘管是由低位胃造口术演变而来。导管通常凸出体壁最多1~3cm，因此被意外拔出的概率更小。导管外侧端有个带链的盖或"抗反流"瓣，被设计用于防止泄露和减少污染。主人用带特殊接头的延长管对膀胱进行引流。

低位导管可用于直接放置膀胱造瘘管或在术后2~3周时，用于替代之前留置的Foley或蘑菇头管。重置导管前，要牵拉最初放置的导管，使囊或蘑菇头与膀胱壁接触，然后在导管上标记皮肤的位置。之后用力将导管从膀胱内拔出，测量标记线与蘑菇头或囊之间的距离，以确定低位导管的大概长度。用管芯丝伸直低位导管（图19-1），并迅速插入瘘管中（图19-2和图41-1），然后将其固定在皮肤上（图19-11）。通常不需要对低位导管进行包扎。

术前管理　　发生完全梗阻的动物可能患有尿毒症、高磷血症、酸中毒、高钾血症和心动过速。如果可能，要在麻醉前稳定动物的体况。从剑状软骨到耻骨对腹部进行剃毛和准备。在公犬，应在最后刷洗前用消毒液冲洗包皮，或用创巾钳把包皮固定到预切口的对侧，使其不出现在术野中。

图41-1 通过之前的膀胱造瘘管伤口放置低位膀胱造瘘管。用管芯丝使蘑菇头变直，通过开口插入导管。

手术

　　在多数动物，膀胱的通路是腹中线切口，采用单独的中线旁切口放置膀胱造瘘管。导管的长度与体壁和膀胱的厚度有关，可以在术前通过超声或者开腹后在术中确定。导管的直径由膀胱大小决定；在膀胱较小的动物，使用6~8Fr导管；在体型非常大的犬，使用24Fr导管。蘑菇头或Foley膀胱造瘘管的放置与胃造口管的放置类似（见第19章）。如果采用Foley管，放置前要检查囊的完整性。因为导管较短，低位膀胱造瘘管比Foley或蘑菇头管更难放置。为了便于放置，在将低位导管插入膀胱前，可以将膀胱部分固定在腹壁上。

手术技术：膀胱造瘘管的放置

1 通过后腹中线开腹暴露膀胱，并用湿润的开腹垫隔离膀胱。如果需要，在膀胱顶放置牵引线，将其向腹外牵拉。

2 在膀胱的腹中部，用3-0快吸收单股可吸收线做直径为1.5~2cm的荷包缝合，缝合4~5针，每针包含膀胱的黏膜下层（图41-2）。

3 使用Carmalt或Kelly止血钳，在腹中线切口旁4~6cm处穿透腹膜和腹壁（由内到外），刺穿点位于膀胱荷包缝合的相当处。在止血钳上方切开皮肤（图19-3），使止血钳穿过腹壁。

4 用止血钳夹住管头，将其拉入腹腔（图19-4）。

5 在荷包缝合中心的膀胱壁上戳个切口，小心不要切断缝线。

6 将管插入膀胱，如果需要的话，用止血钳夹平蘑菇头，然后拉紧荷包缝合并打结。插入后用生理盐水充盈Foley管的囊。

7 用2-0或3-0慢吸收单股缝线，采用4~6个间断缝合，围绕导管周围将膀胱固定于体壁。固定线应该包括膀胱的黏膜下层和腹壁肌肉。

8 如果需要，将大网膜包裹在固定部位，用可吸收线间断缝合。常规闭合腹腔。

9 围绕皮肤伤口用尼龙线荷包缝合。采用指套缝合法将导管固定在皮肤上（第337~339页）。

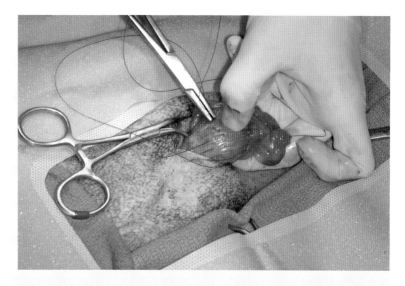

图41-2 在腹侧膀胱壁进行荷包缝合。

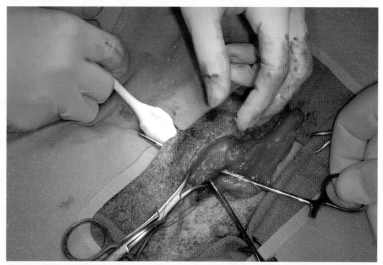

图41-3 用管芯丝伸直低位导管，并从腹壁插入。使用Kelly止血钳辅助。

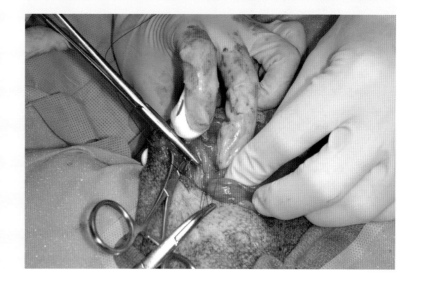

图41-4 在导管背侧的膀胱和腹壁之间放置固定线。

1 暴露膀胱，如上所述进行荷包缝合（图41-2）。

2 在切口旁将止血钳穿过腹壁。用止血钳夹住之前，使用合适的管芯丝伸直膀胱造瘘管，将其插入腹腔（图41-3）。

3 在导管背外侧的膀胱和体壁之间放置2~3个固定线，并荷包缝合。

4 在膀胱荷包缝合的中心戳开膀胱壁，插入用管芯丝使管头变直的低位导管（图41-5）。

5 拉紧荷包缝合并打结，并采用额外的固定缝合；然后闭合腹腔（图41-6）。

6 如果需要，用简单间断缝合将导管的凸起缘固定在皮肤上（图19-11）。

术后注意事项　　　进行膀胱造瘘术后推荐静脉补液12~24h，以减少血凝块阻塞的风险。伊丽莎白脖圈或侧边拦脖圈会减少自损的风险。长管多余的部分用绷带包裹，而低位导管通常不用包扎。导管暴露的部分偶尔需要用消毒液清洗。仅在尿道感染的动物需要使用抗生素。

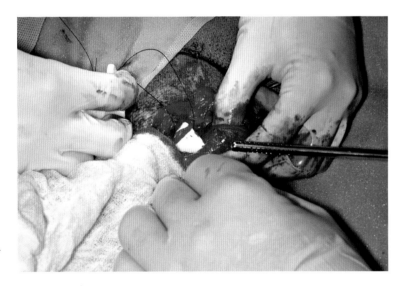

图41-5　用管芯丝伸直导管，插入荷包缝合内戳开的切口。

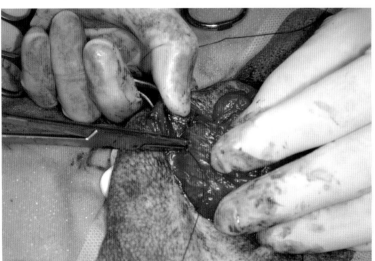

图41-6　将荷包缝合拉紧并打结，并把膀胱固定于导管腹侧的腹壁。

为了防止尿液泄露，导管应该接在收集系统上或在术后3~5d时每3~4h进行排空，直至密封良好。长期留置的导管通常每天排空4次。在排空导管时推荐采用无菌技术（例如，清洁导管插入的部位）。

放置后最早5d可拔管，然而，导管周围的尿液泄露会减少纤维组织的形成。如果导管周围没有很好的纤维性密封，一旦导管被拔掉，尿液可能会漏入腹腔或皮下组织。因此，对于患有免疫抑制、组织愈合差或导管周围尿液泄露的动物，导管应该放置更长的时间。如果改道是为了促进尿道愈合，可通过膀胱造瘘管进行膀胱尿道造影，评估尿道的完整性。拔Foley管时，排空囊后将其拔出。拔低位或蘑菇头管时，将一个钝填充器插入导管，使管头拉长并变细。如果导管被皮肤卡住，剪断皮肤的荷包缝合。导管被拔掉后，开口用绷带覆盖1~3d，直至其愈合。

放置膀胱造瘘管的动物最常见的并发症是尿道感染。拔掉导管后应进行尿液培养，而长期改道的动物应在导管放置期间，间断性进行尿液培养。使用尿液比使用管头培养更精确。放置膀胱造瘘管的其他并发症包括导管被意外拔出，导管从膀胱移位引起尿腹，开口周围蜂窝织炎，管断裂，以及瘘管形成。如果出现开口周围皮炎，可拆除固定凸缘的皮肤缝线，以利于清洗。之前存在的三角区肿瘤可能逐渐阻塞输尿管开口；因此，应该对患病动物定期进行超声或造影检查。

参考文献

Anderson RB et al. Prognostic factors for successful outcome following urethral rupture in dogs and cats. J Am Anim Hosp Assoc 2006;42:136-146.

Beck AL et al. Outcome of and complications associated with tube cystostomy in dogs and cats: 76 cases (1995-2006). J Am Vet Med Assoc 2007;230:1184-1189.

Cooley AJ et al. The effects of indwelling transurethral catheterization and tube cystostomy on urethral anastomoses in dogs. J Am Anim Hosp Assoc 1999;35:341-347.

Hayashi K and Hardie RJ. Use of cystostomy tubes in small animals. Compend Contin Educ Pract Vet 2003;25:928-935.

Stiffler KS et al. Clinical use of low-profile cystostomy tubes in four dogs and a cat. J Am Vet Med Assoc 2003;223:325-329.

42 阴囊前尿道切开术
Prescrotal Urethrotomy

犬的阴茎部尿道位于阴茎骨腹侧的U形槽内。这个槽后端开口的基部比较狭窄，是尿道结石常见的梗阻部位。多数尿道结石能通过尿道插管和冲洗进入膀胱，尤其是犬在全身麻醉状态下。大结石急性嵌入阴茎骨基部的骨性结构内导到无法用导管移走的情况很少见。可以通过阴囊前尿道切开取出这些石头。当不得不推迟阴囊部尿道造口术时，也能采用阴囊前尿道切开插入导尿管。对于患慢性尿道结石的犬，阴囊前尿道切开取结石经常不成功，因为堆在一起的结石会嵌在阴茎骨处的尿道壁上，因而推荐进行阴囊部尿道造口（第43章）。

只有很少的情况下，主人反对去势，需要对犬进行永久性阴囊前尿道造口术。尽管不可能进行自然配种，仍然能够通过人工采精获得精液，但是，手术后一些犬在勃起时会不适。与阴囊部尿道造口术相比，永久性阴囊前造口的犬出现尿液灼伤和皮炎的风险更高。

术前管理

进行阴囊前尿道切开之前，应该评估代谢状况，包括电解质和肾功能。如果可能，应该在麻醉前稳定动物的体况。患完全梗阻的犬可能需要膀胱穿刺，以减轻过度膨胀；应该完全排空膀胱，以防止尿液通过针孔漏入腹腔。进行该操作时最好进行全身麻醉；但是，在病情严重的犬，可以在镇定及局部阻滞下进行尿道切开。对后腹部和包皮剃毛，进行无菌手术；在最后准备前用消毒液冲洗包皮。在不能取出结石的情况下也推荐提前进行阴囊部尿道造口的准备。另外，能通过阴囊前切口将导管插入膀胱，这样可以先稳定动物，推迟手术。手术中为了便于移走结石，应该采用几个型号的红色橡胶或聚乙烯导尿管。

手术

切口中心位于梗阻处。由于尿道梗阻的犬不能插管，通过眼观和触摸来确认结石。由于血管壁的缘故，眼观尿道通常发蓝色。在尿道切开过程中或刚手术后，会发生出血。保持开放需要二期愈合的尿道切口将出血3~14d，因此，推荐进行缝合闭合。如果不能通过阴囊前尿道切开取出梗阻的结石，则需进行阴囊部尿道造口术。

手术技术：阴囊前尿道切开术

1 在阴茎骨后方中心做2~3cm皮肤切口，到达阴茎体的浅部。

2 用Metzenbaum剪刀分离皮下组织（图42-1），切除阴茎退缩肌或将其提起，向旁边拉（图42-2和图42-3）。

3 用拇指和食指固定阴茎体，用11号或15号刀片在结石上方尿道的中线切开（图42-4）。

4 如果需要，用虹膜剪扩大尿道切口。用指压控制出血。

5 插入导尿管并穿过阴茎骨，把结石推出尿道切口（图42-5）。用灭菌用水、可溶性润滑剂和生理盐水的混合液可能有助于冲走结石。

6 如果结石无法移动，将尿道切口向前扩大，尝试用Debakey或短头钳夹住结石。

7 一旦取出结石，通过尿道将导尿管插入膀胱，以确认尿道通畅，然后闭合手术部位。对切开的尿道边缘进行对合缝合，采用5-0快吸收单股缝线和圆针，简单连续缝合（图42-6），针距2mm，缝合跨度2mm。

8 拔掉导尿管，常规闭合皮下组织和皮肤。

图42-1 切开结石上方的皮肤，并用Metzenbaum剪刀分离皮下组织。

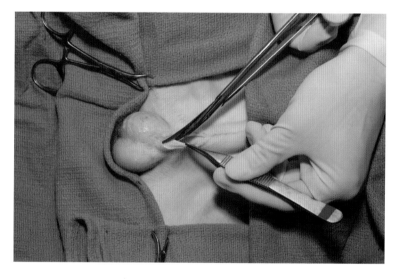

图42-2 阴茎退缩肌（箭头所示）。

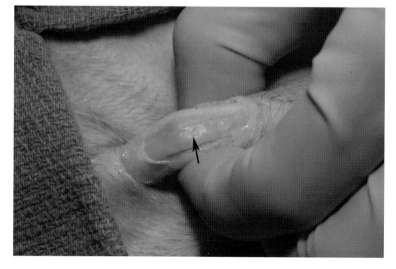

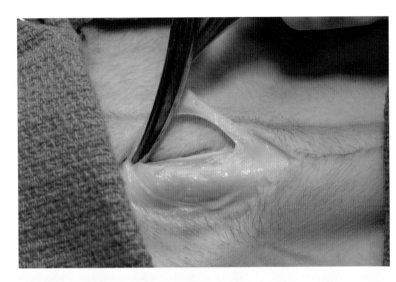

图42-3　提起并牵拉阴茎退缩肌。

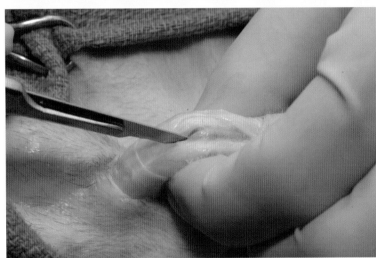

图42-4　切开结石上方的尿道。

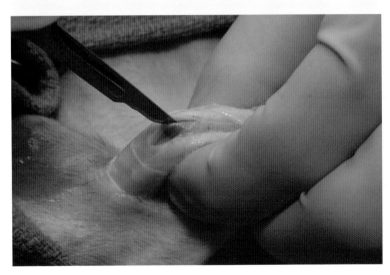

图42-5　暴露并取出结石，将导尿管插入尿道，确认其通畅。

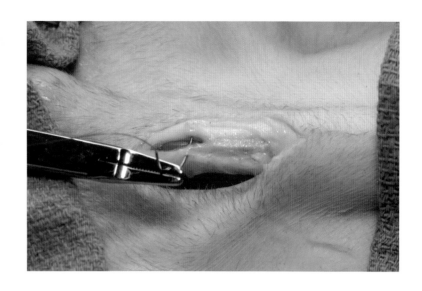

图42-6　连续缝合对合尿道黏膜。

术后注意事项　　手术后，给犬戴伊丽莎白脖圈或侧边栏脖圈，防止自损。如果最初对尿道进行了缝合，出血通常在术后24h消失。对于一些犬，为了阻止出血，可能需要使用乙酰丙嗪，并严格限制活动，尤其在较兴奋的犬。尿道通常在最初闭合后2d不再泄露。如果出现尿道泄露（例如，从手术部位出现辐射状红色和黄色尿灼伤，图42-7），应该放置导尿管2~3d，分流尿液，帮助愈合。如果对组织操作轻柔，尿道对合仔细且无张力，一期闭合的尿道切开术的并发症很少。如果尿道切口部位进行二期愈合，开口处的尿液泄露可能持续达2周，出血更持久且严重。也会有更多的纤维化，但狭窄不常见。

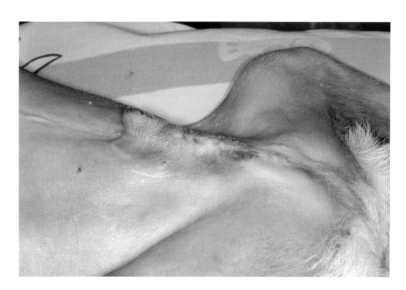

图42-7　术后尿液泄露。在这只犬，采用间断缝合尿道黏膜而不是连续缝合。留置导尿管3d后尿液泄露解决。

参考文献

Lipscomb V. Surgery of the lower urinary tract in dogs: 2. Urethral surgery. In Pract 2004;26:13-19.

Smeak DD. Urethrotomy and urethrostomy in the dog. Clin Tech Small Anim Pract 2000;15:25-34.

Waldron DR et al. The canine urethra. A comparison of first and second intention healing. Vet Surg 1985;14:213-217.

Weber WJ et al. Comparison of the healing of prescrotal urethrotomy incisions in the dog: sutured versus nonsutured. Am J Vet Res 1985;46:1309-1325.

43 阴囊部尿道造口术
Scrotal Urethrostomy

　　阴囊部尿道造口术最常用于复发性膀胱和尿道结石的犬。其他适应证包括阴茎肿瘤、创伤或尿道狭窄。在犬，阴囊部尿道宽、可扩张，并且较浅，这使它成为永久性尿道造口的首选部位。与阴囊前或会阴部尿道造口术相比，阴囊部尿道造口术也减少了尿液灼伤的风险。

术前管理

　　手术前，应该对犬进行膀胱和尿道结石、膀胱炎和代谢性异常，包括尿毒症和高钾血症的评估。静脉补液，纠正水合以及电解质和酸碱紊乱。如果犬存在梗阻，应该尝试进行尿道插管，将所有结石冲回膀胱。然后通过膀胱切开取出结石（第40章）。如果不能解除梗阻，可能需要进行间歇性膀胱穿刺或插管，直到动物状况稳定。

　　为了确定结石的位置和数量，推荐进行超声或腹部和会阴部X线检查。在患透射线性结石（例如：尿酸盐）的犬，可能需要进行膀胱尿道造影。

　　进行手术准备时，要对阴囊和后腹部剃毛和准备。对该区域进行刷洗前，要用消毒液冲洗包皮。对于同时进行膀胱切开的犬，准备时要包括整个腹部。硬膜外麻醉提供了良好的术中和术后镇痛。术后应该对犬进行监护，确保硬膜外局部阻滞后犬可以排尿。

手术

　　在无梗阻的犬，手术中进行尿道插管，帮助确认和分离尿道。切开阴囊后对犬去势。在阴茎体后腹侧弧处进行尿道口，此处的尿道最浅。该部位尿道的周围围绕着海绵体，在尿道与皮肤的吻合处完全愈合之前，都可能会出血。通常使用4-0快吸收单股缝线，简单连续缝合对合尿道黏膜与皮肤。当采用间断缝合时，术后出血时间会延长，并且明显。一些临床医生也会在闭合尿道皮肤时带上白膜。

　　在患膀胱结石和尿道梗阻的犬，阴囊部尿道造口时也要进行膀胱切开术。这样可以在膀胱切口闭合前逆行性和顺行性插管并进行尿道冲洗。尿道造口部位远端尿道内的结石不需要取出。

手术技术：阴囊部尿道造口术

1 做阴囊皮肤切口。

    a. 如果阴囊不明显，在阴茎体后腹侧弧上做切口。

    b. 如果阴囊下垂，围绕富余的组织做椭圆形切口。要保留足够的皮肤，使尿道造口闭合时无张力。

    c. 如果犬未去势，要切除阴囊（图29-11和图29-12），进行闭合式去势，暴露尿道。

2 用Metzenbaum剪刀分离皮下组织，暴露阴茎体腹侧的阴茎退缩肌。切除阴茎退缩肌或将其提起，拉向一侧（图43-1）。

3 确认尿道，它通常看起来像位于阴茎体腹侧正中突出的静脉（图43-2）。

4 用11号或15号刀片在阴茎体后腹侧弧的上方中线做一个小切口。用手指压迫以减慢出血。

5 使用切腱剪，将尿道中线切口扩大至长2~3cm，其中心位于阴茎体的弧度上。

6 确认黏膜切口的边缘，通常回缩离开阴茎体的边缘（图43-3）。

7 缝合皮肤与黏膜，采用简单连续缝合，4-0快吸收单股缝线，圆针或棱针。

    a. 在切口的一端，穿透尿道黏膜（如果可能，小于尿道直径的1/4），然后穿过皮肤，再打两个结。

    b. 用连续缝合法沿一侧对合皮肤和黏膜。

        i. 针距2~3mm。

        ii. 针分别穿过皮肤和黏膜（分两步），以免撕裂黏膜。

        iii. 包含至少2mm的黏膜和2mm的皮肤。

        iv. 避免用镊子夹黏膜。

    c. 完成第一侧闭合；然后打结并剪断缝线。在对侧重复同样的操作。

8 如果需要，将一个止血钳或尿管插入尿道开口，在切口的后端用褥式缝合对合皮肤和尿道黏膜。以同样的方法闭合前端（图43-4），以减少皮下尿液泄漏和出血的风险。

9 根据需要闭合剩余的皮下组织和皮肤。

10 将导尿管通过这个开口插入膀胱内，确认尿道无梗阻。

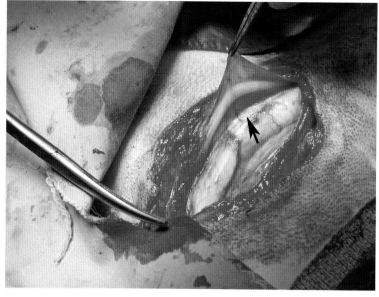

图43-1 将皮下脂肪从阴茎体上分离，提起并拉开或切除阴茎退缩肌。尿道（箭头所示）呈淡蓝色。

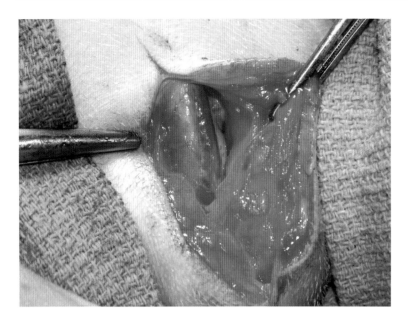

图43-2 在这只犬，尿道旋向一侧，看起来像个大静脉。

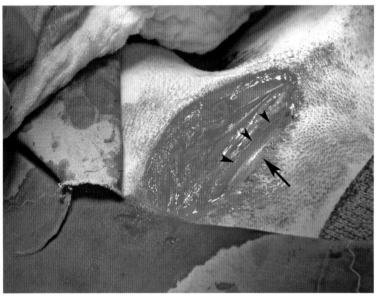

图43-3 用简单连续缝合法将一侧的尿道黏膜缝合到皮肤上（长箭头所示）。切开的黏膜边缘（短箭头）通常会回缩离开阴茎体。

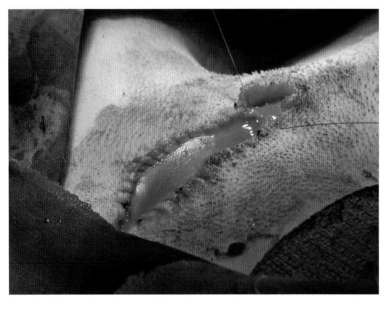

图43-4 在开口两端，缝合腹侧尿道黏膜与皮肤，用褥式或间断缝合。

术后注意事项　　同时进行膀胱切开的犬应该静脉补液12~24h，以免血凝块堵塞尿道。进行镇定，以减少兴奋和术后出血。如果出现尿灼伤，清洁和擦干开口处的皮肤，并用含一薄层凡士林凝胶或液体的绷带覆盖皮肤。术后应该给犬戴伊丽莎白脖圈，限制活动至少7d，以减少自损和出血。通常保留切口缝线，在术后3周内缝线会自行脱落，或者在舔毛时被舔掉。

　　阴囊部尿道造口术的并发症包括出血、狭窄、尿液灼伤、切口感染、开裂以及因为膀胱结石复发导致的梗阻或膀胱炎。采用连续缝合时不常见出血，除非在进行尿道造口闭合时意外未缝合黏膜。对持续出血的动物应该镇定1~2周。如果尿道造口的部位位于阴囊前或会阴部太高的部位，可能发生尿灼伤。只要最初的开口足够大，并且黏膜与皮肤被仔细对合，很少发生狭窄。

参考文献

　　Bilbrey SA et al. Scrotal urethrostomy: a retrospective review of 38 dogs (1973 through 1988). J Am Anim Hosp Assoc 1991;27:561-564.

　　Newton J and Smeak D. Simple continuous closure of canine scrotal urethrostomy: results in 20 cases. J Am Anim Hosp Assoc 1996;32:531-534.

　　Smeak DD. Urethrotomy and urethrostomy in the dog. Clin Tech Small Anim Pract 2000;5:25-34.

44 猫会阴部尿道造口术
Perineal Urethrostomy in Cats

在因结石或黏膜栓子患复发性尿道梗阻的公猫，推荐永久性扩大尿道开口。会阴部尿道造口术也适用于无法解决的梗阻、狭窄、无法修复的远端尿道损伤或肿瘤。由于会阴部尿道造口术（perineal urethrostomy, PU）增加了患潜在尿道疾病的猫出现细菌性膀胱炎的风险，在考虑手术前，应该尝试对患梗阻性尿石症的猫进行保守治疗。

术前管理

患尿道梗阻的猫可能出现排尿困难、痛性尿淋漓、腹部疼痛和嗜睡。完全梗阻时，猫会出现尿毒症、酸中毒、高磷血症、高钾血症和心动过缓，并最终死亡。初期管理应该集中在消除梗阻并进行静脉补液，以纠正电解质异常和脱水。猫可能需要全身麻醉（例如，阿片类和气体麻醉），以去除阴茎部尿道的栓子。如果不能通过插管解除梗阻，应该通过穿刺将膀胱完全排空。膀胱穿刺必须小心进行，因为过度膨胀的膀胱会发生破裂。除了常规血液学和尿液分析，推荐进行X线平片和造影检查膀胱和尿道，以排除需要采用其他处置或同时进行膀胱切开的情况。通过膀胱尿道造影很难诊断永久性尿道狭窄，因为创伤性插管后可能出现尿道的肿胀或痉挛。

准备手术时，对会阴部和尾根部剃毛，并对肛门进行荷包缝合。如果可能，进行硬膜下麻醉，以便术后镇痛。进行会阴部尿道造口的猫，如果也需要进行膀胱切开，则应采取仰卧位，并将后肢向前拉；或者将手术台的手术端翘起，猫尾巴向上、向前拉。如果猫俯卧，应该把手术台边缘垫高，并抬起猫的胸部（例如，将卷起来的毛巾垫在腋下），以减少对膈的压力。

手术

如果猫未去势，通过阴囊常规切开或环阴囊切开后去势。阴茎体由阴茎腹侧韧带以及坐骨尿道肌和坐骨海绵体肌固定于骨盆，必须将其完全游离，防止术后狭窄。应该避免对这些肌肉前方的背侧和外侧进行分离，以减少因盆神经破坏继发的排便或排尿失禁的风险。

应该切开尿道至尿道球腺处。在分离过程中，可能难以看到这些腺体，但是，应该用闭合的止血钳或5~8Fr红色橡胶导尿管检查开口的大小，如下所述。采用合成、快吸收4-0或5-0单股缝线对合尿道和皮肤。当对尿道组织进行操作时，使用细头持针钳、镊子和剪刀。尿道黏膜经常回缩离开切开的阴茎体边缘，缝合时每针都要包括黏膜。使用放大镜（1×）会更清楚地看到黏膜。

如果同时进行膀胱切开，可以从尿道造口处逆向向前插入导尿管冲洗膀胱。在肥胖猫，切除造口处旁的椭圆形皮肤和下方的皮下脂肪，以使开口边缘外翻。

手术技术：会阴部尿道造口术

1 沿阴囊基部和包皮做椭圆形切口。每边都切开后，阴囊和包皮会回缩（图44-1）。

2 切开皮下组织后，用纱布去除附着于阴茎体上的脂肪（图44-2），采用的动作与去势类似。在分离这部分时，有时会去掉阴茎退缩肌。

3 触阴茎体和骨盆之间，辨认阴茎腹侧韧带。用Metzenbaum剪刀剪断韧带（图44-3）。用手指轻轻分离所有残余的韧带。

4 将阴茎体向一侧拉，确认坐骨海绵体肌和坐骨尿道肌。在坐骨连接处剪断肌肉（图44-4），对侧进行同样的操作。触阴茎体腹侧，确认骨盆面的后半部的阴茎体已经游离（图44-5）。

5 如果阴茎退缩肌仍然存在，将其从阴茎体背侧提起并切除（图44-6）。

6 切开背侧包皮（这面向后朝向外科医生和肛门），暴露阴茎头（图44-7）。

7 将虹膜剪的一头插入尿道内，沿阴茎体的背侧面切开尿道（图44-8），直到尿道球腺处。注意猫背侧阴茎体面需朝上方（朝向外科医生）或朝向肛门。当剪开到尿道球腺处时，经常能有明显的嘎吱感。

8 检查尿道的直径（图44-9）。开口应该大到足以插入5或8Fr红色橡胶尿管或闭合的Halsted蚊式止血钳。如果使用止血钳，应该能将钳头插入至止血钳关节处而看不到咬合的部分。根据需要向前（朝向肛门）扩大切口，使开口更大。

9 在10点和2点的位置从尿道黏膜到皮肤先预置两根缝线（图44-10）。进针包括的黏膜至少为尿道黏膜的1/3。为了减少黏膜撕裂的风险，对黏膜和皮肤分别进针。

10 放置最背侧（12点处）缝线。

    a. 从皮肤进针，将针拉出。

    b. 将一把直的Halsted蚊式止血钳插入尿道。

    c. 轻轻打开止血钳的咬合部，并将针穿过背侧尿道黏膜（图44-11）。这会改善背侧尿道壁的可见性，并防止意外穿入腹侧尿道黏膜。

11 预置的缝线打结之后，用快吸收缝线简单连续缝合对合每侧的尿道黏膜与皮肤，针距1~2mm（图44-12）。继续采用这种对合方式，直到尿道开始变窄。

12 在完全闭合皮肤前，用可吸收线结扎背侧阴茎体，剪掉多余部分（图44-13）。最终的引流面通常长1~2cm（图44-14）。结束后，去掉肛门的荷包缝合。

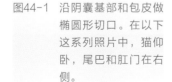

图44-1　沿阴囊基部和包皮做椭圆形切口。在以下这系列照片中，猫仰卧，尾巴和肛门在右侧。

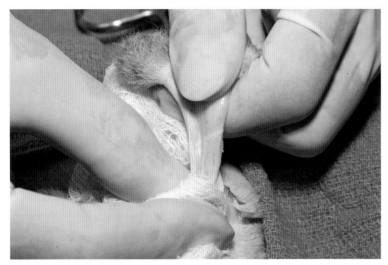

图44-2 用Metzenbaum剪刀或纱布去掉附着的皮下脂肪。

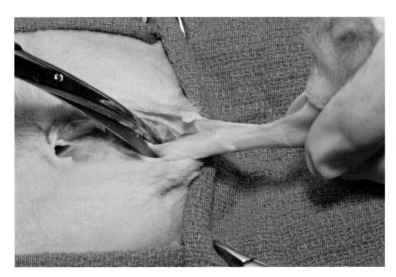

图44-3 剪断阴茎腹侧韧带。

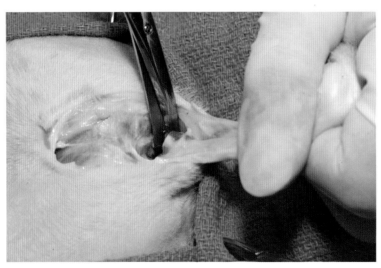

图44-4 在坐骨附着部分离坐骨海绵体肌和坐骨尿道肌。

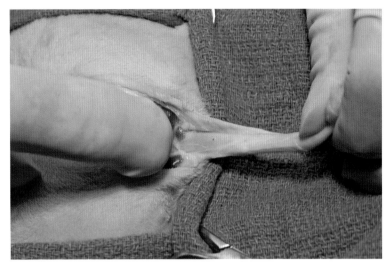

图44-5　触阴茎体和坐骨之间，确认所有的连接均被分
　　　　离。

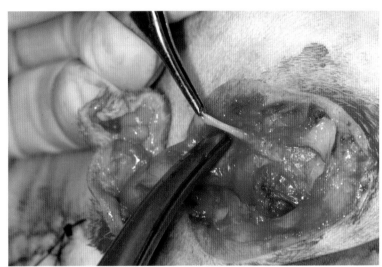

图44-6　如果阴茎退缩肌仍然有，牵开或将其切除。

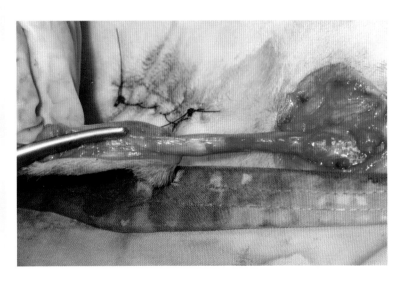

图44-7　切开包皮，暴露阴茎头。

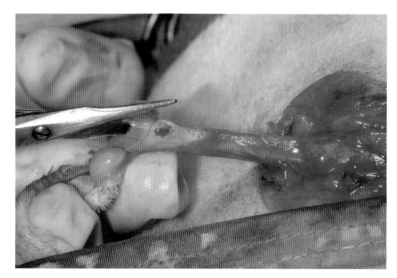

图44-8 用小剪刀剪开尿道，直到尿道球腺处。

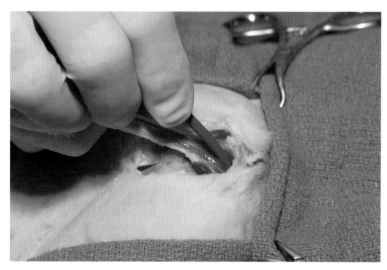

图44-9 用8Fr红色橡胶导管或止血钳检查尿道的直径。

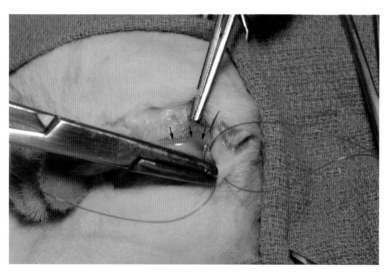

图44-10 在10点和2点的位置从尿道黏膜到皮肤先预置两根缝线。注意缩回阴茎体内的黏膜边缘（箭头）。

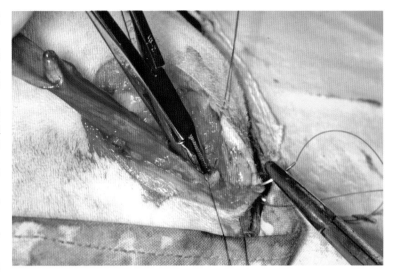

图44-11 当放置12点处的缝线时，在尿道内插入止血钳。

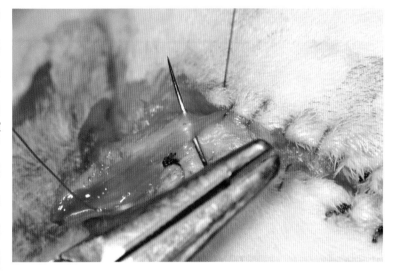

图44-12 用简单连续缝合对合尿道黏膜与外侧的皮肤。

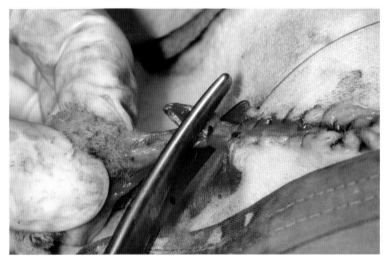

图44-13 在剪断前结扎阴茎体末端。

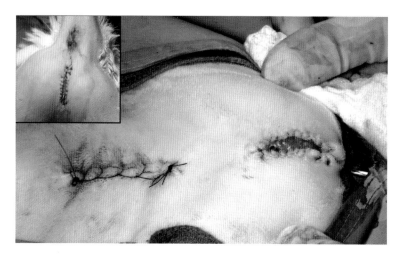

图44-14 膀胱切开及会阴部尿道造口术后的腹侧及背侧观（小图）。

术后注意事项　应该给猫佩戴伊丽莎白脖圈至少7d，以防自损，否则会增加狭窄的风险。术后推荐用数天止痛药，同时进行膀胱切开的猫要继续静脉补液24h。可吸收单股缝线被留置和排出，被上皮覆盖或在去掉伊丽莎白脖圈后被猫舔掉。在术后第1周经常推荐用纸质猫砂。

常见的早期并发症包括出血和肿胀。采用连续缝合，每一针都包含黏膜，防止自损，术后立即用乙酰丙嗪和阿片类保持猫镇定，这些都会减少出血。由于尿道黏膜会从切口边缘回缩，进行尿道皮肤对合时很容易漏掉黏膜。黏膜对合不佳和术后肿胀可能会使尿液通过缝线间的缝隙进入皮下组织，增加术后肿胀，进而狭窄的风险。插管引起的尿道撕裂或由于对合的张力（例如，尿道短）继发缝线嵌入也可能引起皮下尿液泄漏。尿液溢出经常表现为由切口部位发散开的红色或黄色辐射状擦伤。在易出现皮下尿液泄漏的猫，可留置2~3d 5Fr的Foley管，直到手术部位密合。因为逆行性感染和尿道刺激，所以在其他情况下并不常规推荐使用导尿管。

其他并发症包括狭窄、细菌性泌尿道感染、临床症状复发和失禁。如上所述，只要分离有限，失禁并不常见。在那些形成结石或出现泌尿道感染的猫，临床症状可能复发。在患猫下泌尿道疾病的猫中，有17%~40%的猫在会阴部尿道造口后会出现膀胱炎，因此，推荐进行定期的尿液分析和培养。狭窄通常发生在术后6个月内，并且多数是由于将阴茎体从其骨盆附着部游离失败或没有将尿道切开到尿道球腺处引起的。

如果尿液泄漏到黏膜和皮肤边缘之间，也可能会发生狭窄。狭窄可以通过仔细切开尿道造口的周围，并分离剩余的尿道至骨盆部，然后切断尿道的附着点来纠正。如果无法找到尿道，可同时进行膀胱切开，顺向插入导尿管。游离尿道的腹侧附着部后，如上所述扩大尿道的开口并进行缝合。最后的引流面比最初的会阴部尿道造口要短很多，但是，在这些猫，尿液灼伤可能不会成为问题。

参考文献　Agrodnia MD et al. A simple continuous pattern using absorbable suture for perineal urethrostomy in the cat: 18 cases (2000-2002). J Am Anim Hosp Assoc 2004;40:479-483.

Corgozinho KB et al. Catheter-induced urethral trauma in cats with urethral obstruction. J Feline Med Surg 2007;9:481-486.

Griffin DW and Gregory CR. Prevalence of bacterial urinary tract infection after perineal urethrostomy in cats. J Am Vet Med Assoc 1992;200:681-684.

Hosgood G and Hedlund CS. Perineal urethrostomy in cats. Compend Contin Educ Pract Vet 1992;14:1195-1205.

Phillips H and Holt DE. Surgical revision of the urethral stoma following perineal urethrostomy in 11 cats: (1998-2004). J Am Anim Hosp Assoc 2006;42:218-222.

Tobias KM. Procedures pro: perineal urethrostomy in the cat. NAVC Clinician's Brief 2007;5:19-22.

45 尿道突出
Urethral Prolapse

尿道突出不常见，最常发生于年轻、未去势的短头公犬，例如英国斗牛犬。病因不明，但可能与性兴奋或泌尿生殖道感染有关。继发于上呼吸道梗阻的腹内压增加也被假设为潜在的病因。患犬的阴茎头部会突出一个红色、不规则肿物（图45-1）。在一些犬，可能仅在勃起时能看到突出物或在那时变得更明显。其他的临床症状包括出血和过度舔舐。

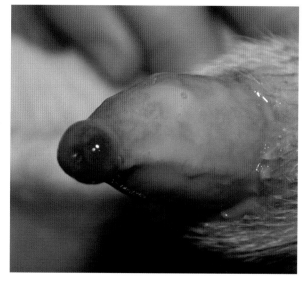

图45-1 一只斗牛犬的尿道突出。该犬同时有包皮腔内和阴茎头的炎症（阴茎头包皮炎）。

术前管理　　应该仔细检查患犬的阴茎体和包皮，看是否有炎症和异常分泌物（阴茎头包皮炎）。评估血象，因为一些犬会由于突出组织的出血而继发贫血。通过腹部X线和超声检查排除前列腺疾病、结石和结构性膀胱异常。如果怀疑有膀胱炎，一旦采集了尿样进行培养和药敏试验确诊后，需采用抗生素治疗。

术前，用消毒液冲洗包皮腔。不需要对包皮进行剃毛，因为这可能引起皮肤刺激，导致过度舔舐和突出复发。在患痛性尿淋漓的犬，将导尿管插入膀胱，确认尿道通畅。

手术

尿道突出通常通过切除和吻合突出组织来修复。切除采用"边切边缝"技术，与直肠脱时类似（第251页）。这防止了在与阴茎黏膜吻合前尿道黏膜就缩回尿道腔。吻合采用4-0或5-0快吸收单股缝线和圆针。由于性兴奋会引起复发，应该同时对犬进行去势。

另一种修复尿道黏膜突出的技术是尿道固定。这种技术是将3-0单股缝线穿过阴茎体进入尿道腔，然后再穿出阴茎体（图45-2和图45-3）。将一个带槽探针插入尿道辅助进针。在外侧面打结，将黏膜拉回尿道腔并将其固定（图45-4）。最后围绕阴茎一周平均进行2~4针缝合，距离阴茎头至少1cm。尿道固定的并发症可能包括术后肿胀、擦伤和出血，出血时间可持续10d。

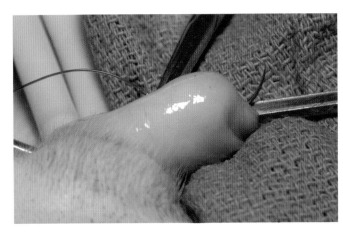

图45-2 尿道固定。将带槽探针插入尿道，缝线从阴茎体进入，尿道口穿出。

图45-3 尿道固定。将缝线从尿道腔穿回，在第一次进针的附近穿出。当针尖从阴茎体露出时，拔掉带槽探针，以利于针穿过。

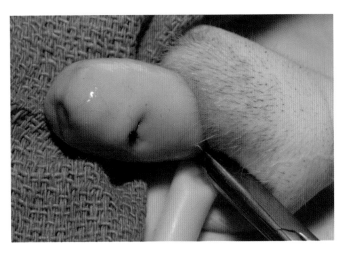

图45-4 完成尿道固定。注意阴茎头的内翻。

1 为了暴露阴茎体，用彭氏引流管或绷带材料拉开包皮（图45-5）。

2 采用灭菌技术，将润滑后的红色橡胶导尿管插入阴茎部尿道。

3 用小剪刀，通过突出的黏膜剪开至阴茎头。最初的切口垂直于突出组织的边缘。

4 旋转剪刀，使其平行于阴茎头和突出物的边缘。围绕突出物周围切除突出组织基部的1/3~1/2（图45-6）。切除时要紧贴着阴茎头。

5 由切除的一端开始吻合，将结打在外侧面。

6 从断面的一端开始，距阴茎黏膜边缘2~3mm进针。

7 距尿道黏膜边缘1.5~2mm进针，打两个结，留较长的线尾。

8 采用简单连续缝合继续缝合尿道和阴茎黏膜，针距1.5~2mm。

9 缝合几针后，继续分阶段切除和缝合黏膜，直到突出的尿道黏膜一圈都被切除，并与阴茎黏膜吻合（图45-7）。

10 将最后一针与开始时的线头打结，拔掉导尿管（图45-8）。

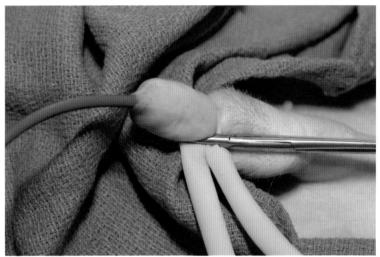

图45-5　用彭氏引流管将阴茎从包皮牵出，并进行尿道插管。

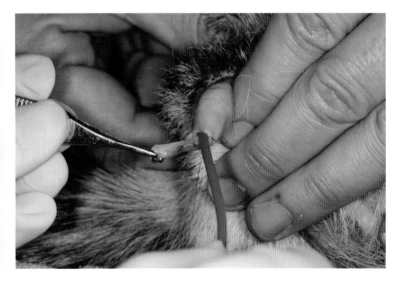

图45-6　平行阴茎头切除一部分突出的尿道黏膜。

图45-7　简单连续缝合尿道黏膜与阴茎黏膜。

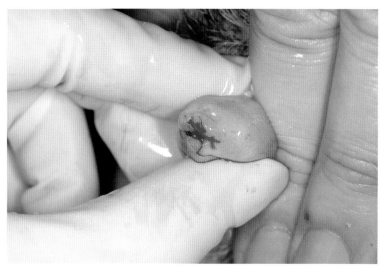

图45-8　黏膜被切除和吻合后的最终外观。

术后注意事项　　术后应该继续治疗潜在疾病，如膀胱炎。在患阴茎头包皮炎的动物，可以将局部抗生素/类固醇软膏挤入包皮内，每天数次，直到炎症消失。应该给犬戴伊丽莎白脖圈或限制装置，如侧边栏脖圈，至少7d，且应该与其他犬隔离，尤其是发情的母犬。性兴奋会增加术后肿胀和出血，因此，应该从环境中移走任何能刺激犬出现自发兴奋的因素。许多犬需要镇定，如使用乙酰丙嗪，直到伤口愈合。黏膜的缝线不需要拆除。

尿道突出切除后，从吻合部位的出血可持续达7d。如果能避免自损和兴奋，手术治疗通常预后良好。持续出现性行为的犬有复发的趋势。如果黏膜切除吻合后复发，可尝试进行尿道固定。数次复发的犬可能需要进行阴茎切除和阴囊部尿道造口。

参考文献　　Kirsch JA et al. A urethropexy technique for surgical treatment of urethral prolapse in the male dog. J Am Anim Hosp Assoc 2002;38:381-384.

Lipscomb V. Surgery of the lower urinary tract in dogs: 2. Urethral surgery. In Pract 2004;January:13-19.

Papazoglou LG and Kazakos GM. Surgical conditions of the canine penis and prepuce. Compend Contin Educ Pract Vet 2002;24:204-218.

PART

6

第六部分　会阴部手术
Perineal Procedures

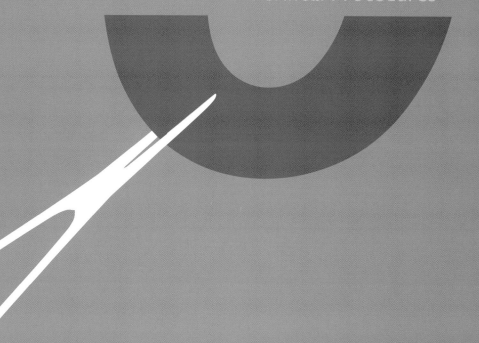

46 肛囊切除术

Anal Sacculectomy

肛囊产生糊状、恶臭的分泌物，在排粪时被正常排出。连接肛囊的导管开口于肛周4点和8点方位，位于皮肤黏膜交界处以外。肛囊内或导管开口处周围的炎症可能改变分泌物的性质，或阻止肛囊排空，引起肛囊增大和不适。肛囊切除术适用于治疗对药物治疗无应答的肛囊慢性感染或阻塞，或用于移除肛囊肿瘤。经免疫抑制疗法未能治愈的肛周瘘患犬，也可能因手术受益。

术前管理

如果手指直肠检查时发现肛囊肿物，应检查是否有转移。肛囊肿瘤通常扩散至髂下淋巴结，其次是肺。某些肛囊腺癌相关的副瘤综合征引起持续性高钙血症和继发性肾脏衰竭。因此，在患肛囊肿物的犬，应检测离子钙或总钙、磷、尿素氮、肌酐浓度，以及尿比重。肛囊炎患犬应进行变态反应检测，或检测引起皮炎的其他病因。肛囊破裂引起的蜂窝织炎应使用抗生素和镇痛剂治疗，直至炎症消失。局部脓肿应进行引流和灌洗。

手术前，在导管开口处的前内侧对肛门进行荷包缝合（见第48章）。用水或生理盐水轻轻冲洗肛囊，会阴区剃毛、准备。动物的会阴部置于手术台末端的垫子上。用绷带将尾巴向前上方牵拉固定。由于内脏挤压横膈膜，动物以会阴部状态保定时应辅助其呼吸。

手术

可采取开放式或闭合式技术切除肛囊。采用闭合式技术时，肛囊保持完整，用于有肛囊肿瘤的动物，以及貂和其他有特殊臭味分泌物的物种。此外，手术技术的选择还基于个人喜好和经验。犬的肛囊完全由肛门外括约肌的肌纤维环绕，在闭合式肛囊切除术时很难看到。

通过插入脐带绷带、Foley插管或浸泡后变硬的凝胶可使肛囊增大、坚实，便于确认。或者，可在切开过程中，将器械或棉签置于导管和肛囊中。猫的肛囊更容易确认。

如果术者手指细小，或肛囊较大，下文介绍的开放式技术操作起来更容易。运用闭合式或开放式技术，切口应尽量靠近肛囊，以降低损伤尾直肠动脉和神经的概率，使肛门外括约肌的损伤最小化。应检查切除的组织，确认肛囊已被完全切除。

手术技术：闭合式肛囊切除术

1 将有槽探针、棉棒拭子，Kelly止血钳，或5Fr、6Fr橡胶或硅树脂尖端有囊的插管（如Foley管），经导管插入肛囊（图46-1）。

a. 如果使用Foley管，将插管插入导管，直至整个囊进入肛囊。向囊内充入1~2mL无菌生理盐水，直至达到正常肛囊大小。必要时，在导管和插管周围进行缝合，以防止充水时插管退出。

b. 如果使用硬质器械，将器械尖端呈一定角度，使肛囊移向尾侧和浅表（朝向术者）。

2 在皮肤上做2~3cm的垂直曲线切口，切口应在肛门旁1~2cm，以探针或插管尖端囊的上方为中心。

3 将皮下组织与覆盖在肛囊上的肌纤维分离（图46-2）。

4 用探针或另一把器械保持肛囊向后旋转与牵引。

a. 用Allis组织钳夹持暴露的肛囊顶端。将肛囊向尾侧牵引，轻柔牵拉，防止组织撕裂。

b. 另一种方法是：一旦肛囊尾部暴露，将Kelly钳的一端插入导管和肛囊。将止血钳闭合，方便操作。

5 用虹膜剪或Metzenbaum剪，由肛囊顶端至导管，将肛门外括约肌从肛囊上分离开（图46-3）。

a. 把剪刀插入肌纤维下方，不穿透肛囊。

b. 平行于肛囊壁分离肌纤维，直至暴露反光的、浅灰白色的肛囊表面。

c. 横断附着的较大的肌纤维，靠近肛囊剪断。尽量保留足够多的肌肉。

d. 交替分离腺体四周，直至整个肛囊显露。

6 将导管从肛周组织中分离。

7 在导管与肛门交界处结扎并剪断导管（图46-4）。

8 如果有污染，用灭菌生理盐水冲洗术部。

9 将横断的肌肉和皮下组织用3-0快吸收合成缝线进行间断缝合。

10 如果需要的话，缝合皮肤，或用组织胶覆盖切口。

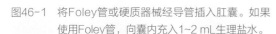
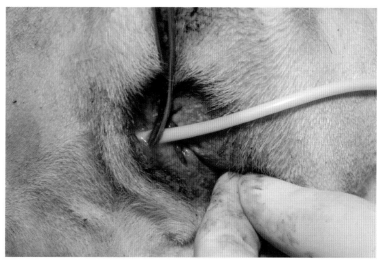

图46-1　将Foley管或硬质器械经导管插入肛囊。如果使用Foley管，向囊内充入1~2 mL生理盐水。

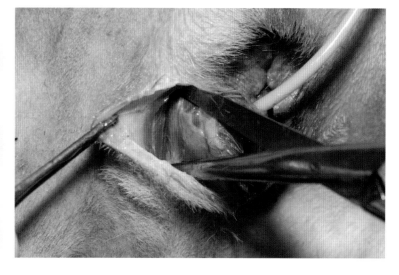

图46-2　用剪刀去除覆盖的皮下组织和薄层肌纤维。

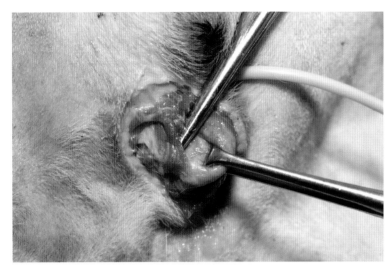

图46-3 钝性和锐性分离肛门外括约肌的肌纤维，平行延伸至肛囊表面。如果分离时需要进行外部牵引，用Allis组织钳夹持肛囊。

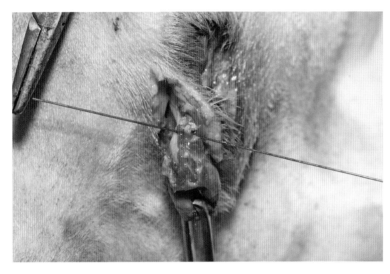

图46-4 移除Foley管，切除肛囊前先结扎导管。

手术技术：开放式肛囊切除术

1 将直的尖剪一端经导管插入肛囊（图46-5）。

2 倾斜剪刀，使尖端指向尾侧（朝向术者），使肛囊趋于浅表。

3 闭合剪刀，一次性剪开皮肤、皮下组织、肛门外括约肌和肛囊壁（图46-5）。去掉剪刀。

4 辨别反光的灰白色肛囊内壁，确认其边界。必要时扩大肛囊开口，以暴露整个表面。

5 在肛囊边缘夹上3或4个蚊式止血钳（图46-6）。止血钳在肛囊周围平均分布。

6 将非主导手食指的尖端插入开放的肛囊。用同一只手的手掌握住1或2个止血钳，使肛囊位于手指上。

7 向尾侧旋转手指和肛囊，暴露肛囊的侧面和被覆的肌纤维。

8 用15号刀片轻轻横断附着在肛囊上的肌纤维（图46-7）。

a. 执笔式持握手术刀。

b. 运用"画笔"式手法横断肛囊附着的肌纤维。

c. 继续将肛囊向后内侧旋转，暴露并紧张肌纤维。

d. 交替分离腺体四周，直至整个肛囊壁游离。

9 使用剪刀或刀片，分离导管，并在皮肤水平面将其剪断。

10 用上文描述的方式闭合（图46-8）。

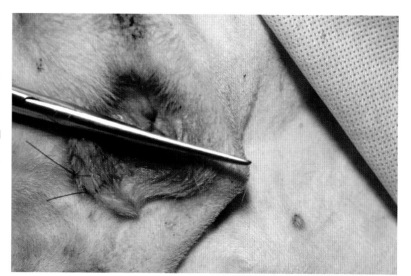

图46-5　实施开放式肛囊切除术，用剪刀剪开肛囊和被覆的组织。

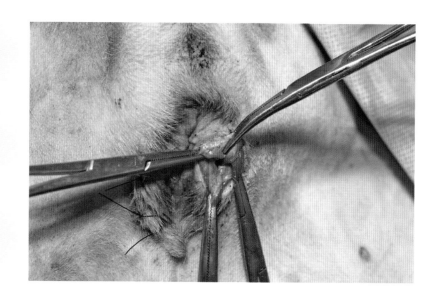

图46-6　用止血钳夹持肛囊的边缘。

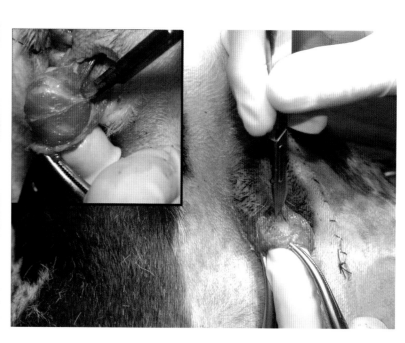

图46-7　手指插入肛囊，用刀片横断附着的肌纤维，剪切（插入）时逐渐向外旋转肛囊。

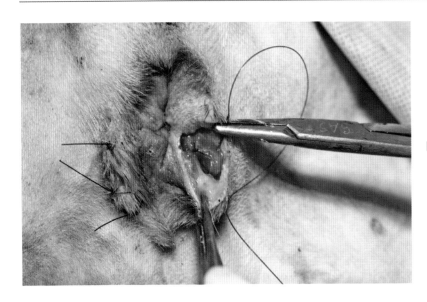

图46-8 用间断缝合闭合肌肉和皮下组织的缺损。

术后注意事项 可能需要伊丽莎白圈防止自损。潜在的并发症包括出血、感染、开裂、引流道、狭窄、大便失禁，以及临床症状持续存在。如果切口开裂，应冲洗伤口，动物应接受全身性抗生素治疗。开放的伤口允许二期愈合。如果在剥离时残留分泌性内壁，可能会出现引流窦道。动物应接受抗生素治疗和热敷，直至蜂窝织炎和肿胀消除。切开窦道直至其根部，并切除相关组织。切除的组织可送至组织学检查，以确认肛周腺组织存在。

有过敏或其他全身性皮肤疾病的患犬，若不治疗潜在的病因，摩蹭或过度舔舐会阴部的临床表现会持续存在。继发于转移性疾病的髂下淋巴结病患犬，可能需要进行淋巴结切除，以缓解高钙血症或便秘。

因医源性直肠后神经损伤造成的大便失禁很少见。如果单侧受损，在4~6周内肛门括约肌可获得对侧的神经支配，重建对大便的控制力。如果过度剥离损伤了肛门外括约肌，也能造成失禁。大便失禁会持续4个月以上，并且无法恢复。

参考文献

Bennett PF et al. Canine anal sac adenocarcinomas: clinical presentation and response to therapy. J Vet Int Med 2002;16:100-104.

Bray J. Surgical management of perineal disease in the dog. In Pract 2001;23:82-97.

Bright RM. How to perform an anal sacculectomy. NAVC Clinician's Brief 2003;June:36-38,40.

Hill LN and Smeak DD. Open versus closed bilateral anal sacculectomy for treatment of non-neoplastic anal sac disease in dogs: 95 cases (1969-1994). J Am Vet Med Assoc 2002;221:662-665.

47 会阴疝
Perineal Hernia

　　肛提肌和尾骨肌形成了盆膈，支持直肠壁，并有助于形成腹腔和坐骨直肠窝之间的自然划分界限。肌肉萎缩或慢性应变引起的应力可削弱盆膈，使直肠壁或腹部脏器进入会阴区域而形成疝。

　　会阴疝可发生于单侧或双侧。最常发生于肛门旁，有时也发生于腹侧。疝内容物通常包括偏离的直肠壁、血清液或血性液体，以及骨盆或腹膜后脂肪。前列腺、前列腺囊肿、膀胱和小肠也可进入疝囊。公犬最常见，很多是短尾品种。公猫的会阴部尿道造口术会使会阴疝更容易发生。会阴疝最常见的临床表现包括里急后重、大便困难和会阴肿胀。部分或完全尿道梗阻的动物可能会出现痛性尿淋漓、无尿或失禁。

　　可通过手指直肠检查诊断会阴疝。直肠触诊时，当发生会阴疝时，检查者的手指能很容易向侧面和尾部移动（图47-1）。当直肠积满粪便或扩张、膀胱嵌闭进入疝囊时，触诊可能较困难。猫可能需要全身麻醉，使其足够放松可进行直肠检查。膀胱翻转可通过尿道插管、造影或会阴部穿刺术进行诊断。如果会阴部穿刺液是尿液，则样本中的钾和肌酐浓度比血清中高。对于小肠或膀胱梗阻或扭转的动物，会阴疝被认为是手术急症。

图47-1　如果发生会阴疝，手指直肠检查时，检查者的手指可向尾侧的会阴区域旋转。

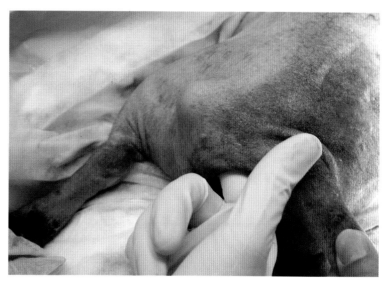

术前管理

血清化学、全血细胞计数、尿液分析用于评价代谢异常，以及是否发生脓毒症或感染。发生脓毒症或休克的动物应检查是否有凝血异常。如果尿道梗阻，术前将导尿管插入膀胱，保持减压。根据动物的代谢状况进行支持护理。患高钾血症的动物应进行利尿，直至钾浓度恢复正常，BUN和肌酐降低。对于猫，在疝修补术前应先治疗潜在的疾病，如巨结肠。对便秘动物可进行灌肠，但应避免在术前12h内进行，因液化的粪便更容易泄露，污染灭菌区域。

实施会阴疝修补术的动物通常在诱导时，以及2~6h后给预防性抗生素。如果可能的话，可通过硬膜外神经阻滞而达到术中和术后镇痛。会阴和尾根剪毛、备皮。未绝育的公犬应同时为尾部或阴囊前去势术进行备皮。用手指清空直肠，肛门进行荷包缝合。进行疝修补术时，动物呈会阴部摆位，尾巴向前牵拉。如果尾巴很短，可用帕巾钳夹持，再用绷带将其向头侧牵拉。有的临床医生会放置导尿管，以便在分离时辨别尿道。

手术

会阴疝修补术的手术技术包括原位对合、闭孔内肌瓣、人工合成或生物植入物（如，聚丙烯网状材料或猪小肠黏膜下层），以及半腱肌或臀浅肌瓣。双侧疝修补术可在同一麻醉过程中实施，用肌肉瓣或植入物闭合疝。同时存在直肠脱出或会阴疝复发的动物，除会阴疝修补术外，还推荐实施结肠固定术；有的术者会对膀胱翻转的动物实施膀胱固定术。

闭孔内肌瓣会阴疝修补术为疝孔提供绝好的覆盖。闭孔内肌是一个扇形结构，覆盖在闭孔表面的背侧。起源于耻骨内缘和坐骨弓后缘，在荐坐切带下延伸至外侧。肌腱通常有3个独立的分支，在肌肉腹外侧面汇集。闭孔内肌和孖肌的肌腱沿坐骨小切迹延伸，在进入转子窝前与闭孔外肌肌腱汇合。为改善覆盖性，减轻张力，在实施会阴疝修补术时，可在坐骨内侧横断闭孔内肌肌腱。

阴部内动脉和静脉、阴部神经经过闭孔内肌背侧。在提肛肌后缘，直肠后神经与阴部神经分离，进入肛门外括约肌，略低于括约肌中部。在骨盆腔内，坐骨神经从闭孔内肌头侧经过。骨盆外的坐骨神经沿闭孔内肌肌腱外侧面。实施会阴疝修补术的过程中，通过限制对闭孔内肌背侧的剥离，以及在跨越坐骨前横断肌腱，防止对血管和神经的损伤。

由于未绝育公犬有较高的复发率，在会阴疝修补术前或术中应实施去势术。可通过阴囊前切口或阴囊尾侧通路实施去势术。尾侧去势术难度较大，但是可以在犬保持会阴部摆位时实施。

手术技术：闭孔内肌瓣疝修补术

1 在肛门旁2~4cm处平行肛门做弧形皮肤切口（图47-2）。切口由肛门背侧直至坐骨结节腹侧至少2~3cm。

2 用剪刀或手指穿过皮下层直至疝囊，并扩大皮下切口，可能会有液体流出。

3 有必要的话，将膀胱推回腹腔前通过穿刺术清空膀胱（图47-3）。

4 使用"海绵棍"——用Allis组织钳夹持两次折叠的纱布海绵，减少疝内容物（图47-4）。

5 辨别会阴部的肌肉和血管（图47-5）。

6 将食指和中指放在坐骨结节的内侧和外侧，以回推组织，并勾勒出肌肉切口的区域。沿坐骨背侧和尾侧边缘切开闭孔内肌的附着部，向下直至骨骼（图47-6）。

7 在闭孔内肌下方紧贴骨骼插入骨膜剥离子。将肌肉从坐骨掀起，至闭孔尾侧缘头侧。

8 将食指插入肌肉下方，触摸外侧和内侧，以确认尾侧坐骨附着已被切断，特别是沿肌肉的外侧缘。

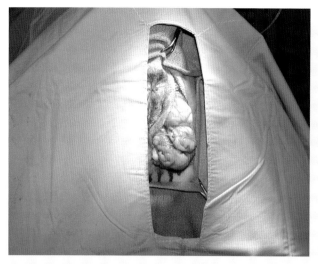

图47-2　通过延伸至坐骨结节腹侧的弧形切口暴露疝内容物。

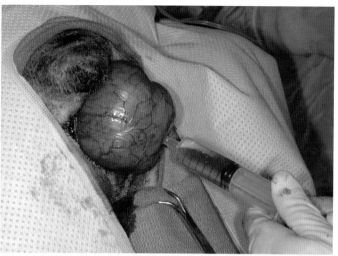

图47-3　如果膀胱充盈，穿刺排空膀胱。

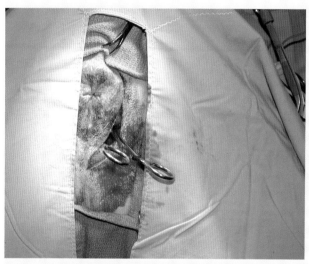

图47-4　用"海绵棍"减少疝内容物。

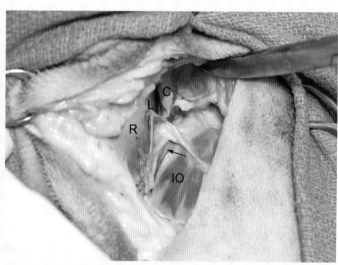

图47-5　会阴部解剖。R，直肠；L，提肛肌；C，尾骨肌；IO，闭孔内肌。箭头指示阴部内动脉和静脉。

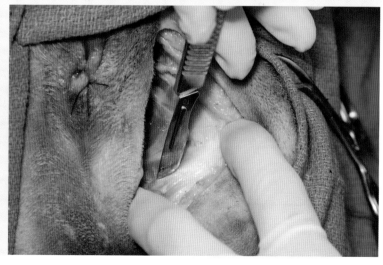

图47-6　将食指和中指置于坐骨结节边缘，切开闭孔内肌的附着。

9 如果需要的话，在肌肉尾部边缘做牵引线以便确认。

10 将弯的Kelly止血钳尖端向下，在闭孔内肌腱上、背侧肌纤维下插入。

11 向前旋转止血钳，尖端向后垂直，暴露闭孔内肌腱的3个分支（图47-7）。

12 用剪刀或手术刀在止血钳上方切开肌腱。这样做可防止对坐骨神经的损伤。

13 用食指触诊肌肉瓣下方，确认肌肉瓣侧面和尾内侧附着处已游离。如果需要进一步向头侧分离，用食指轻轻地抬起肌肉。

14 在肛门外括约肌和闭孔内肌之间预置4~6根2-0单股可吸收缝线。

    a. 通过轻轻滑动弯止血钳确认肛门外括约肌，止血钳尖端向后，沿直肠壁从头侧至尾侧移动，直至尖端到达垂直方向的括约肌（图47-8）。括约肌肌纤维沿背腹侧方向分布。

    b. 将全层闭孔内肌穿一针，包括背侧筋膜和肛门外括约肌。

    c. 将第一根缝线置于闭孔内肌腹内侧边缘和肛门括约肌腹侧区域之间。肛门括约肌的腹侧区域通常很难辨别，比较肛门的部位和缝线，以确定是否在正确的部位。

    d. 在缝线末端夹上止血钳。牵拉缝线以确认肛门向外侧移动，这样才能使对合成为一个整体。

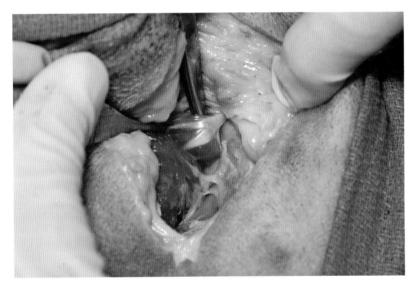

图47-7 用弯的Kelly止血钳掀起肌肉后，暴露闭孔内肌肌腱。

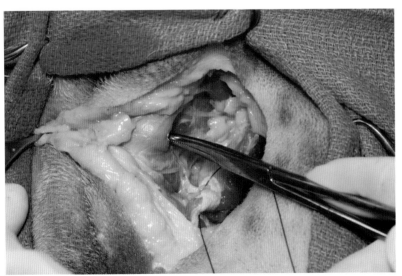

图47-8 在闭孔内肌和肛门外括约肌之间预置缝线。要确认肛门外括约肌，可轻轻将弯止血钳尖端沿直肠壁移动直至勾住括约肌。

15 如果能分辨出提肛肌/尾骨肌，在其与肛门外括约肌背侧留置一根或多根缝线。可能的话，将其与闭孔外肌缝合在一起（图47-9）。

16 缝线放置好之后，拉紧，使组织对合但不至于坏死。在收紧第一根或前两根缝线后，去掉海绵棍。

17 使用间断缝合闭合皮下组织和皮肤。

18 在未绝育公犬，暴露阴囊背侧区域，以实施尾侧去势术，或重新摆位，实施阴囊前去势术。

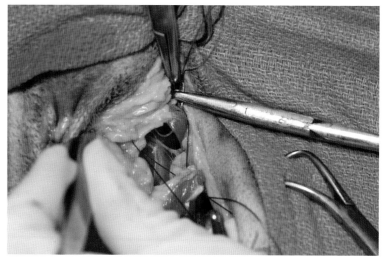

图47-9 如果可能的话，提肛肌或尾骨肌背侧也留置缝线。

手术技术：尾侧去势术

1 在尾背侧阴囊和会阴部皮肤交接处做皮肤切口（图47-10），切口深度至阴茎体的浅层。

2 将睾丸推向背侧，延伸切口的长度和深度，以实施开放性去势术。

3 将睾丸从切口推出。精索比常规去势术短，需要用更大的力牵引睾丸使其从阴囊中游离出来。

4 暴露睾丸血管和韧带，如常规去势术一样剪断（第157页）。

5 从同一切口摘除另一睾丸，切开被覆组织实施开放式去势术。

6 间断缝合闭合皮肤。

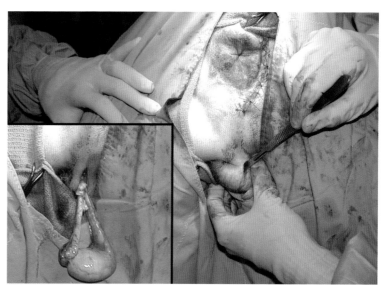

图47-10 尾部开放式去势术切口。

术后注意事项 动物苏醒前，用手指进行直肠检查，以确认疝已修复。应感觉到像正常动物一样，直肠壁被牢固支撑。给镇痛剂数日。伤口愈合前可使用低残渣的日粮和粪便软化剂（如乳果糖），以减轻术后努责。推荐术后1周佩戴伊丽莎白圈，以防自损。

会阴疝修补术后常见的并发症包括肿胀、伤口感染、里急后重、直肠脱出、大便或尿失禁，以及疝复发。围手术期使用抗生素和严格的无菌操作可降低伤口感染的发生率。术后里急后重可引起直肠脱出（见第48章）。治疗包括使用粪便软化剂、镇痛剂和乙酰丙嗪以减少努责，有的动物可能需要进行结肠固定术。大便失禁不常见，可能由潜在疾病或直肠后神经的损伤造成。如果手术中损伤了肛门外括约肌的神经，可由对侧的神经而恢复支配。尿失禁可发生在膀胱折转后，如果缺血或过度扩张引起逼尿肌严重损伤，尿失禁可能会一直存在。

会阴疝复发可能与原发疾病的持续、手术技术差或闭孔内肌萎缩有关。未绝育公犬的复发率较高，在未治疗的巨结肠患猫可能更常见。如果缝合时未包括肛门外括约肌，则闭孔内肌会阴疝修补术易失败。肥胖犬很难分辨肛门外括约肌，特别是垂直部分。复发的会阴疝修复可选择结肠固定术（第138~140页）、修复网或半腱肌瓣。可实施腹腔膀胱固定术暂时的防止膀胱折转；但是，单独实施膀胱固定术不能长期预防复发。

参考文献 Brissot HN et al. Use of laparotomy in a staged approach for resolution of bilateral or complicated perineal hernia in 41 dogs. Vet Surg 2004;33:412-421.

Sjollema BE and Vansluijs FJ. Perineal hernia in the dog by transposition of the internal obturator muscle. Vet Quarterly 1989;11:12-23.

Stoll MR et al. The use of porcine small intestinal submucosa as a biomaterial for perineal herniorrhaphy in the dog. Vet Surg 2002;31:379-390.

Szabo S et al. Use of polypropylene mesh in addition to internal obturator transposition: a review of 59 cases (2000-2004). J Am Anim Hosp Assoc 2007;43:136-142.

Vnuk D et al. Application of a semitendinosus muscle flap in the treatment of perineal hernia in a cat. Vet Red 2005;156:182-184.

Welches CD et al. Perineal hernia in the cat: a retrospective study of 40 cases. J Am Anim Hosp Assoc 1992;28:431-438.

48 直肠脱出
Rectal Prolapse

引起努责和直肠黏膜刺激的疾病可能导致直肠壁部分或全层脱出。常见的病因包括肠道寄生虫、严重的肠炎、直肠息肉、肠道肿瘤、膀胱炎、前列腺疾病或难产。直肠脱出也可发生于会阴疝修补术后。

术前管理

应检查患病动物是否有诱发因素，如肠道寄生虫；用手指进行直肠检查，触诊是否有肿物，以确认脱出起源于直肠。在发生直肠脱出的动物，肛门黏膜皮肤交界处很容易看到，润滑后的手指或探针能插入肠腔。在发生回肠结肠套叠的动物（图48-1），钝头探针可以很轻易地插入脱出组织旁的肛门。如果发生回肠结肠套叠，需要经腹部通路修复，可能要实施切除吻合术。

诱导麻醉后，建议实施硬膜外麻醉，以进一步松弛肛门括约肌，减轻术后早期的努责。术中动物的摆位取决于所做的操作。在侧卧或仰侧保定的动物很容易进行荷包缝合。会阴部保定通常用于要进行直肠切除吻合术的动物（俯卧，后肢抬起，置于手术台边缘的垫子上）。由于桌面倾斜，动物呈头低位，在会阴部操作时需进行呼吸支持。

在尝试手动减轻单纯的直肠脱出之前，应该用温水或生理盐水轻轻冲洗水肿的组织。在黏膜面用50%葡萄糖进行喷雾可减轻水肿，但在某些动物会造成进一步的刺激。脱出的组织用大量的灭菌水溶性润滑剂包裹，然后用戴手套的手指使其复位。

手术

如果脱出继发于息肉，应通过黏膜切除和闭合移除肿物。在这种情况下，脱出通常自然缓解，无需进一步治疗。如果脱出急性发生，组织有活性，未被破坏，建议进行手动复位和固定。进行荷包缝合以保证组织复位。如果发生广泛性脱出，可能需要通过腹部通路复位健康组织。复位前，无活力的脱出组织需要进行切除和吻合。

手术技术：荷包缝合

1 使用弧形或直针、2-0或3-0单股不可吸收缝线。

2 在黏膜和皮肤交界、肛囊开口处内侧（深部）入针，以保证肛囊不被阻塞或破坏（图48-2）。

3 在黏膜皮肤交界处沿外周行针，针距1cm（图48-3）。

4 一旦完全环绕肛门，将润滑的注射器套插入，约为最终需要的直径，然后拉紧缝线并打结（图48-4）。最终直径应能够使软便通过。

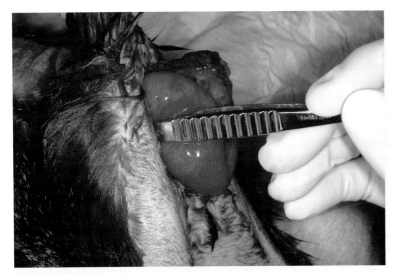

图48-1 回肠结肠套叠脱出。与直肠脱出不同，手指或器械的钝端可轻易地通过脱出的套叠组织和肛门之间插入。

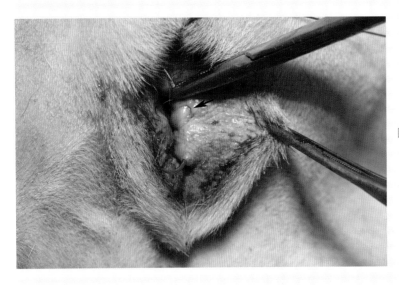

图48-2 在黏膜皮肤交界处、肛囊导管开口处（箭头所示）行针，针距1cm。

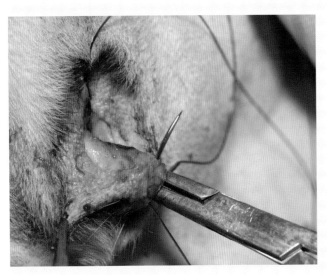

图48-3 继续在肛周行针。

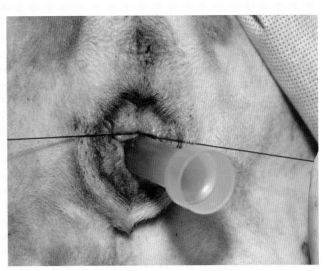

图48-4 在合适大小的导管或注射器周围收紧荷包缝合，使肛门的开口约为原来直径的1/3。

手术技术：直肠切除术和吻合术

1 动物会阴部摆位。

2 将润滑过的注射器套、柔韧的管子或红色橡胶插管插入肠腔。

3 为防止直肠回缩，将脱出组织全层用吊线固定。

　a. 距肛门1~2cm，在脱出组织的周围用单股缝线做3~4个褥式缝合。针尖穿过各层时应触碰到注射器套、管或插管。在缝线上夹持止血钳或打结，轻轻对合各层，留置较长的缝线末端。

　b. 另一种方法是，将2个长的直针相互垂直穿过脱出组织和插管，或红色橡胶管，以防止组织回缩（图48-5）。

4 沿脱出组织外周切除1/3~1/2（图48-6）。

　a. 用手术刀片切开直肠后端（远端）直至吊线处，平行于肛门皮肤交界线，用管子或注射器套做切开的边缘。

　b. 另一种方法是，用剪刀沿脱出物的长轴剪开直肠，直至紧贴吊线的后端（远端）。然后，平行于肛门皮肤交界线，沿脱出组织周围剪开。

5 将切口边缘进行全层缝合，用3-0或4-0单股合成可吸收线进行简单连续或间断缝合，间距2~3mm，将结留在直肠腔内（图48-7）。穿较大的一针以保证缝合包含黏膜下层。

6 剪切和缝合余下的组织。

7 移除吊线，使外翻的直肠回复（图48-8）。

8 润滑手指，轻轻进行直肠检查，以确认直肠腔开放，切口的闭合完成。

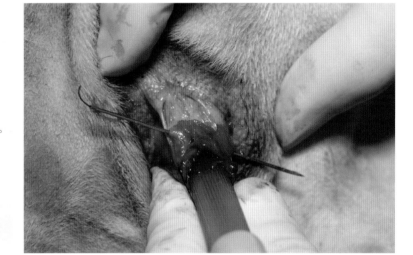

图48-5　直针穿过脱出组织和软管，以防止直肠回缩。

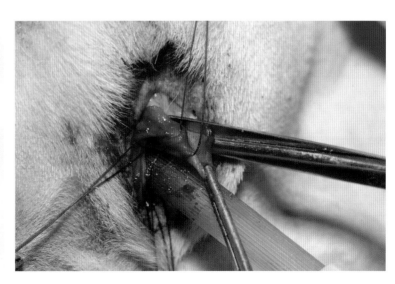

图48-6　沿脱出组织外周切除1/3~1/2。在这个动物，脱出组织被切除部位近端和远端预留吊线。

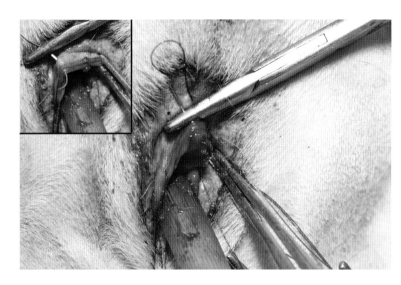

图48-7　用连续或间断缝合对合切口边缘。保证包含两侧的黏膜下层（小图）。

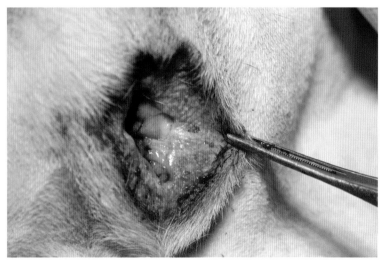

图48-8　直肠切除和吻合术后的外观。

术后注意事项

　　在实施切除术和吻合术的动物，不能经直肠测量术后体温。直肠脱出患犬的荷包缝合保留3~7d，同时治疗潜在疾病，在此期间用低残留日粮饲喂动物。必要时给粪便软化剂（如乳果糖）以保持粪便软化。乙酰丙嗪和镇痛剂可减轻努责和不适。有的临床医生局部给利多卡因，以减轻里急后重。

　　术后并发症包括里急后重、便血、大便困难和复发。对努责或排便时疼痛的动物，应检查粪便性状和肛门口直径。复发的直肠脱出可通过结肠固定术进行治疗（第94~96页）。切除和吻合术后可能出现开裂、局部感染、狭窄、大便失禁或直肠脱出。

参考文献

　　Popovitch CA et al. Colopexy as a treatment for rectal prolapse in dogs and cats: a retrospective study of 14 cases. Vet Surg 1994;23:115-118.

　　Pratschke K. Surgical diseases of the colon and rectum in small animals. In Pract 2005;27:354-362.

49 断尾术
Tail Amputation

在成年犬，断尾术最常用于治疗创伤性皮肤缺失、缺血或失神经支配。结合其他疗法，断尾术也能用于改善免疫抑制疗法未治愈的肛周瘘患犬的状况。内生性或卷尾引起的脓皮症也能在断尾和切除相关皮褶后得到改善。这种情况的手术切除会很复杂，建议寻求专家帮助。

术前管理

如果要截除尾尖，应告知主人伤口有裂开的风险，这种情况常见于灰猎犬和其他一些动物，它们用尾巴敲击坚硬表面时对尾巴造成持续性创伤。尾部麻痹的动物应检查是否有其他神经异常，如脊椎骨折和排尿异常。实施近端或全部断尾术时，建议进行肛门荷包缝合和预防性给抗生素。硬膜外麻醉或局部滴注布比卡因可阻滞术部。在预计切口周围至少10cm范围内剃毛，包裹尾部远端，覆盖所有毛发。可进行悬吊准备，手术时用灭菌敷料覆盖最初的绷带。可在断尾处近端几厘米处扎止血带，以减少术中出血。

手术

通常在椎间隙实施断尾术。通过在预计切口附近弯曲和伸展尾部触摸椎体，确定关节腔。关节位于活动性最大的部位，紧靠乳突前方，位于头侧椎体的背外侧表面。关节区域触摸起来比椎体中部更厚更宽。在关节腔远端做皮肤切口，留出组织瓣以盖住骨末端。皮瓣应足够长，以保证皮肤闭合时没有张力。尾部皮肤与下层组织附着紧密，难以提起，通常需要锐性分离纤维附着，使皮肤游离。

尾部的主要血管包括靠近横突的外侧尾动脉，尾腹侧的尾中动脉。偶尔这些动脉能在切开时分辨出来。更多时候，它们埋藏在肌肉中，在断尾处的头侧一并结扎血管和周围的肌束即可止血。较小的血管位于椎骨的背外侧和腹外侧，与其他血管间断性吻合。在横断前后可结扎或烧烙。

手术技术：断尾

1 在预计断尾的关节腔远端1~2cm处，尾背侧皮肤表面做U形切口。

2 在腹侧面以相似的方法切开。

3 用弯Mayo剪或手术刀剥离皮肤和椎体间的附着（图49-1）。

4 提起椎间隙前的皮肤和皮下组织。

5 在断尾处头侧结扎椎体外侧和腹侧的血管。用带圆针的3-0可吸收缝线做整体结扎。在血管区域穿一针，深至骨骼（图49-2）。打结后，血管与周围肌肉包裹在一起。

6 在皮肤切口头侧足够远处断尾，以提供无张力的闭合。

　　a. 用拇指指甲和其他手指触摸，找到骨骼最厚的部位。

　　b. 将手术刀垂直于尾巴长轴，插入腹侧或背侧关节腔，切断连接的韧带和肌肉（图49-3）。

　　c. 如果关节较难找，慢慢将刀片沿关节表面向前或向后滑动，直到落入关节腔。

　　d. 另一种方法是，用骨剪从椎体中部横断。剪断所有残留的软组织附着，然后用咬骨钳将骨的末端修理光滑。

7 如果扎上了止血带，断尾后解开，并评估术部是否出血（图49-4）。结扎或烧烙任何出血的血管。

8 将皮肤覆盖骨骼末端，评价活瓣的长度。如果过多，修剪腹侧活瓣以使背侧活瓣能够覆盖骨的尖端。

9 可能的话，将肌肉和皮下各层用3-0单股可吸收材料做间断包埋缝合（图49-5）。

10 间断缝合闭合皮肤（图49-6）。

　　a. 仅穿透表皮和真皮层，以使皮下组织内翻，被皮肤覆盖。

　　b. 如果闭合皮肤时有张力，在完全闭合前用咬骨钳去除多余的骨骼。

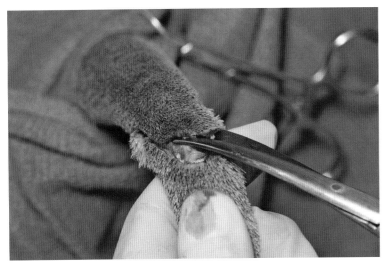

图49-1　锐性分离皮肤和皮下组织间的附着。

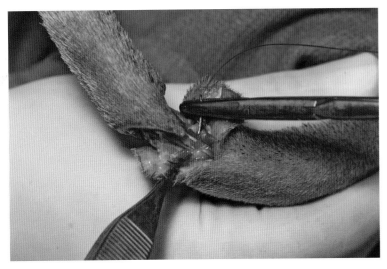

图49-2　在肌肉周围至骨骼穿一针，整体结扎血管。

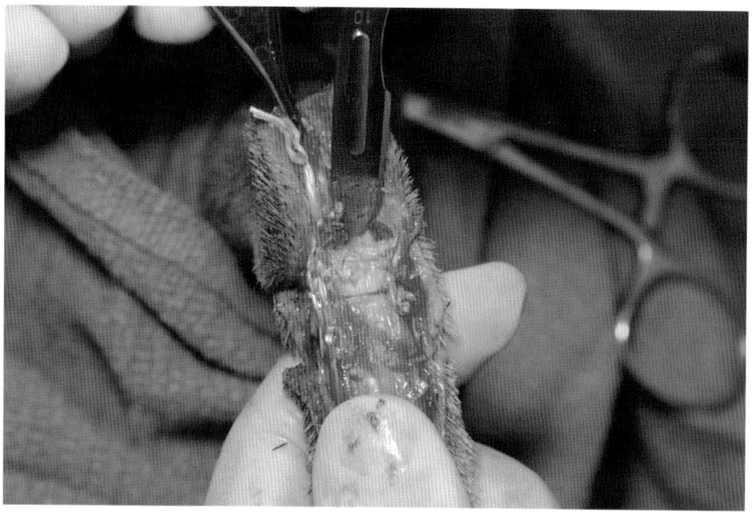

图49-3 将皮肤向头侧推起，手术刀垂直于尾巴长轴插入关节腔。关节腔位于骨骼最厚处。

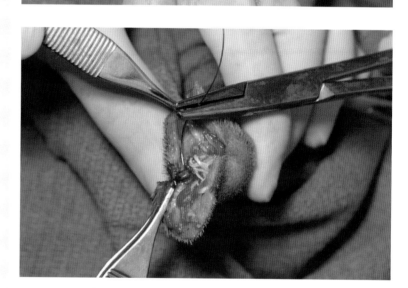

图49-4 解开止血带，结扎剩余的血管。

图49-5 可能的话，闭合皮肤前，用间断内翻缝合对合皮下组织。

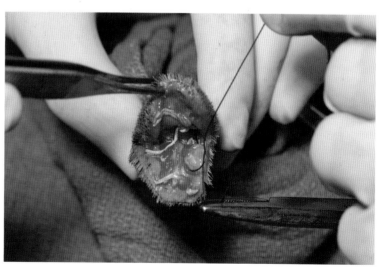

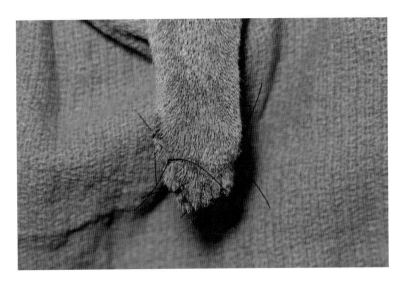

图49-6　皮肤闭合后的外观。

术后注意事项　可能需要伊丽莎白脖圈和绷带包扎，以防止自损。长尾的犬可将尾巴绑于犬身体一侧以作保护。或者使用贴合犬体壁、向尾侧和上方延伸的铝条，尾巴可绑在尾侧延伸上。对于倾向于用尾巴频繁敲击物体的犬，可将用塑料、管子或模型材料填充的注射器放置在尾巴上，绑在健康皮肤的近端以保护断尾处，直至拆线。通常术后10~14d拆线。

潜在的并发症包括伤口开裂、创伤、出血和坏死。并发症更常见于持续性损伤尾巴残端的犬。高位断尾较少造成开裂或坏死，因为组织血管更丰富，剥离时皮肤更容易被提起。

参考文献　Rigg DL and Schwink KL. Tail amputation in the dog. Compend Contin Educ Pract Vet 1983;5:719-724.

Van Ee RT and Palminteri A. Tail amputation for treatment of perianal fistulas in dogs. J Am Anim Hosp Assoc 1987;23:95-100.

50 口鼻瘘
Orsonasal Fistulas

口鼻瘘是指口腔与鼻腔先天性或后天性相通。在年轻动物，通常继发于先天性腭裂。而后天性口鼻瘘最常见于拔除上颌犬齿或第四前臼齿后。口鼻瘘可分为愈合性和非愈合性两种。愈合性口鼻瘘是指口腔与鼻腔的黏膜相连。

口鼻瘘的临床症状包括打喷嚏、流鼻涕、鼻炎和口臭。治疗方法取决于瘘的大小及其慢性程度。对于拔除上颌犬齿导致的急性口鼻瘘在老年动物通常需要缝合修补，而年轻动物通常可自愈。坏死或感染的口鼻瘘需保持开放以利于引流及肉芽生长。当动物存在较大的坏死性瘘时应先采取抗生素治疗，并通过食道饲管或胃饲管饲喂，直至黏膜及纤维组织有足够的强度用于手术修补。

对于先天性口鼻瘘（继发于腭裂），很多术者等患病动物年龄至少大于4月龄再进行修补。这是因为一方面动物更能耐受麻醉，另一方面随着幼犬和幼猫年龄的增加上颌骨进一步长大，瘘相对变小，更易于修补。

术前管理

如果怀疑患病动物存在吸入性肺炎，应进行胸部X线检查。若存在肺炎应进行药物治疗直至症状消失。对头部进行X线平片或CT检查，有助于发现齿根脓肿、齿根残留、异物、肿瘤或感染造成的骨骼变形。因肿瘤进行上颌骨切除术后发展形成的口鼻瘘，应对瘘边缘进行活组织检查，以确定肿瘤是否复发。对患鼻炎的动物应进行鼻腔的细菌培养及药敏试验。患有鼻炎、脓肿或齿龈炎的动物应进行抗生素治疗，其他动物则不需要。

局部神经传导阻滞可提供良好的术后镇痛。上颌前部由眶下神经支配，可先触及眶下孔，在其背侧与第2或第3前臼齿之间进行传导阻滞。若要阻滞上颌神经可在颧弓下方的凹陷处也就是上颌骨尾侧与下颌支头侧之间注射局麻药。如果担心修补后再次开裂，可放置颈部食道饲管或胃饲管给肠内营养。对于患有慢性复发性口鼻瘘的动物，如要再次修补，应至少与前次手术间隔1个月，以使术部组织能够发生血管再生并恢复强度。

手术时动物通常仰卧；气管插管与呼吸回路之间应以直角连接，以防止回路干扰术野。在放置了带套囊气管插管后，用消毒液轻轻冲洗口腔。

手术

大部分急性，非愈合性口鼻瘘可利用由齿龈黏膜制成的单蒂滑动或推进皮瓣以及临近的上腭、齿龈或唇黏膜进行修补（图50-1）。慢性愈合性口鼻瘘通常缝合两层，以改善强度并立即重建鼻腔和口腔。利用瘘周围的口腔黏膜制作1个或2个翻转皮瓣替代缺失的鼻腔黏膜，再用上腭或唇黏膜制作滑动或旋转皮瓣进行覆盖。为了防止牙齿损伤唇黏膜瓣的蒂，可能需要将其拔除。

用牵引线或细齿组织镊对分离的组织进行操作，操作应尽可能少且轻柔。用3-0至5-0合成可吸收缝线间断或连续缝合皮瓣，在鼻腔或口腔内打结。推荐使用合成多股缝线，因为其柔软、坚韧、易弯。但也有很多术者更习惯选择单股缝线。

对术中的轻微出血可压迫止血。腭大动脉从第4上前臼齿内侧的腭骨小孔发出，在黏膜内向头侧延伸。如果该血管破裂，需要结扎或电凝烧烙止血。

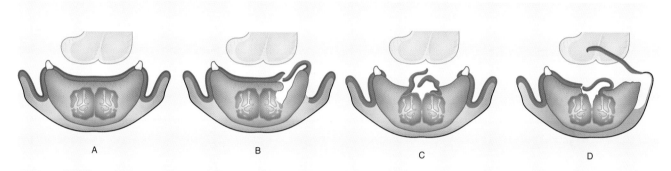

图50-1　口鼻瘘修补技术。A：正常犬上颌及舌（上方）的横断面。B：单侧翻转齿龈黏膜瓣。C：双侧翻转上腭黏膜瓣。D：用翻转上腭黏膜瓣及唇黏膜推进黏膜瓣进行2层缝合。

手术技术：单侧或双侧翻转黏膜皮瓣（图50-1B和图50-1C）

注意：翻转黏膜皮瓣主要用于修补愈合性瘘。翻转皮瓣可单独使用也可作为两层缝合时的第一层。

1　测量瘘的直径以确定皮瓣的大小。对于单侧翻转皮瓣，测量的瘘的直径并增加4~5mm，而对于双侧翻转皮瓣，测量瘘直径的1/2，并增加2~3mm。

2　平行于瘘边缘，在其外侧切开黏膜及骨膜（图50-2）。

3　用骨膜剥离器向瘘的方向分离黏膜及其下方的骨膜。对于位置靠外侧的瘘，分离外侧皮瓣时，应先包括黏膜及骨膜或上颌骨齿槽突上的纤维组织。

4　向愈合的"折转"缘即鼻腔与口腔黏膜连接处小心分离。若分离过于用力，有时会破坏血液供应或沿瘘撕裂皮瓣基部。

5　对于双侧带蒂皮瓣：

a.　将两侧的黏膜瓣分离翻转，使口腔黏膜形成新的鼻腔上皮。

b.　在瘘中部，间断或连续缝合翻转皮瓣（图50-3）。

6　对于单侧皮瓣，将皮瓣翻转后与对侧的口腔黏膜缝合：

a.　沿瘘的一侧切开并分离组织做单个翻转皮瓣，基部沿着一侧瘘边缘。

b.　沿另一侧的瘘边缘做一切口，沿此切口向外侧分离上颌黏膜（图50-4）。

c.　分离单侧黏膜骨膜皮瓣，并将其翻转（图50-5），插入对侧的硬腭骨与提起的黏膜骨膜之间（图50-6）。

d.　用3-0或4-0可吸收缝线褥式缝合组织，这样线结会位于上腭骨上方。

7　间断缝合闭合瘘周围剩余的间隙。如果可能，采用唇推进皮瓣或双侧双蒂黏膜骨膜瓣覆盖翻转皮瓣。

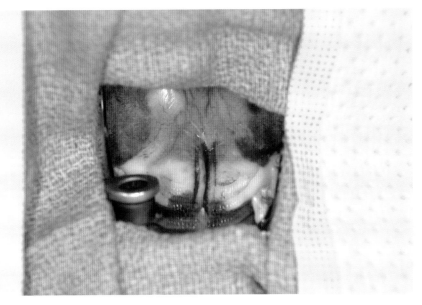

图50-2 双侧翻转皮瓣。平行于瘘两边，在瘘外侧几毫米处切开两侧的上腭黏膜及骨膜。

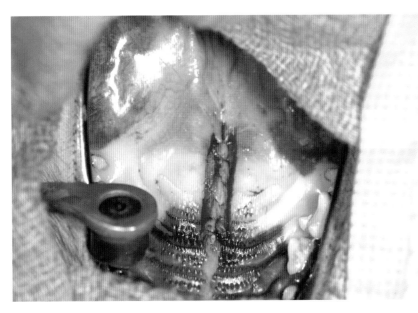

图50-3 当两侧的黏膜骨膜分离至瘘边缘后，翻转并连续缝合两侧的黏膜瓣。

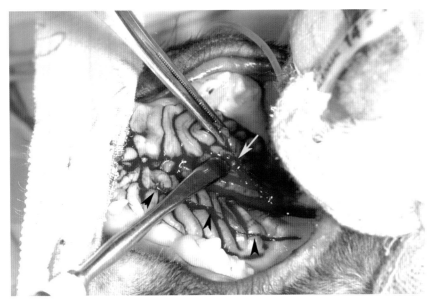

图50-4 单侧翻转皮瓣。平行瘘做切口（箭头），并制成比瘘宽4~5mm的皮瓣。平行并临近对侧瘘边缘做另一个切口，并向外侧分离黏膜骨膜（黄箭头），将翻转皮瓣插入黏膜骨膜下。

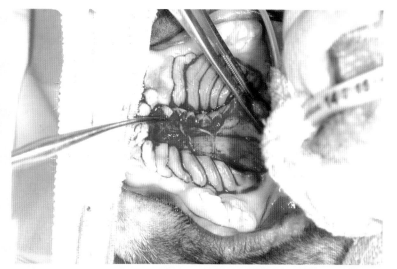

图50-5 将单侧翻转皮瓣向瘘分离。使位于瘘边缘的皮瓣基部保持完整。尽可能避开腭大动脉。

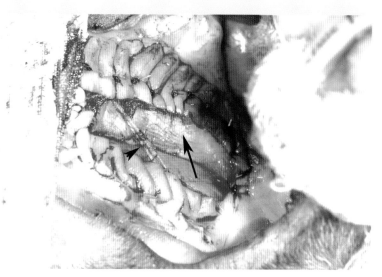

图50-6 将皮瓣翻转（长箭头所示）并将其边缘插入对侧分离的黏膜骨膜下，缝合固定。尽可能保留上腭的主血管（短箭头所示）。

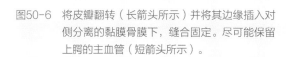

手术技术：唇/颊黏膜推进皮瓣（图50-1D）

注意：唇或颊黏膜推进皮瓣可用于单层修补非愈合性或愈合性口鼻瘘，也可作为第二层覆盖翻转黏膜瓣。

1 如果瘘位于上腭的中央，拔除瘘与黏膜瓣供皮处之间的所有牙齿。用咬骨钳或骨锉修整粗糙的齿槽骨边缘；这使齿槽骨变得宽阔而光滑，以放置皮瓣。

2 于齿龈和唇黏膜做两个切口，起于瘘的头侧和尾侧端并向唇边缘延伸（图50-7）。2个切口应向两侧轻微分开，使皮瓣基部宽于瘘的长度。

3 在剩余的唇部，用Metzenbaum剪钝性及锐性分离唇黏膜及其纤维固有层。

   a. 为了使组织更易分离，先由预计的皮瓣一侧开始分离，保留皮瓣与瘘边缘的连接处（图50-8）。这样做后无需过多操作便能将皮瓣分离。当皮瓣从其附着处游离后，可以沿瘘边缘将皮瓣连接处切断并将其提起（图50-9）。

   b. 向外侧分离足够的长度，使黏膜瓣能够越过瘘而不会产生过大的张力，而且不会引起唇向内侧严重偏移（图50-10）。如果需要，可延长平行的黏膜瓣切口使黏膜瓣延长。

4 用骨膜剥离器沿对侧瘘边缘分离上腭黏膜和骨膜的边缘。对于愈合性瘘，在分离前先切开瘘边缘。

5 用反棱针或圆针，合成可吸收缝线简单间断缝合唇黏膜皮瓣和上腭黏膜骨膜，可单层或双层缝合（图50-11）。使用简单间断或水平褥式缝合时，针距3~4mm。

　　a. 如果单层缝合，黏膜对合时可包埋或不包埋结。

　　b. 如果双层缝合，用几针结节缝合上腭的黏膜骨膜与唇皮瓣的黏膜固有层，第二层缝合黏膜骨膜与唇皮瓣游离端之间的口腔面。

6 沿皮瓣基部简单间断闭合唇黏膜缺损。为了缝合坚固，应在剩余牙齿的齿龈部进针更深一些。

7 口腔内的线结留2~3mm长的线头。

8 较大的口鼻瘘可能需要双侧唇黏膜推进皮瓣进行修补。对于这类病例，在两侧都施行步骤1~5；在中线处缝合两侧皮瓣，如上所述闭合边缘。

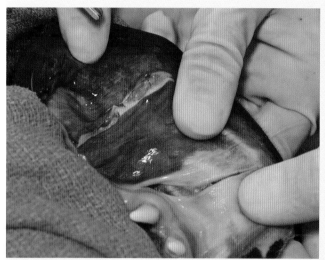

图50-7　唇推进皮瓣。垂直瘘边缘向唇边缘做两个切口。

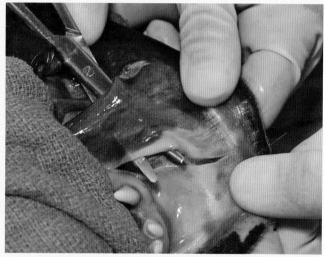

图50-8　用剪刀分离唇和颊黏膜，避免过深损伤唇神经。

图50-9　沿瘘的边缘切开黏膜与皮瓣间的连接，锐性及钝性切断相连的黏膜下层。在皮瓣上留置牵引线以利于操作。

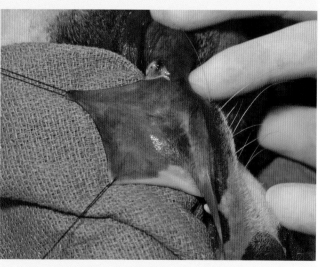

图50-10　向唇边缘分离皮瓣，直到皮瓣大小足以将瘘盖住。

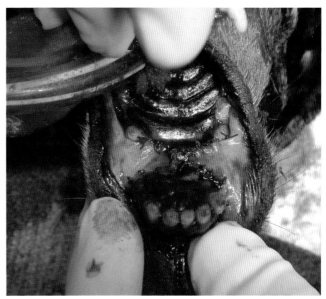

图50-11　将皮瓣与硬腭游离缘、齿龈及唇黏膜缝合。

手术技术：双侧黏膜骨膜滑动皮瓣

注意：双侧黏膜骨膜滑动皮瓣用于修补硬腭中央的口鼻瘘。如果组织足够，可将该皮瓣作为第二层，覆盖上腭翻转皮瓣。

1　如果可能，先用单侧或双侧黏膜翻转皮瓣修补瘘（图50-2）。

2　为了在上颚做全层减张切口，在两侧沿齿弓各做一道深至上颚骨的切口，保留皮瓣头侧和尾侧的附着处。

3　从瘘边缘头侧开始，小心地由内向外将黏膜骨膜从腭骨分离。尽量保护颚大动脉。

4　两侧皮瓣都分离完成后，将他们向中线滑动并简单间断缝合（图50-12）。

5　外侧暴露的腭骨会在24~48h内被肉芽组织覆盖。

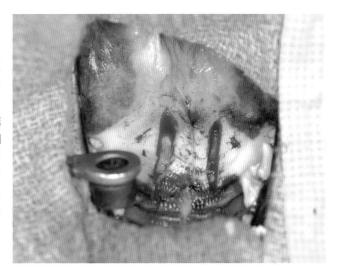

图50-12　用黏膜骨膜双蒂滑动皮瓣作为第二层覆盖腭翻转皮瓣，修补图50-2和图50-3中的猫口鼻瘘。

手术技术：黏膜骨膜或黏膜旋转皮瓣

注意：黏膜骨膜或黏膜旋转皮瓣主要作为第二层覆盖翻转皮瓣。该皮瓣与黏膜骨膜滑动皮瓣类似，但该皮瓣只有一个蒂。

1 如果可能，先用单侧齿龈/唇黏膜翻转皮瓣修补口鼻瘘。

   a. 对于愈合性瘘，沿瘘外侧（唇部）缘，以翻转黏膜皮瓣的折转处为基部制作皮瓣。

   b. 由唇侧向瘘方向分离皮瓣，注意保护口腔与鼻腔黏膜结合部。

   c. 如前文所述缝合皮瓣。

2 选择供皮处，用上腭黏膜骨膜或唇/颊黏膜制作皮瓣。唇/颊黏膜瓣基部可位于瘘的头侧或尾侧。如果采用上腭黏膜瓣，理想的皮瓣基部应位于瘘尾侧，以包含腭大动脉。

3 测量瘘直径，黏膜瓣宽度应比测量值宽2~3mm。

4 根据设计的皮瓣宽度，切开皮瓣的一边。

   a. 如果制作唇/颊黏膜旋转皮瓣，沿设计的皮瓣基部做两条平行切口。

   b. 如果制作腭黏膜骨膜皮瓣，平行瘘的一侧做切口。将此切口扩大至预计长度。沿瘘边缘做第二条切口，切口越过瘘的末端。

5 在瘘末端外做一条连接切口，形成"舌型"皮瓣，该皮瓣比瘘略宽，长度是瘘的1.5~3倍。

6 分离皮瓣。如果采用唇/颊黏膜瓣，需在背侧唇神经分支的浅层进行分离。

7 旋转皮瓣覆盖瘘，4-0可吸收缝线简单间断缝合皮瓣与黏膜骨膜边缘。

8 如果采用唇/颊黏膜皮瓣，连续或间断缝合供皮处缺损。如果采用上腭皮瓣，所得的缺损可保留并通过二期愈合。

术后管理

    术后应监测动物是否呼吸困难，因为术部出血可能阻塞鼻腔。为了减少对修补部位的损伤，使用1~2周饲管或饲喂至少5周流食。可将罐头食物作成肉丸，方便动物叼取和吞咽。术后1个月内应避免动物咀嚼玩具、骨头以及其他坚硬物体，直至术部完全愈合。口腔内的缝线不需要拆除，术后2~3周内会脱落。

    开裂在较大的瘘中很常见，一般在术后3~5d内出现。术中的损伤、张力、切开时使用电刀以及之前受到过辐射都会增加开裂的几率。对于患复发性口鼻瘘的动物，如果患有鼻炎可用抗生素进行治疗，并放置饲管喂食。1个月后重新评估组织状况并进行二次手术。

参考文献

Maretta SM. Single mucoperiosteal flap for oronasal fistula repair. J Vet Dent 2005;22:200-205.

Sivacolundhu RK. Use of local and axial pattern flaps for reconstruction of the hard and soft palate. Clin Tech Small Anim Pract 2007;22:61-69.

Smith MM. Oronasal fistula repair. Clin Tech Small Anim Pract 2000;15:243-250.

51 耳道外侧切开术
Lateral Ear Canal Resection

耳道外侧切开术，也就是所谓的Zepp法的适应证包括纠正先天缺陷、切除背外侧耳道壁的良性肿物以及扩大发炎的耳道以利于药物治疗。对于外耳道先天性狭窄（最常见于沙皮犬）或毛发生长过度的动物，外耳道通风不良及潮湿的环境可能会导致反复发作的外耳炎，这些动物可能只有通过切除耳道外侧壁而改善耳道微环境进行治疗。对于耳道已存在炎症的动物，耳道外侧切开术可改善耳道引流并有利于局部用药。但如果这些患病动物有合理的局部药物治疗并解决了潜在的皮肤问题，可能并不需要手术治疗。外侧耳道切开术对于耳道已经增生或钙化的病例并没有太大作用。

术前管理

应进行彻底的皮肤病检查，以排除常规皮肤疾病。全身疾病评估应包括检测T4和TSH的水平，因为甲状腺机能减退会使动物易患外耳炎。对于耳道反复感染或存在革兰氏阴性菌的动物，建议进行耳道的细胞学检查及微生物培养。如果在耳部或皮肤的细胞学检查中发现存在酵母菌，应检查患犬是否存在需要进行处理的潜在过敏。建议进行头部X线或CT检查，评估鼓泡，以确定是否存在中耳炎。慢性中耳炎可能需要进行腹侧鼓泡切开术。

动物麻醉后，手术侧的面部剃毛，范围由唇部至眼睑外眦的腹侧正中线至背侧正中线，至可触及的耳道尾侧5~8cm。耳郭凸起面可剃毛也可用创巾隔离出术野。动物侧卧保定。可用折叠的毛巾将头部适当垫高。用消毒剂对耳部进行准备和刷洗。由于有消毒液存在耳毒性的报道，一些术者建议在鼓膜穿孔的情况下只用无菌生理盐水冲洗水平耳道。若没有给动物治疗性围手术期抗生素，应预防性的给抗生素。

手术

垂直耳道的最外侧存在两个切迹：头侧的耳屏螺旋或耳屏前切迹，尾侧的屏间切迹。这两个切迹标示出了切口的头侧和尾侧界限。有些犬的腮腺覆盖垂直耳道，必须将其分离开以显露外侧耳道壁。在该部位横断部分腮腺不会导致唾液腺囊肿。由于垂直耳道与水平耳道之间呈螺旋形连接，有时可能将耳道瓣切的过窄或过于靠近尾侧。制作耳道外壁瓣时可由背侧开始，小心的交替在两侧一点点的切开，或从腹侧开始，这样就可以直接在希望的位置定位皮瓣基部。耳道瓣制作完成后便很容易看到水平耳道，耳道瓣基部与水平耳道底壁之间不应有隆起。

手术技术：耳道外侧切开

1 在垂直耳道外做U形皮肤切口，起于耳屏前切迹，止于屏间切迹，腹侧最低点应位于可触及的垂直耳道最低点下方至少1cm处（图51-1）。

2 沿垂直耳道外侧壁钝性及锐性分离皮下组织，显露耳道壁（图51-2）。

3 从耳屏前和屏间切迹开始在垂直耳道外壁做两道平行切口，切开耳道壁至垂直耳道与水平耳道交界处，可以从切迹处开始切开或从耳道连接处开始切开。

   a. 如果从背侧的切迹处开始切开（图51-3）：

      i. 术者站在患犬背侧，用Allis组织钳夹持皮瓣或垂直耳道外侧软骨的背侧缘。

      ii. 用直Mayo剪，由一侧切迹开始以一定角度向垂直耳道腹侧方向切开，垂直耳道壁1cm（图51-3）。

      iii. 由对侧切迹开始，以同样方法切开耳道壁。

      iv. 逐渐地交替扩大每个切口，在每次剪开前检查耳道内部，以确认两道切口将垂直耳道平分。在扩大切口前可将镊子插入耳道评估耳道深度及位置。

      v. 将切口扩大至垂直耳道底部。

   b. 如果从腹侧的垂直与水平耳道交界处切开：

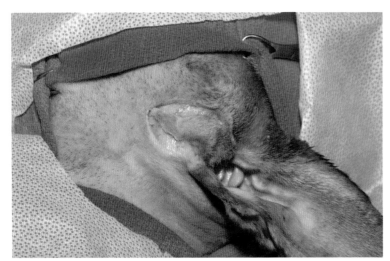

图51-1　在垂直耳道外侧U形切开皮肤。

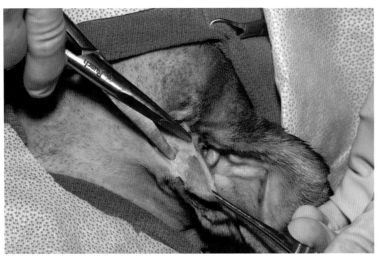

图51-2　钝性及锐性分离皮下组织以显露垂直耳道外侧壁。

    i. 术者站在患犬腹侧。

    ii. 用11号刀片在预定皮瓣的最腹侧（水平与垂直耳道交界处的背侧）戳开两条平行的切口（图51-4）。

    iii. 用Mayo剪向背侧扩大切口至耳屏切迹（图51-5）。

4 向腹侧牵拉切开的耳道外侧壁以确认垂直耳道已被完全切开（图51-6）。如果耳道瓣形成的皱褶将水平耳道开口遮挡了1/2，则向水平耳道中点处扩大软骨切口（图51-7和图51-8）。

5 切除外侧软骨瓣背侧（远端）的1/2~2/3及相连皮肤，在水平耳道开口的下方留1~3cm作为引流板（图51-9）。

6 如果由于软骨过厚导致耳道瓣无法展平。可用止血钳将计划翻转部位的软骨与其内侧的上皮分离，切除此处的软骨，只保留完整的上皮。

7 根据需要切除面部皮肤，使耳道瓣向水平耳道口腹侧拉开。

8 用3-0或4-0尼龙线或聚丙烯缝线对合耳道上皮与皮肤。

    a. 首先简单间断缝合皮瓣的两个角（图51-10）以及两侧的折转处（图51-11）。如果耳道瓣没有展平，可切除部分腹侧缘的皮肤，使耳道瓣腹侧产生少量张力。

    b. 如果上皮质地易碎，缝合时应穿过软骨。

    c. 用尼龙线或聚丙烯缝线简单间断缝合剩余的引流板及垂直耳道壁，也可用快吸收单股缝线简单连续缝合（图51-12）。

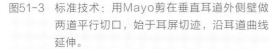

图51-3 标准技术：用Mayo剪在垂直耳道外侧壁做两道平行切口，始于耳屏切迹，沿耳道曲线延伸。

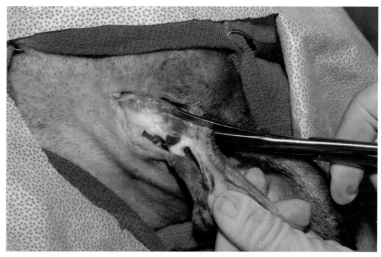

图51-4 可选技术：在预定皮瓣的最腹侧戳开两道平行切口以形成皮瓣基部。

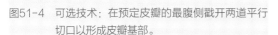

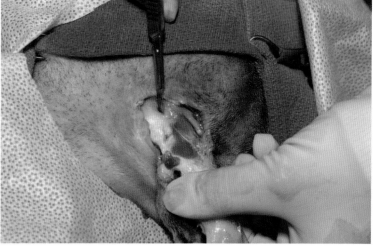

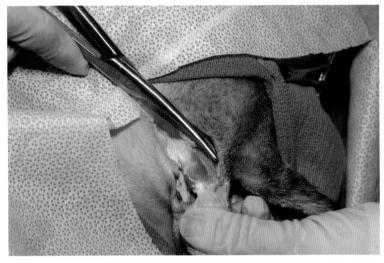

图51-5　可选技术：将Mayo剪刀一端插入腹侧戳口并沿耳道外侧壁向背侧剪开至耳屏切迹。对侧切口以相同方法扩大。

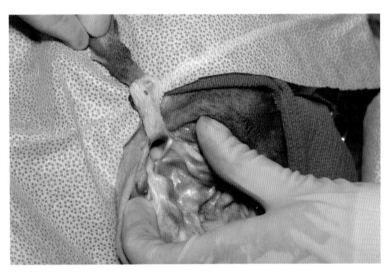

图51-6　检查新形成的耳道口。图中患犬的耳道口呈新月形，局部被耳道瓣基部的皱褶阻挡。

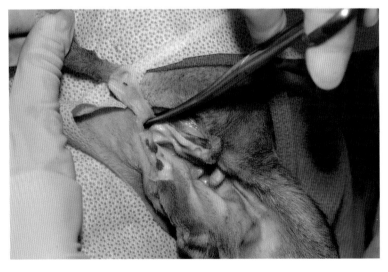

图51-7　如果耳道口塌陷，可沿水平耳道的头侧和尾侧继续向水平耳道中点扩大切口，使耳道口完全开张并改善耳道瓣的位置。

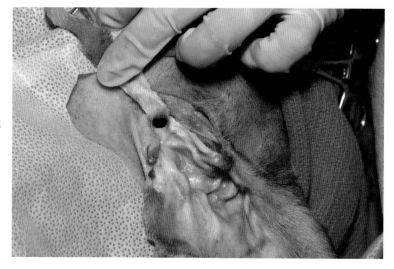

图51-8　耳道口的最终外观。开口呈卵圆形，且皮瓣完全展开。

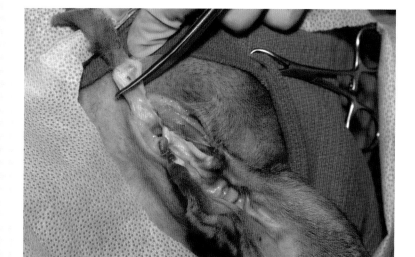

图51-9　切除远端（背侧）耳道瓣的1/2。

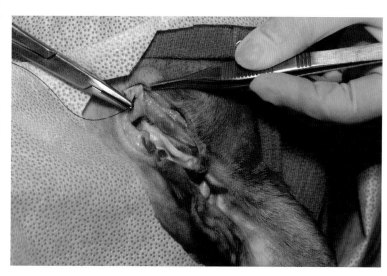

图51-10　简单间断缝合耳道瓣两个角的上皮与相邻皮肤的腹外侧缘。

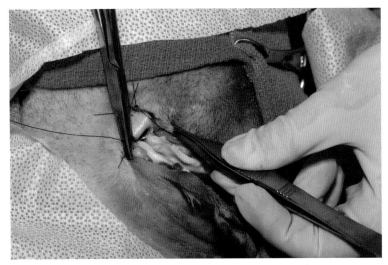

图51-11　在间断缝合折转处的耳道及相邻皮肤时，应穿透水平耳道全层。

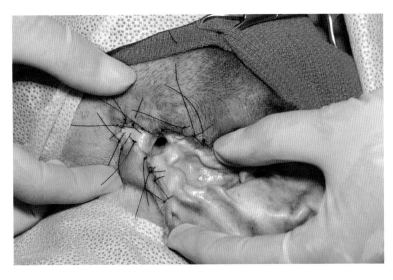

图51-12　将剩余的耳道瓣边缘与邻近皮肤缝合。

术后注意事项　　恢复期间可在缝合处涂抹一薄层油性抗生素软膏，以防止血和其他物质黏附在缝线上。术后连用镇痛药数日。若动物正在口服或局部使用糖皮质激素，则禁用非甾体类抗炎药。动物术后佩戴伊丽莎白脖圈至少7d，因为术后自损非常常见。应持续进行必要的皮肤治疗。术后10~14d拆线。

耳道外侧切开术最常见的术后并发症包括术部开裂和病情发展。约有1/4的病例在术后发生了开裂，原因包括自损、张力、感染及较差的手术技术。大面积耳道瓣开裂而未修复可能会导致耳道开口狭窄。软骨瓣向腹侧牵拉不足也可能导致耳道开口狭窄，应及时进行矫正，以防止耳道阻塞及继发的耳炎和耳道瘘。有时可能需要修剪耳道口周围皮肤的被毛，以改善耳道通风及引流。对于耳道先天性狭窄而无增生的动物，术后通常会取得极佳的效果。对于可卡犬以及耳炎潜在病因未控制住的患犬，耳道疾病的继续发展无法避免，这些动物中有很多在几年内就需要进行全耳道切除术治疗。

参考文献　　Doyle RS et al. Surgical management of 43 cases of chronic otitis externa in the dog. Irish Vet J 2004;57:22-30.

Lanz OI and Wood BC. Surgery of the ear and pinna. Vet Clin N Am Small Anim Pract 2004;34:567-599.

O'Neil T and Nuttal T. Ear surgery part 1: the vertical canal. UK Vet 2005;10:1-5.

Sylvestre AM. Potential factors affecting the outcomes of dogs with a resection of the lateral wall of the vertical ear canal. Can Vet J 1998;39:157-160.

52 垂直耳道切除术
Vertical Ear Canal Resection

垂直耳道切除术（vertical ear canal resection，VECR）最普遍的适应证为切除范围超过耳道外侧面的肿瘤和息肉。该手术也用于治疗患有持续性或反复发作的外耳炎的动物。当手术使水平耳道开张并控制住耳炎的潜在病因时，患病动物都会有所改善。

犬耳道因外伤撕裂时会导致垂直耳道基部狭窄，之后水平耳道会因皮脂分泌或脓性物质产生严重扩张。有些外伤性垂直耳道撕裂的犬可采用VECR进行修复。对于这些动物，可将扩张的水平耳道的纤维壁直接与皮肤缝合。

与外侧耳道切开术相比，VECR会切除更多的炎症组织，术后产生的渗出物及疼痛更少，并发症较少，愈合得更好。大多数动物的术后外观都极佳，但VECR可能会导致立耳下垂。

术前管理
　　诊断和术部准备与外侧耳道切开术（第51章）相似。整个耳郭剃毛并准备。若耳道存在炎症或大量血管形成，需准备电凝器以备止血。

手术
　　若术前无法彻底检查水平耳道，主治医师应做好将VECR改为全耳道切除术加外侧鼓泡切开术的准备。全耳道切除术的并发症比VECR多，通常需要富有经验的术者操作。对于VECR术后患有中耳炎的动物可能需要进行腹侧鼓泡切开术以缓解临床症状。

　　VECR的背侧切口可位于对耳轮的上方或下方，取决于耳道病变的范围。对耳轮是垂直耳道内侧的一个软骨水平突起。如果切除对耳轮，则立耳动物的耳下垂更明显。如果保留对耳轮，则会增加耳郭和皮肤缝合的难度。

　　手术时须将垂直耳道即耳软骨分离至水平耳道（环状软骨）。在分离过程中用Gelpi或Senn组织牵开器有助于术部的显露。水平耳道的腹侧1/2环绕着面神经和几根大血管（图52-1）。术中分离或牵拉引起的神经损伤可能会导致眼睑功能的丧失，增加术后发生角膜溃疡的概率。

　　耳软骨与环状软骨之间由一层纤维组织连接。当截断垂直耳道后，应保留一小部分完整的耳软骨以用于制作软骨瓣。软骨瓣的折转点就是这些纤维组织。将软骨瓣与背侧及腹侧的皮肤缝合，以减小耳道狭窄的几率。如果必须切除整个垂直耳道，可将环状软骨的圆形开口直接与皮肤缝合。

271

通常采用3-0不可吸收单股缝线间断缝合垂直耳道上皮与周围的皮肤。有的术者更喜欢用3-0快吸收单股缝线连续缝合耳道口与周围皮肤，以减少渗出物附着。如果可能，缝针应仅穿过上皮，以覆盖软骨边缘。如果耳道上皮很容易撕裂，缝合时可穿过软骨。

当VECR缝合结束后，剩余的耳道应向水平方向开张，耳郭应保持极小的张力。缝合时为了减小张力，可将竖直的皮肤切口向腹侧延伸，如此就会有更多的游离皮肤可与耳郭创缘闭合。

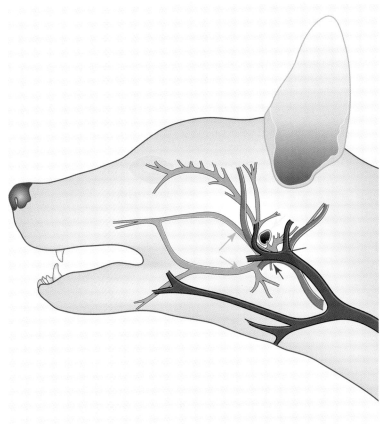

图52-1　头部外侧的神经和血管解剖。颈外动脉（红箭）和上颌静脉（蓝箭）位于水平耳道（黄箭）的腹侧，面神经（绿箭）则环绕于水平耳道腹侧的2/3。

手术技术：垂直耳道切除术

1 在对耳轮高度沿外耳道开口环形切开皮肤（图52-2和图52-3）。

2 将闭合的止血钳插入垂直耳道以确定其深度范围。

3 切开垂直耳道外侧的皮肤，切口始于环形皮肤切口，止于垂直耳道最低点下方（腹侧）1~4cm。

4 在垂直耳道背侧切开环形皮肤切口下方的软骨。

　　a. 在耳郭切口中点用手术刀片刺开软骨。

　　b. 将Mayo弯剪或软骨剪的一端插入该切口并沿环形皮肤切口横断软骨（图52-4）。靠近对耳屏和耳屏前部的软骨为双层，切开时须更用力。

5 分离垂直耳道外侧面的皮下组织。

6 钝性和锐性分离垂直耳道至环状软骨，使其完全游离。

a. 用Allis组织钳夹持内侧耳道壁的背缘，并用干纱布沿着垂直耳道壁向下钝性分离附着的所有筋膜（图52-5）。用剪刀或电刀切断剩余附着的肌肉。

b. 将闭合的剪刀尖垂直于垂直耳道长轴紧贴耳道壁插入肌肉下方，将剪刀平行耳道长轴张开，将肌肉从耳道软骨上分离。

c. 用剪刀或电刀将肌肉从其软骨附着点处切断。

d. 分离耳道外侧面时应注意保护位于耳道腹外侧的腮腺。

7 显露垂直耳道与水平耳道连接处。小心分离靠近水平耳道的组织，以免损伤面神经。

8 如果有肿物，在肿物边缘外至少1cm处横断垂直耳道（图52-7）。

9 制作一对软骨瓣（图52-8）。

a. 沿剩余垂直耳道的头侧和尾侧中线切开耳道壁，形成背侧和腹侧耳道瓣。

b. 向两侧折转软骨瓣，彼此呈180°。

c. 如果新的耳道口被软骨形成的皱褶阻塞，可将水平耳道头侧和尾侧的切口向水平耳道中央进一步扩大，以放松腹侧皮瓣。

10 将面部外侧的皮瓣与耳郭对合（图52-9）。

a. 确定面部外侧皮瓣的最终位置。

 i. 夹持面部皮肤头侧切口的创缘，将其拉向耳郭对耳轮处的皮肤创缘。

 ii. 同样夹持并移动面部尾侧的皮肤切口创缘。

 iii. 调整皮瓣的方向，以使耳郭保持其原本弯曲或直立的形状。

 iv. 如果耳郭和软骨瓣上张力过大，可将垂直的皮肤切口向腹侧延伸数厘米，使皮肤更松弛。

b. 先将两侧面部皮瓣的角用两针结节缝合于耳郭，以确定皮肤位置是否合适。

c. 沿耳郭间断缝合完成皮肤缝合。

图52-2　在对耳轮外（刀片尖端）切开皮肤。

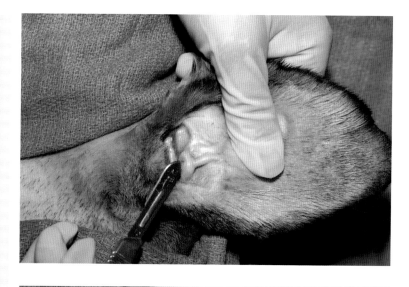

图52-3　继续沿垂直耳道外侧开口环形切开皮肤。

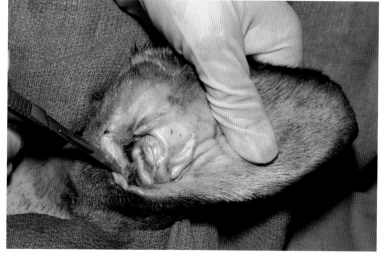

11 缝合固定垂直耳道软骨瓣。

  a. 夹持腹侧软骨瓣并向下牵拉以确定耳道新开口的位置。

    i. 水平耳道应保持水平或轻微向下倾斜。

    ii. 耳道开口应呈圆形或轻微的长椭圆形。

    iii. 有些动物腹侧的软骨瓣可能会朝向头腹侧。

    iv. 如果需要，可切除部分腹侧的皮肤以调整软骨瓣的位置。

  b. 将腹侧软骨瓣的角与腹侧皮肤切口创缘的角对合。

  c. 间断缝合头侧和尾侧皮肤边缘及腹侧和背侧软骨瓣的连接处（折转处）。

  d. 沿腹侧软骨瓣缝合皮肤边缘。

12 缝合固定背侧软骨瓣并完成皮肤缝合。

  a. 定位周围皮肤和软骨瓣的位置，使耳道口保持开张，耳郭的张力最小。

  b. 如果需要，可剪短背侧软骨瓣以减小耳郭的张力。

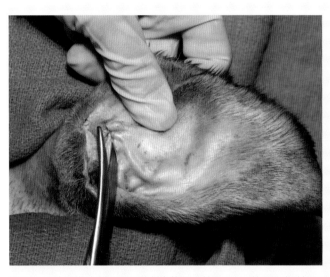

图52-4 在耳郭内侧面用刀片刺穿软骨，并用Mayo剪刀沿皮肤切口环形横断软骨。

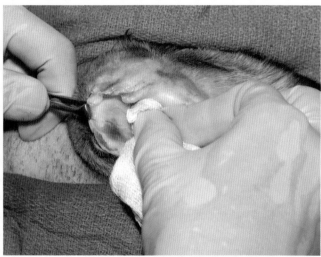

图52-5 用组织钳拉开垂直耳道，显露软骨与肌肉的连接处，并用干纱布将肌肉剥离。

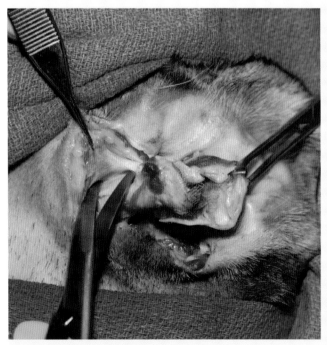

图52-6 提起并横断附着于垂直耳道的肌肉和筋膜。为了避免损伤面神经，在切断肌肉前应将剪刀沿软骨插入肌肉下并沿耳道长轴方向张开剪刀。

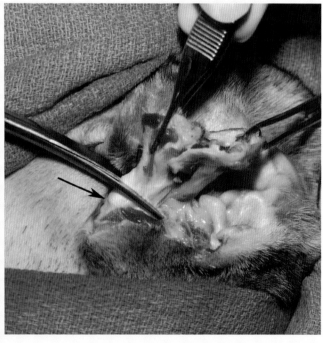

图52-7 在垂直耳道与水平耳道交界处（箭头）切除远端（背侧）的垂直耳道软骨。如果可能，至少保留1cm垂直耳道。

图52-8　切开剩余的垂直耳道制作软骨瓣。

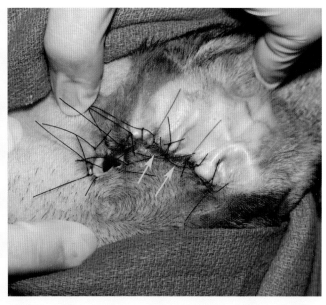

图52-9　对合皮肤创缘。在缝合腹侧皮肤与软骨瓣前，先沿着耳郭中央（箭头）在背侧缝合几针，以确定软骨瓣的位置。

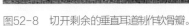

　　和外侧耳道切开术一样，必须佩戴伊丽莎白脖圈防止损伤术部。术部可涂抹一薄层抗生素油膏，以防止血液和碎屑黏附在缝线上。对于剧烈甩耳的犬，可将耳郭绑在头上或用网状绷带包扎，以减少损伤。术后通常给镇痛药数日。如果动物正在接受糖皮质激素治疗，应避免使用非甾体类抗炎药。除了继续治疗皮肤病，动物还应定期修剪耳道口周围的被毛以保持通风和引流。

　　垂直耳道切除术后最常见的并发症是创口开裂和耳道狭窄。开裂需要尽快修补，以预防狭窄、中耳炎或瘘形成。

　　垂直耳道切除术后的面神经麻痹和感染并不常见。如果术后发生眼睑功能的丧失，应每天使用4~6次眼膏保护角膜。

　　据报道有72%~95%的犬、猫在垂直耳道切除术后恢复极好。事实上对于患末期外耳炎但水平耳道尚未阻塞的犬，即使水平耳道也已增生，据报道该手术仍能使95%的犬改善症状。这些动物还将持续存在临床症状，并需要继续治疗耳炎或潜在病因，但该手术会降低用药的频率。如果水平耳道已完全阻塞，则需要进行全耳道切除术和鼓泡切开术来消除临床症状。

参考文献

Lanz OI and Wood BC. Surgery of the ear and pinna. Vet Clin N Am Small Anim Pract 2004;34:567-599.

McCarthy RJ and Caywood DD. Vertical ear canal resection for end-stage otitis externa in dogs. J Am Anim Hosp Assoc 1992;28:545-552.

O'Neil T and Nuttall T. Ear surgery part 1: The vertical canal. UK Vet 2005;10(4).

53 下颌淋巴结切除术
Mandibular Lymph Node Excision

　　下颌淋巴结切除术主要用于癌症分期，尤其是患有口腔肿瘤的动物。进行淋巴结活组织检查比细胞学检查更容易发现局部淋巴结转移。淋巴结切除活检要优于切开活检，因为这样能够提供更多关于淋巴小结结构的信息。对于患有牙周病的动物，区分下颌淋巴结的肿瘤和反应性增生可能很困难。因此，如果怀疑动物患有淋巴瘤，活检部位应首选颈浅淋巴结和腘淋巴结。

术前管理

　　由于进行下颌淋巴结切除术的动物通常都患有肿瘤，因此，在术前应首先进行转移分期。对大多数患病动物应进行血检和胸部X线检查。术前，以可触及的淋巴结为中心对面部和颈部的腹外侧面皮肤进行剃毛和准备。剃毛区域应足够大，因为手术时淋巴结易于缩回深部组织中。动物以背外侧斜卧保定，用毛巾垫高头部。

手术

　　下颌淋巴结位于下颌角的后外侧，咬肌的后腹侧，舌骨的头外侧。绝大多数情况下头部两侧各有2~3个卵圆形淋巴结，其中在舌面静脉的背侧和腹侧至少各有1个（图53-1）。

　　通常通过触诊来定位下颌淋巴结。抓住下颌骨后腹侧缘的组织，一边用手拉开组织一边用手指逐步施压。首先，滑过检查者手指的是较大的淋巴结，位于下颌骨内侧的唾液腺，之后是位于头侧的更浅表的下颌淋巴结。正常动物的下颌淋巴结质硬，有游离性，直径为1~2cm。

　　在切开皮肤前，术者应确认颈静脉及其分支，以避免对其造成意外损伤。

　　在切开和分离时，可用拇指和中指握紧皮肤以固定淋巴结，操作手法类似于去势术。这样操作可保持淋巴结位于术野内，直至用器械将其夹持住。

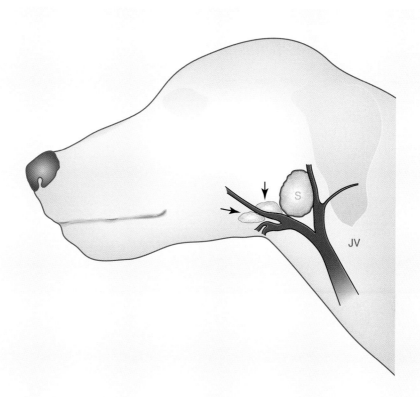

图53-1 下颌淋巴结（箭头所示）位于颈静脉（JV）的分支之一，舌面静脉的背侧和腹侧。最容易触摸到的是头外侧和稍靠腮腺（S）腹侧的淋巴结。

手术技术：下颌淋巴结切除术

1 如果需要，可暂时压迫颈静脉，用灭菌记号笔标记舌面静脉的位置。

2 用非惯用手的拇指和食指固定淋巴结及其表面的皮肤（图53-2）。

3 切开淋巴结表面的皮肤。应避免切开过深，尤其在未确认舌面静脉时。

4 继续固定淋巴结，钝性或锐性分离其表面的颈阔肌和皮下组织（图53-3和图53-4）。分离时平行舌面静脉，以免损伤血管。

5 钝性分离剩余的附着组织，游离淋巴结（图53-5）。

6 如果未握住淋巴结使其缩回组织中，应扩大皮下组织分离的范围。不断触诊淋巴结（较小的淋巴结常滑入下颌骨内侧），直至再次将其夹持并固定。

7 如果淋巴结可被牵拉出切口，沿其内侧面用止血钳夹住根部。如果淋巴结仍不易牵拉出创口，可扩大皮肤切口并继续分离，直至可放入止血钳。

8 用3-0可吸收线结扎淋巴结根部血管（图53-6）。切断根部，摘除淋巴结。

9 常规缝合皮下组织和皮肤。

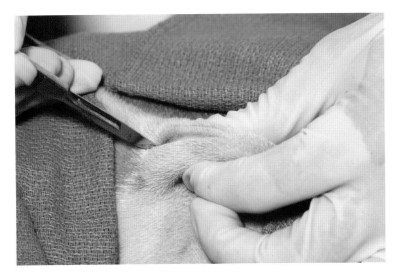

图53-2　用拇指和食指握牢淋巴结及其上层组织，并切开其表面的皮肤。

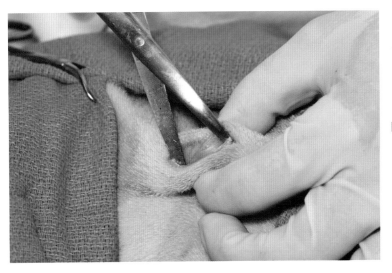

图53-3　平行舌面静脉钝性分离淋巴结表面的皮下脂肪。

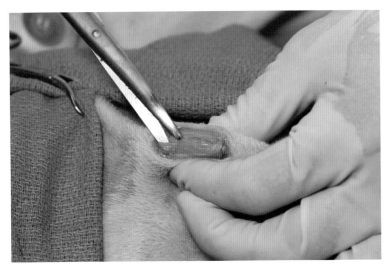

图53-4　平行舌面静脉分离颈阔肌肌纤维。

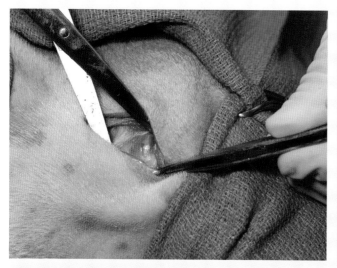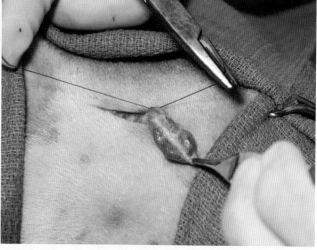

图53-5 钝性分离淋巴结上附着的筋膜。

图53-6 在切除淋巴结前先结扎其根部的血管。

术后注意事项

根据怀疑的疾病，可将样本送去进行组织学检查、细菌和真菌培养以及细胞学检查。还可对淋巴结样本进行免疫组化检查，以确定淋巴瘤的类型（见第14章）。

下颌淋巴结切除术的并发症很罕见。术中最常见的是舌面静脉的撕裂。如果发生撕裂，需钳夹静脉两端并结扎。如果存在死腔或出血，术部可能发生轻微肿胀。

术部开裂不常见，因此，通常在术后3~5d内开始进行化疗。

参考文献

Herring ES et al. Lymph node staging of oral and maxillofacial neoplasms in 31 dogs and cats. J Vet Dent 2002;19:122-126.

Rogers KS et al. Canine and feline lymph nodes: part I. Anatomy and function. Compend Contin Educ Pract Vet 1993;15:397-408.

Rogers KS et al. Canine and feline lymph nodes: part II. Diagnostic evaluation of lymphadenopathy. Compend Contin Educ Pract Vet 1993;15:1493-1503.

Smith MM. Surgical approach for lymph node staging of oral and maxillofacial neoplasms in dogs. J Vet Dent 2002;19:170-174.

Sözmen M et al. Use of fine needle aspirates and flow cytometry for the diagnosis, classification, and immunophenotyping of canine lymphomas. J Vet Diagnost Invest 2005;17:323-329.

54 唾液腺囊肿
Sialoceles

唾液腺囊肿或唾液腺黏液囊肿，是指唾液在组织内的异常积聚。唾液腺囊肿通常是因唾液由颌下腺和舌下腺或腺管泄露至皮下组织引起的。绝大多数患犬表现为下颌骨内侧或颈部腹侧区域出现具有波动性、无痛的皮下肿胀。在病程初期肿胀部位偶尔可能出现炎症和疼痛。唾液会沿唾液腺和腺管向头侧泄露至黏膜下，导致舌下的肿胀，即舌下囊肿（图54-1）。过大的舌下囊肿会将舌头挤出口腔，导致吞咽困难。唾液偶尔会向背侧移行至咽后区域。咽部黏液囊肿的动物可能出现呼吸困难（图54-2）。

诊断基于临床症状和液体的性状。抽出的液体通常细胞较少，黏性，清亮，轻微发黄或含少量血。起源于颌下腺和舌下腺的颈部唾液腺囊肿应与腮腺囊肿区分，腮腺囊肿通常表现为单侧的硬性肿胀。唾液腺造影术可用于鉴别颌下腺和舌下腺囊肿与其他原因导致的肿胀，但很少应用。经颌下腺和舌下腺腺管注入造影剂非常困难，尤其是在腺管有多个开口时。

如果仅对唾液腺囊肿进行抽吸和引流，通常都会复发，因此，推荐手术切除异常腺体。有时舌下囊肿可采取造袋术治疗。如果舌下囊肿复发应进行唾液腺切除术。

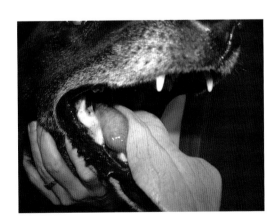

图54-1 舌下囊肿。

术前管理　　大多数患有唾液腺囊肿的犬状态稳定，术前基本不需要诊断和治疗。如果肿物坚硬或疼痛，应穿刺采样进行细胞学检查和微生物培养，以区分唾液腺囊肿和脓肿、肉芽肿、蜂窝织炎和肿瘤。如果怀疑存在肿瘤或感染，应进行血检和颈部及胸部的影像学评估。对于颈部唾液腺囊肿的动物应彻底检查口腔，以排除舌下囊肿和咽部黏液囊肿。对于患咽部黏液囊肿的犬，由于咽部的前背侧壁肿胀，可能导致插管困难。如果存在咽部黏液囊肿，可在切除唾液腺之前先经口腔切开咽部囊壁进行抽吸来引流（图54-2）。

　　颈部唾液腺囊肿常为单侧。为了确定患侧，应将动物仰卧保定并伸直头颈部。在该位置下，囊肿通常偏向患侧（图54-3）。其他确定患侧的方法包括唾液腺造影术和CT。如果无法确定患侧，可将双侧的颌下腺和舌下腺摘除，不会影响唾液生成。

　　进行单侧唾液腺切除术的犬剃毛范围从下颌骨中部至颈中部，从耳郭基部至腹侧正中线。单侧唾液腺切除术时通常侧卧或背外侧卧保定患犬。可用毛巾垫高颈部以抬起患侧。

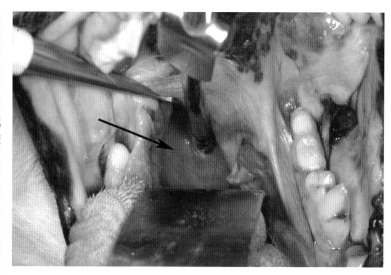

图54-2　咽部黏液囊肿（箭头所示）。舌头、会厌和气管插管被压向腹侧。在黏液囊肿背侧刺开囊壁并用Poole吸引器抽出唾液。

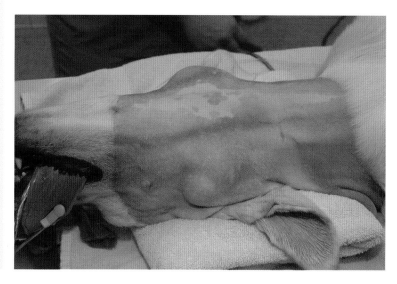

图54-3　犬仰卧保定，伸展头颈部，囊肿会偏向患侧。该犬患有双侧颈部唾液腺囊肿。

手术

颌下腺和舌下腺位于颈静脉分叉处（见图53-1）。下颌淋巴结位于颌下腺的头侧和腹外侧。颌下腺和舌下腺在同一个包囊内，位于上颌静脉和舌面静脉深部。两者的腺管汇合并穿过咬肌与二腹肌之间，越过下颌舌骨肌的背内侧面。在腺管到达口腔前，三叉神经的舌分支从它们的外侧面穿过。

舌下腺包括若干个小叶状腺体。较大的部分位于颌下腺头侧面，并将唾液排入舌下腺主腺管。一串1cm×3cm的腺体位于头侧的口腔黏膜下方。这些腺体小叶也会通过4~6个小腺管向主腺管内排入唾液。进行唾液腺切除术时，这些单独的腺管也要一并摘除。而包括6~12个腺体小叶的多腺管部分直接向口腔内排出唾液，通常可予以保留。

手术技术：颌下腺和舌下腺切除术

1 为了确定腺体位置，可暂时压迫颈静脉以显现其分叉处。

2 由下颌角尾侧开始，越过颈静脉分叉处，切开颌下腺和舌下腺表面的皮肤（图54-4）。切口应位于上颌静脉和舌面静脉之间。

3 切开分离皮下组织和颈阔肌，显露黏液囊肿的囊壁和唾液腺（图54-5）。

4 切开囊壁并抽出囊内的液体（图54-6）。

5 向头侧扩大囊壁切口至颌下腺和舌下腺，注意避开第二颈神经和面神经。将上颌静脉和舌面静脉与皮下组织和囊壁分离。

6 用Allis组织钳或Babcock钳夹持颌下腺以利于分离。

7 从头侧开始将颌下腺和舌下腺单开口部分从囊壁上钝性分离，注意避免损伤腺管（图54-7）。使用电凝器控制小血管出血。从腺体内侧面的入口处结扎面动脉的唾液腺分支。

8 用手指或剪刀沿腺管和舌下腺小叶向口腔钝性分离，使其从二腹肌内侧游离。分离时应紧贴唾液腺和腺管。

9 用army-navy或Senn开张器牵开二腹肌后腹侧与咬肌外侧（图54-8）。

10 分离腺管尾侧以进一步将其显露。钝性分离腺管周围组织，沿腺管分离至三叉神经舌分支。为了确认位置，可让非无菌助手将手指或钝头探针放入口腔并顶向下颌骨尾侧的内侧面。从术部应该能触摸到手指或探针。

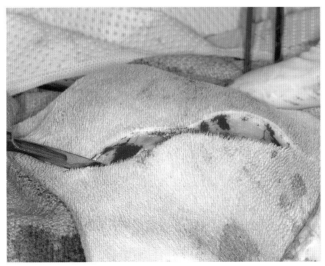

图54-4　患犬侧卧，于颈静脉分叉处切开囊肿表面皮肤。

11 用止血钳钳夹腺管并从最深部将其结扎切断。也可以拉紧止血钳后方腺管，将其慢慢撕断。

12 创腔内放置持续抽吸式引流，经单独切口穿出皮肤。闭合皮下组织和皮肤。

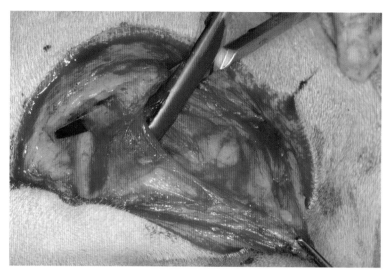

图54-5　切开皮下组织和颈阔肌。切开前先用剪刀将组织展开，使其呈半透明，有利于避免意外损伤大血管。

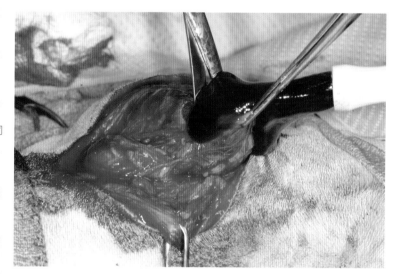

图54-6　切开囊壁并抽出内容物。该犬唾液为黏性，同时伴有出血。

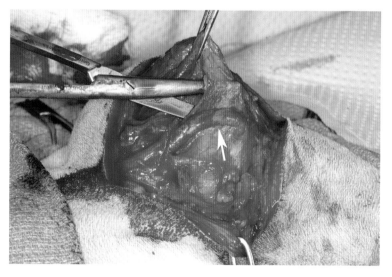

图54-7　用镊子夹持腺体并将其与周围组织分离，避免损伤上颌静脉和舌面静脉（箭头）。

图54-8 沿腺体和腺管（黑箭头）分离至咬肌（M）。该犬颌下腺（蓝箭头）外观正常；但舌下腺（绿箭头）肿胀变色，腺管向二腹肌（D）方向扩张。

手术技术：舌下囊肿造袋术

1 患犬侧卧，患侧向上，在对侧放置开口器。舌头下垂显露舌下囊肿。

2 用镊子夹持舌下囊肿的背外侧面或放置牵引线。剪开囊肿（图54-9）并切除一部分囊壁，形成一个1~3cm的开口。

3 向内折叠开口边缘剩余的囊壁，使囊壁的口腔黏膜翻转至囊腔内（图54-10）。

4 用4-0快吸收缝线简单连续缝合折叠的边缘（图54-11）。最终外观类似于袖口或裤脚。

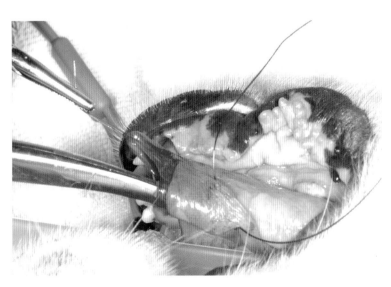

图54-9 用镊子或牵引线固定舌下囊肿。切开囊壁并清除内容物。

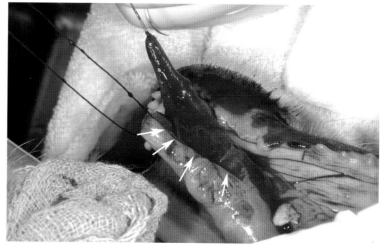

图54-10 切除一部分囊壁后，沿切口边缘向内折叠黏膜（箭头所示为折叠的黏膜）。

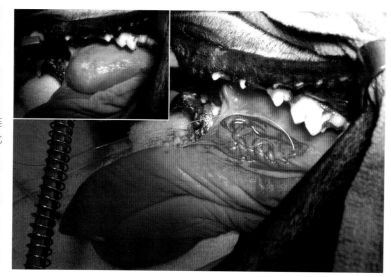

图54-11 术前（小图）和术后对比。沿切口边缘连续缝合折叠的黏膜。在切口对侧缘重复此过程。

术后注意事项

　　引流管出口处可用网状绷带包扎。如果用垫料绷带环绕颈部包扎，一旦术后发生肿胀可能导致呼吸困难。根据渗出液的量，颈部引流装置通常在术后1~3d拆除。进行舌下囊肿造袋术的犬通常在术后会马上出现带血色的唾液。

　　唾液腺切除术的并发症很罕见。术后早期可能出现血清肿。如果病变腺体和腺管已被切除，颈部唾液腺囊肿不太可能复发。如果囊肿复发，可能需要切除对侧的腺体或切除本侧所有残留于二腹肌头侧的舌下腺腺体。

参考文献

Kiefer KM and Davis GJ. Salivary mucoceles in cats: a retrospective study of seven cases. Vet Med 2007;102:582-585.

Ritter MJ et al. Mandibular and sublingual sialocoeles in the dog: a retrospective evaluation of 41 cases, using the ventral approach for treatment. New Zealand Vet J 2006;54:333-337.

Waldron DR and Smith MM. Salivary mucoceles. Probl Vet Med 1991;3:270-276.

55 鼻孔狭窄
Stenotic Nares

鼻孔的背外侧缘由背外侧鼻软骨和副鼻软骨构成。附着肌肉的收缩会使这些软骨外展，使鼻孔开张。背外侧鼻软骨的游离端较厚并富含血管，在头侧端逐渐融入腹侧鼻甲。这部分鼻甲的球状部分形成翼状褶。短头品种犬猫的翼状褶短而厚，且由于软骨或肌肉薄弱使其易向内塌陷。继发的鼻孔狭窄会导致吸气困难。据报道患有短头综合征的犬有40%~50%存在鼻孔狭窄，明显影响吸气时的空气流通。建议尽早对这些动物进行矫正，以避免软腭过长和喉头塌陷进一步加重。

在有些短头动物，鼻孔狭窄还伴发鼻腔和鼻甲骨的畸形。患犬进行CT检查时，可见到短而狭窄的鼻腔，方向更为垂直。用CT和翻转鼻镜检查时还可发现变形的鼻甲阻塞鼻腔尾侧和鼻后孔。如果要解除这些动物的吸气困难，除了要切除翼状褶还须进行鼻甲切除术。

术前管理

严重呼吸困难的动物可能表现出发绀、体温过高或虚脱。紧急治疗应包括吸氧、镇定和输液。如果上腭或喉头存在异常可能需要进行气管插管。推荐进行胸部X线检查以排除肺部疾病和短头品种常见的气管发育不全。如果怀疑肺炎应进行气管灌洗，对灌洗液进行细胞学检查和微生物培养。

短头动物在诱导麻醉前应进行预吸氧。诱导麻醉和气管插管应迅速进行以避免缺氧。由于患病动物易继发软腭过长（第56章）、喉小囊外翻和喉头塌陷，麻醉后应对喉部和上腭进行彻底检查。进行鼻孔重建的同时应切除过长的软腭。

手术

鼻孔狭窄的矫正方法包括翼状褶楔形切除术、翼状褶截断术和翼固定术。楔形切除术（图55-1）提供了直观的整形结果，大多数动物都能成功。切除的深度必须达到一部分腹侧鼻甲才能使整个鼻孔开张。在幼年动物，用激光、刀片、剪刀或电刀进行翼状褶截断术（图55-2）比翼状褶楔形切除术更易完成。翼状褶截断术后数月都可见术部残留的白色瘢痕组织（图55-3）。对于肌肉无力的患病动物，可将翼状褶保持外展的形状缝合于面部（翼固定术），以防止其向内塌陷。进行此操作时必须将鼻孔两侧的皮肤切除一部分并缝合。此技术对于因翼状褶尾侧肥厚导致狭窄的动物无效。

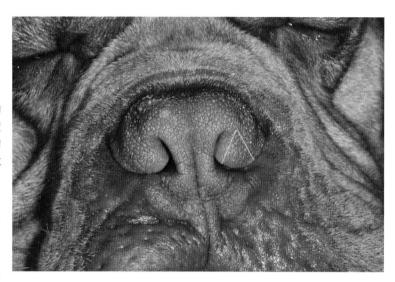

图55-1 一只鼻孔狭窄的马士提夫犬。计划对绿线内的部分进行楔形切除。第一道切口的起始点高度与鼻孔背侧最高点相同，平行翼状褶内侧缘切开。第二道切口位于外侧，与第一道切口成40°~60°。

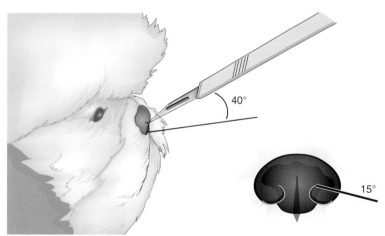

图55-2 翼状褶截断术。正面观切面向外与水平线成15°。外侧面观切面向内与水平线成40°。

图55-3 用激光进行翼状褶截断术术后6周可见白色瘢痕。6个月以内该犬的鼻孔重新着色（小图）。

手术技术：翼状褶楔形切除术

1 动物俯卧保定，头部用毛巾或泡沫塑料块垫高。

2 用Brown Adson镊平行翼状褶的内侧缘，夹持翼状褶腹侧部分的中部（图55-4）。镊子内侧应保留一部分翼状褶。镊子尖端的位置应低于鼻孔背侧最高点。

3 用11号刀片平行镊子内侧缘切开（图55-5）。

   a. 切口始于镊子背侧，翼状褶背中线连接处保留完整。

   b. 将刀片插入翼状褶深层并向下切开，直至刀片从翼状褶腹侧缘切出。在有些大型斗牛犬，该切口深度可能≥10mm。通常出血较多，除非鼻部很厚。

4 继续用镊子稳固夹持翼状褶，做外侧切口。

   a. 与之前一样从背侧开始切开，切口起点与第一道切口相同。

   b. 由背侧到腹外侧向外切开，刀尖应向内（朝向正中线），在切口最深处与第一道切口的边缘汇合。楔形切除的组织应呈金字塔形（图55-6）。

   c. 缝合完第一针前的位置出血较多。

5 使用4-0单股快吸收缝线简单间断缝合头腹侧剩余的翼状褶组织（图55-7）。牢固打结。留长线头并用止血钳固定。

6 将第一针缝线向背侧牵拉，以显露腹侧的缺损（图55-8）。简单间断缝合腹侧缺损的中部（图55-9），牢固打结并剪短线头。

7 松开被牵引的第一针缝线，然后缝合背侧那部分缺损。剪短所有的线头。

8 对侧鼻孔进行同样的操作，切除相同大小的组织，使两侧鼻孔大小相同（图55-10）。

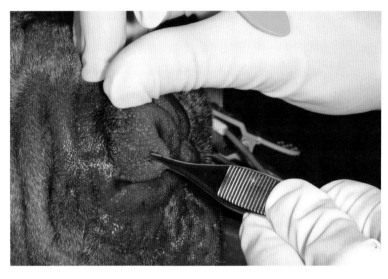

图55-4 用Brown Adson镊牢固夹持翼状褶腹侧。

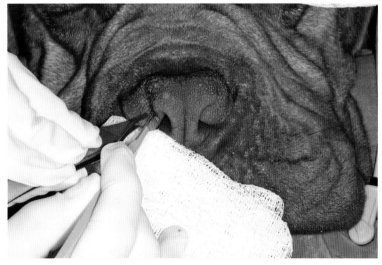

图55-5 平行翼状褶内侧缘切开，切口上限平行于鼻孔背侧最高点，切口角度向内倾斜。切口应深达尾侧组织。

图55-6 与第一道切口呈一定角度在外侧做第二道切口，并轻微向内倾斜，最终切除的楔形呈金字塔形状。

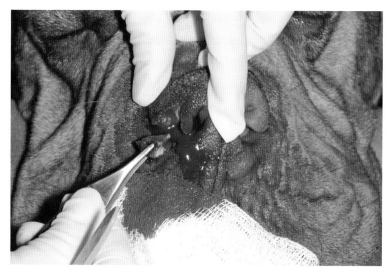

图55-7 缝合第一针，对合切口的头腹侧缘。

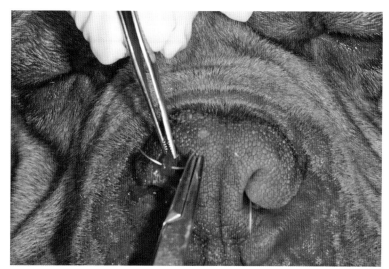

图55-8 向背侧牵拉第一针的线头，显露切口腹侧缘。

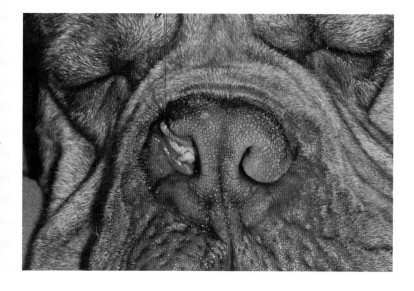

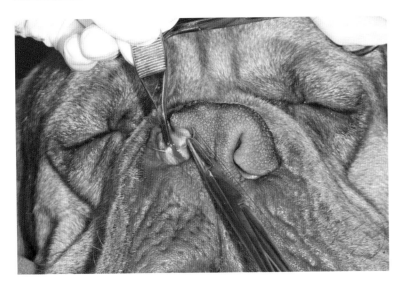

图55-9　用一个或多个间断缝合对合切口腹侧缘。

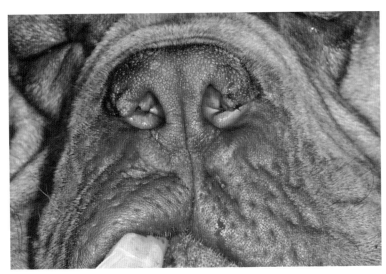

图55-10　闭合剩余的缺口并剪短线头。

术后注意事项　　缝合完成后出血通常可停止。如果动物抓挠鼻部须佩戴伊丽莎白脖圈。缝线通常在2~4周后自行脱落。在短头品种的犬，鼻孔狭窄矫正术后的并发症很罕见，除非犬患有软腭过长、气管发育不全和喉头塌陷等其他疾病。

　　有时如果进行翼状褶截断术的动物术中损伤到鼻泪管开口，会导致眼部产生分泌物。在中长头犬，鼻泪管开口位于翼状褶腹内侧。短头犬的开口位置不确定。

参考文献　　Ellison GW. Alapexy. an alternative technique for repair of stenotic nares in dogs. J Am Anim Hosp Assoc 2004;40:484-489.

　　Huck JL et al. Technique and outcomes of nares amputation (Trader's technique) in immature shih tzus. J Am Anim Hosp Assoc 2008;44:82-85.

　　Koch DA et al. Brachycephalic syndrome in dogs. Compend Contin Educ Pract Vet 2003;25:48-55.

　　Oechtering GU et al. New aspects of brachycephalia in dogs and cats. ACVIM Proc 2008; pp. 11-17.

　　Riecks TW et al. Surgical correction of brachycephalic syndrome in dogs: 62 cases (1991-2004). J Am Vet Med Assoc 2007;230:1324-1328.

　　Torrez CV and Hunt GB. Results of surgical correction of abnormalities associated with brachycephalic airway obstruction syndrome in dogs in Australia. J Small Anim Pract 2006;47:150-154.

56 软腭过长
Elongated Soft Palate

软腭过长最常见于短头品种犬，如英国斗牛犬和巴哥犬（图56-1）。还可因上呼吸道阻塞例如喉麻痹继发的吸气负压增加造成软腭过长。软腭过长最初的临床症状可能仅限于呼吸、睡眠时的打鼾，以及轻度的运动不耐受。也常见呕吐、干呕和反流等胃肠道症状。随时间推移，过长的软腭逐渐变厚。呼吸急促时损伤增厚的软腭，可能导致软腭水肿和溃疡。由于应激、高温或运动过度导致呼吸急促的动物会出现发绀、虚脱和体温过高。情况严重的动物可能需要紧急气管插管或气管切开。

软腭过长的诊断基于麻醉后对软腭长度的评估。软腭的增厚和延长也可见于颈部侧位X线片。怀疑软腭过长的短头犬还需评估伴发的呼吸系统异常，包括喉小囊外翻、鼻孔狭窄、气管发育不全、喉头塌陷和鼻甲骨生长异常导致的鼻后孔阻塞。据报道超过75%患上呼吸道综合征的短头犬存在慢性胃炎和幽门黏膜增生。其他可能伴发的胃肠道异常包括贲门弛缓、胃食道反流、胃潴留、幽门狭窄、幽门迟缓、十二指肠炎和胃十二指肠反流。

图56-1 软腭过长。软腭（P）增厚并向尾侧延长1cm至会厌（E）尖端。吸气时过长的软腭会进入气管开口。

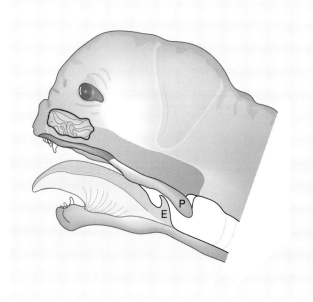

术前管理

建议进行胸部X线检查，因为软腭过长的动物易患气管发育不全和吸入性肺炎。英国斗牛犬还易患食道裂孔疝，可见于胸部和前腹部X线片。如果存在吸入性肺炎，需进行气管灌洗，对灌洗液进行细胞学检查和微生物培养。如果可能，治愈肺炎后再进行手术。如果怀疑存在鼻甲骨异常，可进行CT或翻转鼻腔镜检查。对于形成阻塞的异常鼻甲骨，可进行激光鼻甲切除术治疗。

麻前用药应避免使用氢吗啡酮和吗啡，因为它们会延长苏醒并可能增加误吸的概率。诱导麻醉前应使动物预吸氧。应尽快完成诱导麻醉，并立即插入带囊气管插管。插管应固定于下颌以使其在手术期间位于术野外。由于英国斗牛犬易误吸，手术期间应给予胃复安。大多数医生也会在诱导麻醉后给予抗炎剂量的糖皮质激素（例如：地塞米松，0.25mg/kg，IV）以减少术后的肿胀。操作时，患病动物俯卧保定。将上颌固定于ether台（图56-2）或将带子或纱布绑在两个输液架上，把上颌架在上面，使口腔保持开张。可用带子或纱布向腹侧牵拉下颌骨。

手术

对于软腭过长的犬，较难确定软腭的合适长度。正常动物的软腭的尾侧边缘会轻微覆盖会厌尖端。患病动物的软腭组织通常增厚并可向前背侧折叠进入鼻咽。另外，气管插管和动物的姿势也会改变软腭的正常方向。因此，软腭的正确长度通常取决于医生的判断。有些医生会用记号笔、激光或其他设备标记出预切口的位置。标记后暂时拔除气管插管，以确认标记线会轻微覆盖会厌尖端。如果组织因肿胀和气管插管挤压而变形，应先保守切除一部分。切除完成后应暂时拔除气管插管，检查确认是否需要进一步切除。

可用二氧化碳（CO_2）激光、射频刀或切-缝技术进行软腭切除术（悬雍垂切除术）。激光切除可迅速止血且恢复较快。术者需要防护设备（例如，眼镜），并且需要防止激光损坏气管插管和点燃氧气。因为CO_2激光无法切开黑色的组织，所以术中需随时去除烧焦的组织。如果切除时激光头接触到软腭，组织会立即肿胀。用射频刀切除软腭时不需要其他防护设备。其操作技术与激光切除非常相似。使用射频刀时，切除速度不能过快，否则无法充分止血而需要缝合。切-缝技术是指分段切除过长的软腭组织并逐步缝合。大型犬需要长柄的剪刀、组织镊和持针钳。据报道激光切除和切-缝技术的效果类似。

如果同时存在鼻孔狭窄，应在进行软腭切除术的同时进行矫正（见第55章）。绝大多数动物不需要进行喉小囊切除。如果外翻的喉小囊引起明显的气道阻塞，可在切除过长的软腭后，用剪刀沿喉小囊基部将其切除。切除喉小囊时可能需要拔除气管插管。

手术技术：激光软腭切除术

1 准备激光。

   a. 在CO_2激光手柄上插入一个0.4mm的刀头。

   b. 设置激光为持续模式，功率为5~7W（较厚的软腭用7W）。

   c. 在压舌板上测试激光，确认当刀头与木质表面相距几毫米时，能够在上面产生一个非常清晰的划痕。

2 动物俯卧保定，使口腔开张（图56-2）。

3 确认保留的软腭长度。

   a. 在气管插管下方辨认会厌尖端（图56-3）。

b. 确认软腭覆盖会厌尖端的点。在气管插管上标记该位置。

c. 在预计的重叠处靠后的位置用记号笔、烧烙、激光或组织钳钳夹软腭进行标记。

d. 恢复软腭的正常位置。比较标记的切除点和会厌尖端，以确认预切除部分的大小是否合适。

4 在预切口线两端的尾侧（远端）留置穿过全层的单股牵引线（图56-4）。确定将切除所有翻转进入鼻咽的软腭。用止血钳固定牵引线末端。

5 利用牵引线向头侧牵拉软腭。在软腭和气管插管之间放置润湿的纱布以保护插管（图56-4）。

6 将激光头放置于距离组织表面数毫米的位置，用激光束沿预切口线分几个位置切开软腭浅层（图56-4）。

7 取下湿纱布使软腭恢复其正常的位置。最后一次检查预切口线的位置。

8 用牵引线向头侧牵拉软腭，重新放置润湿的纱布块。

9 向头腹侧牵拉一侧的牵引线，并从该侧开始激光切除。将激光束在预切口线上来回缓慢移动（图56-5）。保持刀头距离组织1~2mm。

a. 如果你惯用右手，用左手向头腹侧牵拉患犬左侧（你的右侧）的牵引线。

b. 从软腭的左侧（你的右侧）开始切开，切除过程中保持牵拉牵引线。

10 用湿润的棉棒擦拭创口，除去烧焦的组织。

11 沿外侧缘切开至软腭中央，直到外侧组织被全层切开，切口边缘分离。松开牵引线。

12 牵拉对侧牵引线，沿剩余的预切口线非全层切开组织。

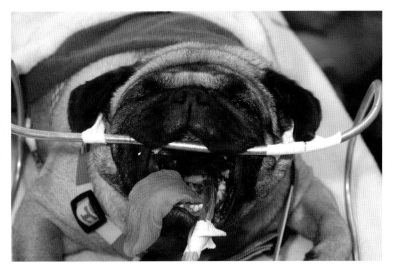

图56-2 犬俯卧保定，将上颌架在金属杆"ether台"上，下颌和舌头向腹侧牵拉。用胶带缠绕金属杆后再于耳部下方环绕头部后方，将犬的头部固定在金属杆上。气管插管可固定于颈部后方，也可像该犬一样缝在下颌上。

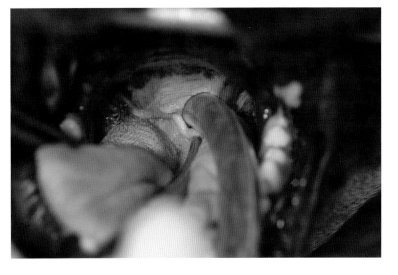

图56-3 确定会厌（组织镊前方）尖端的位置。软腭切除的位置应位于该点的尾侧。

13 放松牵引线，并沿原切口方向继续切开，并牵拉该侧的牵引线，这样做会将刚才部分切开的组织向前拉，保持并显露新鲜的粉色表面，使切除更容易。

14 切除完成后移除纱布并检查软腭的位置，以确认是否需要进一步切除（图56-6）。

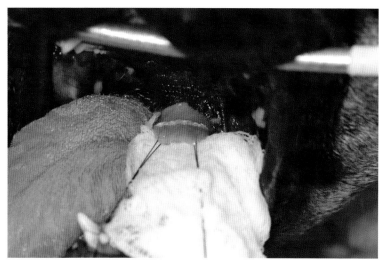

图56-4　在临近软腭外侧缘处留置穿过全层的牵引线，将软腭向头侧和腹侧牵拉，并在软腭和气管插管之间放置润湿的纱布。用激光束轻轻刮伤软腭，标记预切口线，再使软腭恢复正常位置以评估保留的长度。

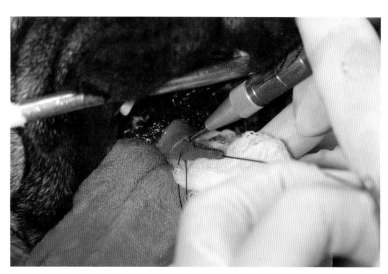

图56-5　向头腹侧牵拉一侧的牵引线并沿预切口线切开组织，激光刀头距离组织1~2mm。

图56-6　软腭激光切除术后的最终外观。

手术技术：软腭切-缝技术

1 在软腭两侧放置穿过全层的单股牵引线，或用止血钳或组织镊夹持软腭边缘。

2 向头侧牵拉软腭顶端以显露其腹侧面。

3 如果需要，用电刀、记号笔或者镊子或止血钳钳夹来标记预切口线。

4 用Metzenbaum弯剪从计划切除处切开软腭宽度的1/3~1/2（图56-7）。

5 用4-0单股快吸收缝线简单连续缝合鼻黏膜和口腔黏膜。

 a. 穿过切口外侧缘并打2个结（图56-7）。

 b. 剪短线头，或用止血钳牵拉。

 c. 用长柄Debakey镊外翻软腭，显露收缩的黏膜边缘。

 d. 对合切断的软腭肌上方的口腔和鼻腔黏膜（图56-8和图56-9）。

 e. 连续缝合黏膜边缘，针距3~4mm。

6 分几次完成切-缝过程。

7 缝合完成后剪短所有线头（图56-10），以防其刺激咽部引起呕吐和干呕。

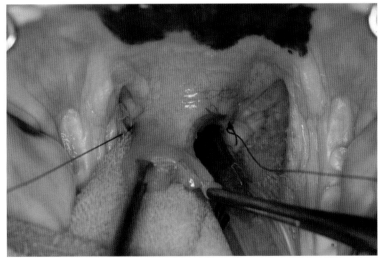

图56-7　软腭切-缝技术。向头侧牵拉软腭顶端并切开其宽度的1/3~1/2。该犬切口起始部位固定了1针。

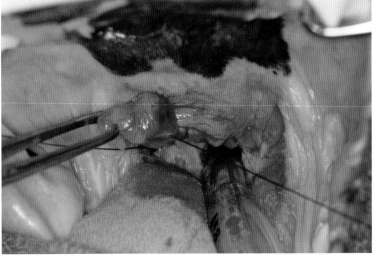

图56-8　简单连续对合切开的软腭鼻咽黏膜和口腔黏膜。

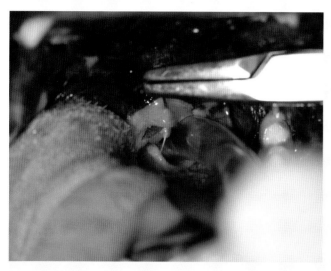

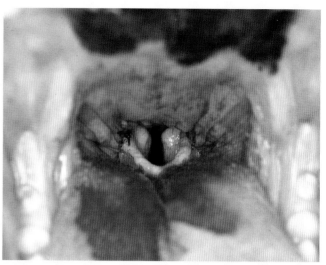

图56-9 持续切开和缝合。每针缝合都应包含软腭的鼻黏膜和口腔黏膜面。

图56-10 软腭切-缝技术完成后的最终外观。

术后注意事项　有些动物在术后可能需要轻度镇定或镇痛（例如，布托啡诺或丁丙诺啡）。重度镇定可能会限制动物保护气道的能力。应观察动物是否存在因严重肿胀或术后吸入性肺炎导致的呼吸困难和发绀。如果存在严重的术部肿胀，可能需进行气管造口术。由于短头综合征的犬常伴有胃肠道疾病，通常需给予数周至数月的促蠕动药和抗酸剂。治疗的持续时间应基于临床反应或胃和十二指肠黏膜的内窥镜检查结果。一旦上呼吸道疾病消除，无论是否用药物治疗，胃肠道疾病通常都会改善。肥胖动物应给予减肥日粮以进一步减轻上呼吸道的压力。

软腭切除术后的死亡率低于5%。术后出血或肿胀导致的误吸和气道阻塞虽然不常见，但应严密观察。据报道，约18%的动物会在该手术后出现呕吐或反流。如果切除过度，水和食物可能会逆流入鼻腔引起咳嗽和鼻炎。软腭过短可通过切开并对合咽壁和软腭外侧缘来修补。据报道，超过50%患有软腭过长的犬患有喉头塌陷，会继续导致轻度至中度的临床症状。

参考文献　Davidson EB et al. Evaluation of carbon dioxide laser and conventional incisional techniques for resection of soft palates in brachycephalic dogs. J Am Vet Med Assoc 2001;219:776-781.

Oechtering GU et al. New aspects of brachycephalia in dogs and cats. ACVIM Proc 2008; pp. 11-17.

Poncet CM et al. Long-term results of upper respiratory syndrome surgery and gastrointestinal tract medical treatment in 51 brachycephalic dogs. J Small Anim Pract 2006;47:137-142.

Riecks TW et al. Surgical correction of brachycephalic syndrome in dogs: 62 cases (1991-2004). J Am Vet Med Assoc 2007;230:1324-1328.

Torrez DV and Hunt GB. Results of surgical correction of abnormalities associated with brachycephalic airway obstruction syndrome in dogs in Australia. J Small Anim Pract 2006;47:150-154.

57 气管切开插管的放置
Tracheostomy Tube Placement

暂时性气管切开插管主要适用于因创伤、肿瘤、手术、感染、过敏反应、肿胀、异物、瘢痕形成或喉麻痹导致的上呼吸道梗阻的急救。偶尔也用于口腔、咽、喉手术时。理想状况下，应首先给动物插入一个小号气管插管，以便气管切开位置的剃毛、无菌准备，以及使用合适的手术技术。但不幸的是，一些动物已经出现呼吸窘迫，并要求在不理想的情况下进行气管切开。一些特殊的准备方法通常在紧急情况下使用。

术前管理

通过面罩或鼻导管供给氧气直至插管。如果可能，放置静脉导管给液体和药物。对呼吸窘迫的动物进行镇定和镇痛，因为应激和疼痛造成的呼吸急促会加大气道负压，加剧上呼吸道的肿胀和塌陷。阿片类适合作为镇痛药，并可用于麻前给药。虽然阿片类药物会降低呼吸频率，但它不会抑制动物深呼吸的能力。糖皮质激素和呋塞米能减少局部水肿。已经插管的动物，一旦气管被切开会发生麻醉药的泄露，因此，可能需要恒速输注丙泊酚。如果动物可以经口腔插管，在手术前应进行进一步的诊断（如：胸部X线检查、血气、血清生化、口腔检查）。如果动物不能插管，那么需要马上手术。

手术时使动物仰卧颈部伸展。将一卷毛巾放于颈下使颈部抬高，并将前肢向尾侧牵拉。如果有时间，颈腹侧从下颌间隙至胸腔入口处剃毛及准备。如果动物处于呼吸停止的紧急状态，则使用洗必泰将毛浸湿并分至中线两侧，然后进行切开。一旦气管切开插管放置完成，可再进行剃毛和清理。

手术

放置插管的气管切口可以做水平或垂直切开，切口可为线形、U形、I形或H形。水平横切最简单，可使用刀片快速完成，并且不会造成引发临床症状的术后狭窄。

气管切开插管的直径应接近气管直径的1/2。对于苏醒后仍要保留气管切开插管的动物，最好使用含内置管（双腔插管）的插管。双腔管通常内径为5mm或更大（外径≥8mm）；内置管可以取出、清洗、并再次插入而不会破坏气管切开处。没有小型动物可使用的含内管型插管，如果不能很好地清洁插管，这些动物可能需要拔出和重置整个插管。在动物需要机械通气、气体麻醉或有吸入性肺炎风险时需要使用带套囊插管。套囊应该为高容量低压力型，其可以减少气管的炎症和坏死。如果没有专用气管切开插管，可以将一个普通的气管插管剪短，并放置在气管切开插管要放置的位置。

1 做一个4~10cm腹侧中线皮肤切口，由环状软骨上方开始，并向尾侧延伸。

2 分离皮下组织和颈部括约肌暴露成对的胸骨舌骨肌（图57-1）。颈部括约肌纤维呈交叉状，所以必须切断。

3 用刀片或剪刀从中央分离胸骨舌骨肌（图57-2）并用Gelpi或Weitlaner开张器牵开它们。在紧急气管切开时，用空出的那只手的拇指和食指抓住气管的同时将这对肌肉压向两侧。

4 使用刀片在3、4或4、5气管软骨环中间切开环状韧带（图57-3）。为了不损伤喉返神经，切口不要超过气管周长的1/2。

5 在切口上下环绕软骨环预置0号尼龙或聚丙烯牵引线（图57-4）并用止血钳固定线尾。术后会保留这些牵引线。如果是紧急气管切开，在插入气管切开插管后再放置牵引线。

6 打开气管切口。

   a. 如果已放置牵引线，向上并反向提拉缝线，暴露气管腔（图57-5）。根据需要扩大气管的切口以适应插管的大小。

   b. 如果动物必须在放置牵引线前插管，可以在插管时使用止血钳或刀柄保持气管切口开放。

7 如有必要，抽吸气管内的血液和黏液。

8 插入气管切开插管。

   a. 如果有，拔掉经口腔的气管插管。

   b. 如果可以，将一个塑料塞塞入插管中，将插管插入气管腔。

   c. 去掉塑料塞，如果插管含有内置管，插入内置管并将其锁住。

   d. 如果插管困难，在软骨环处切一部分半圆。

   e. 如果已经给了气体麻醉或需要通气，轻轻地对气管插管的套囊进行充气，直至吸气压最高值能够达到15~20mL/kg。

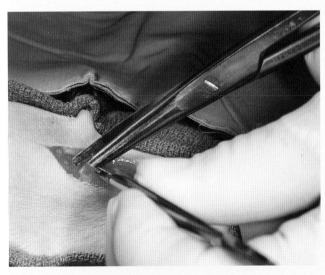

图57-1 于甲状软骨尾侧切开皮肤、皮下脂肪和颈部括约肌。

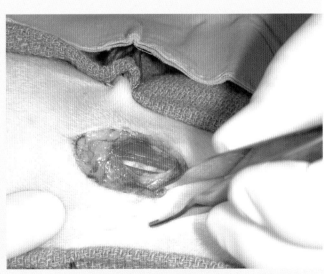

图57-2 沿中线钝性分离胸骨舌骨肌。

9 将氧气管连接到气管插管上（图57-6）。一个肘形连通器可降低氧气软管造成的扭力。确保插管不发生移动。

10 用脐带绷带在插管上的有孔垫圈或凸起处打结来固定插管，末端围绕颈部并打成双蝴蝶结。

11 如果皮肤切口较长，间断缝合气管切开处头侧和尾侧的皮肤。保持气管切开处周围的皮肤切口开放，两侧至少3cm，便于以后的操作。

12 颈部皮肤松弛的犬，将皮褶从气管切开处牵拉开，并使用间断缝合将其固定于颈部皮肤外侧。

13 将每条牵引线两端系在一起，并在打结处标记出"上"和"下"。这些线可以在拔出插管或需要更换插管时用于打开气管。

14 在开放的伤口和气管切口周围放一薄层抗菌敷料，露出牵引线。

15 围绕颈部做宽松的、无线头的薄层包扎来固定敷料，露出气管切开插管的开口、套囊充气孔和牵引线。

图57-3 切开气管3~4或4~5软骨环之间的环状韧带腹侧面。

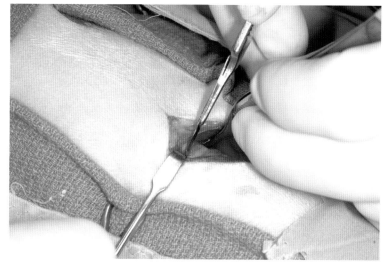

图57-4 如果动物状况稳定，环绕切口附近的气管环放置牵引线。如果动物状况不稳定，则先插管再放置牵引线。

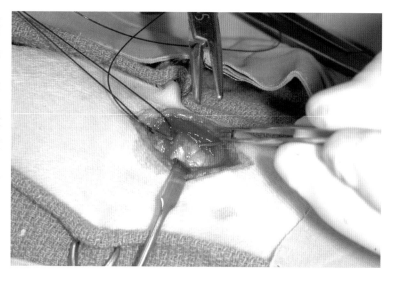

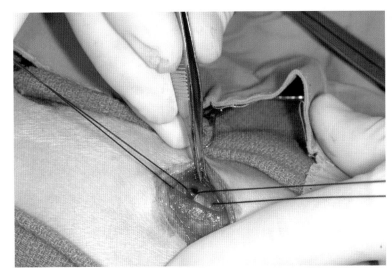

图57-5 牵拉牵引线扩大环状韧带上的切口，使气管插管能够插入。

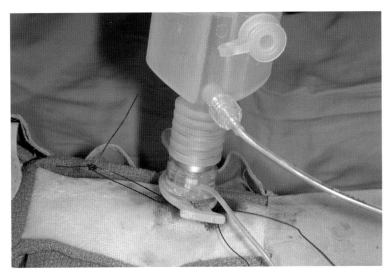

图57-6 通过气管插管供氧。在牵引线末端打结或用胶带将它们固定住，使其之后能够使用。

术后注意事项 动物苏醒后，必须严格监护插管是否阻塞或移位。在未进行通气的已苏醒的动物，可将套囊的气抽掉，减少气道的损伤和梗阻（图57-7）。每天清理气管切口周围的皮肤，清除碎屑、减少细菌附着，并可使动物感觉更舒适。根据分泌物的产生量，气管插管通常每15min至3h清理一次。对于分泌物产生很少的动物，可4~6h抽吸和清理一次。要监测动物是否有不适感，如呼吸困难、咳嗽或抓挠插管的情况，这些可能导致刺激或不完全梗阻，迫使更频繁地维护插管。

清理双腔管时，将内层套管取出，用抗菌液浸泡冲洗。外层管灌入生理盐水并抽吸，然后将洗净的内层管重新插入并固定。单腔插管只能在原处进行灭菌抽吸来去除分泌物，通常需要每24h更换一次。向插管内注入0.5~5mL灭菌生理盐水，等待几分钟，这样可以使分泌物松解并可保持气道湿度，然后再将液体吸出。如果分泌物浓稠，可在管内滴入几滴稀释的乙酰半胱氨酸（1:10）。抽吸前应给动物吸氧，并持续至少15s，可减少低血氧的风险。无菌抽吸管应有较大的内径，外径则不超过插管直径的一半。不能用力将抽吸管插入已阻塞的插管中，因为这会使阻塞物进入气道。如果插管被坚固的分泌物阻塞而变狭窄，应该在镇定后更换插管。在进食后马上进行抽吸可能导致呕吐。

使用气泡加湿器、湿度交换过滤器或雾化器来增加吸入气体的湿润度，这样可以减少肺的损伤，并软化分泌物，使插管更容易维护。因为进行了气管切开插管的动物需要更多的液体，所以需要静脉给液来防止脱水。动物每天应称重1~2次，来监测水合状态。

为降低阻塞或其他并发症的风险，应当在上呼吸道梗阻解除后便取出插管。如果插管不能完全充满气道，可以通过阻塞插管来评估口腔或鼻腔中的气体流通情况。有些医生会取出插管并重新放置一个较细的插管，然后监测动物是否出现呼吸困难。在取出插管时，应准备一个干净的替换管和诱导麻醉剂，并且很容易找到系住的气管牵引线末端。如果动物在拔管后出现呼吸困难的情况，应立即插入新管，并考虑做永久的气管切开。拔管后，切口处通常会二期愈合。切口处应覆盖一块疏松的编织纱布并轻轻地包上，直到不再需要考虑气道梗阻问题。之后可使用非吸附性敷料和垫料绷带包扎的更牢固一些。在伤口完全愈合前，动物不能洗澡或游泳。

潜在并发症包括插管阻塞、气管坏死、术中出血（很少），以及喉麻痹。大的插管可能引起压迫性坏死，并在拔管后继发气管狭窄。如果颈部的插管对患病动物来说过长可能使插管在气管腔内倾斜，造成插管向头侧旋转并抵住气管壁（图57-7），使插管的远端开口处阻塞。气管切开位置形成气管瘘很罕见，这需要切除和缝合。

图57-7 因为插管过长过弯，该动物存在气道梗阻的风险。插管的外侧缘应与气管壁平行，所以气管远端开口应平行于气管环。如果套囊过度充气会损伤气管；对于大多数动物，除非进行正压通气，否则套囊不需充气。

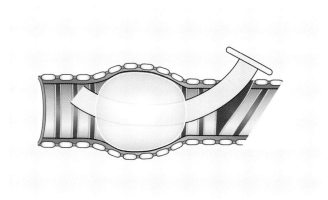

参考文献

Crowe DT. Managing respiration in the critical patient. Vet Med 1989;84:55-76.

Flanders MM and Adams B. Managing patients with temporary tracheostomy. Vet Technician 1999;20:605-613.

Hedlund CS. Tracheostomies in the management of canine and feline upper respiratory disease. Vet Clin N Am Small Anim Pract 1994;24:873-886.

Rozansk E and Chan DL. Approach to the patient with respiratory distress. Vet Clin N Am Small Anim Pract 2005;35:307-317.

Tillson M. Tracheostomy. NAVC Clinician's Brief 2008;6:21-24.

58 食道饲管放置
Esophagostomy Tube Placement

对于厌食或口腔损伤的动物，食道切开饲管是提供肠道营养的很好的途径。食道饲管的放置快速、简便，而且费用低。食道切开饲管放置不像胃切开饲管的放置那样需要特殊工具，且食道饲管可随时取出。相较于咽部饲管，食道饲管不会引起上呼吸道阻塞、吞咽困难或咽部刺激导致的呕吐。绝大多数动物都可插入大号管，并可注入罐装的恢复期食物。虽然对于持续性或饲喂后呕吐的动物来说饲管放置是禁忌，但对间断呕吐的动物通常能够通过缓慢地持续注入食物而饲喂成功。食道切开饲管很难通过持久性右主动脉弓或其他血管环异常动物的狭窄部位，有食道疾病的动物通常也不能放置食道饲管。

术前管理

操作时，动物应处于全身麻醉状态；当器械或饲管通过咽部时，麻醉较浅的动物可能苏醒或有反射性咬合动作，这可能伤及医护人员。许多医生为动物插管以便操作时保护气管。如果可能，气管插管应当固定于下颌，为食道切开饲管放置留出空间。一些医生会使用开口器，但这些可能导致放置饲管时更加困难。

手术

根据动物体型选择食道饲管的型号。在猫，12Fr红色橡胶管已经足够了；在犬，饲管型号可从10Fr到28Fr。管的盲端很容易堵塞，所以通常将盲端剪掉。饲管末端放置于第5~8肋间。较长的管应剪短至合适的长度，这样不会无意间通过下食道括约肌，从而引发胃的反流和食道炎。

虽然通常从食道左侧插入饲管，但也可以从食道右侧切开并放置饲管。术者可以先通过放入钳子来判断食道最浅处。

手术技术：食道切开饲管放置

1 先测量预计（颈中部）插入饲管到5~8肋间皮肤处的长度，并在管上做好标记。剪去管的末端并将长管修剪至合适长度（图58-1）。

2 将一个闭合的弯Kelly直角钳或规则或窄头的Carmalt钳通过口腔和咽部插入食道。

    a. 选择的钳子长度应能达到舌骨尾侧。

    b. 尽可能选择最窄最长的钳子。

    c. 将钳子尖端沿颈部一侧插入，并将食道壁顶起。触摸颈部区域以确定食道最浅处。

3 动物侧卧保定，颈部剃毛、准备，在食道距皮肤最浅处铺设创巾。

4 经口腔，沿食道至颈中部插入闭合的止血钳，使止血钳向外呈一定角度，以便在皮肤下触到钳子的尖端（图58-2）。止血钳尖端应位于颈静脉背侧。

5 用惯用手的手掌固定止血钳环而不要用手指。

6 用非惯用手半握拳按压止血钳尖端的颈部（图58-3）。保持半握拳的手轻度开张，当止血钳穿出食道壁和肌肉时其尖端会位于拳心内。

7 用惯用手手掌用力按压止血钳手柄，同时用非惯用手用力按压止血钳尖端周围的颈部，迫使尖端穿出食道壁、颈部肌肉和皮下组织（图58-3）。在穿出食道壁和肌肉前止血钳尖端不易定位，当穿出这些组织到达皮下时则易于触摸和定位。

8 切开止血钳尖端表面的皮肤，将止血钳推出切口（图58-4）。

9 轻微张开止血钳尖端并夹住饲管远端。将其牢固夹持后拉入皮肤切口、肌肉和食道的孔并从口腔穿出（图58-5）。

10 将饲管尽可能多的穿过颈部并拉出，饲管近端露出皮肤切口数厘米。在该位置，饲管近端朝向尾侧，远端（尖端）朝向头侧。

11 用手指或止血钳将饲管远端折转插入口咽和食道（图58-6），将饲管尽可能深地插入食道。确定饲管末端没有被气管插管的套囊充气管缠住。

12 饲管常在口咽处扭结或折转。应消除折转并理顺饲管方向，可用器械或手指将饲管插入咽部，同时将饲管近端（接口）经皮肤切口适当向外拔（图58-7）。将折转处拔出皮肤切口后将其顺直，并插入食道（图58-8）。如果折转被矫正，饲管近端（接口）会自动朝向头侧。

13 将饲管沿食道插入，直至之前做的标记达到皮肤切口处，将饲管封口。如需要，可用同样长度的饲管测量饲管的位置，其位置不应超过第九肋骨。

14 不要用荷包缝合固定饲管。可用指套式缝合固定饲管（见第336~339页）。猫在缝合皮肤时可带上下层肌肉或寰椎翼的骨膜，以防饲管移动。

15 用薄层抗生素敷料覆盖皮肤创口，将饲管近端放置于头后背侧并用绷带较松地包扎颈部。

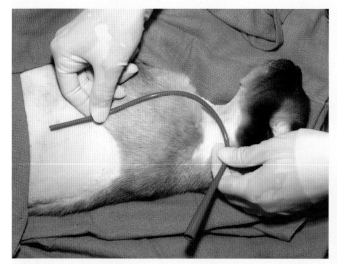

图58-1 剪去饲管末端，放置后饲管末端应位于5~8肋间。

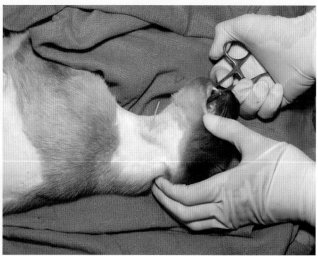

图58-2 经口将弯止血钳插入食道。用手掌固定止血钳并使其弯头向外，可看见止血钳头顶起食道和外层组织（箭头）。

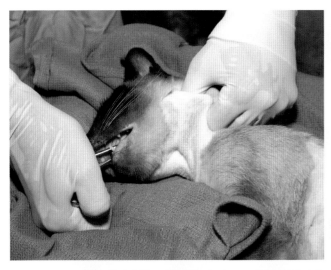

图58-3　一只手用力推止血钳，半握拳的手用力下压颈部，迫使止血钳穿过食道和皮下组织。

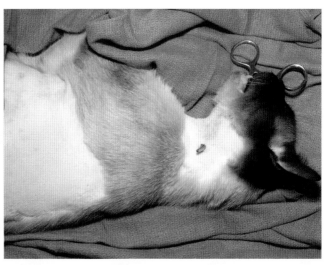

图58-4　切开止血钳尖端处的皮肤，露出止血钳头。

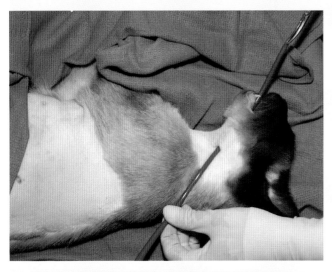

图58-5　用止血钳夹住管头，将其拉入颈部并从口腔穿出。

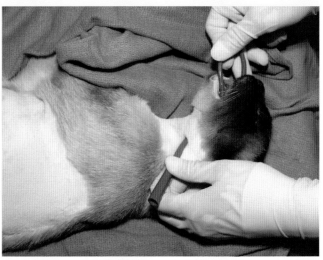

图58-6　将饲管末端重新插入食道。注意此时饲管在皮肤外的那端仍需由尾侧朝向头侧。

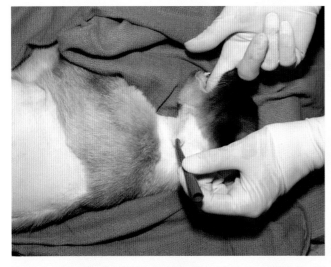

图58-7　将饲管近端向外拔的同时将远端向咽部按压，直至饲管不再扭结，方向呈头-尾方向。

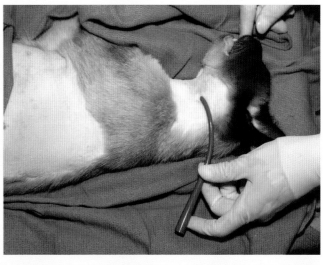

图58-8　将插管调整至之前测量的长度，使管头位于第5~8肋间。

术后注意事项

放置时，有时饲管会与气管插管或它的套囊缠到一起。如果在苏醒时发现这种情况，应使用面罩麻醉动物并重置管的尖端。术后评价可拍摄胸部侧位X线片。猫应佩戴伊丽莎白脖圈保护饲管来防止管过早脱出。一旦动物能保持坐姿，便可开始饲喂。康复期罐头最容易使用，因为它们不容易堵塞饲管。根据能量需求，猫通常饲喂180~250mL/d，分成4次饲喂（约60mL/次）。犬的饲喂量根据动物体型而不同（最大量15mL/kg）。计算饲喂量应包括任何需要的液体量或冲洗饲管的液体量。开始时，少量（猫5~15mL，犬1~4mL/kg）饲喂，每3~4h一次，直到动物适应了食物和饲喂量，4d后逐渐增加饲喂量。也可以持续输注液体食物，开始1~2mL/(kg·h)，然后增加至4mL/(kg·h)。如果动物出现任何恶心的症状，则停止饲喂，并将稀释的、加热后的液体食物量减少，下次以更慢的速度饲喂。

每次使用前后用5~10mL水冲洗管道，防止堵塞。如果饲管堵塞，通常可以使用碳酸饮料或胰酶悬浊液来解除。需每日更换包扎绷带，以便评估和清理开口。一旦动物主动进食并能维持足够的营养，便可将管拔出。剪掉指套式缝合线，封闭饲管并轻轻拔出。每天清理包扎开口处直到二期愈合。饲管可以在放置后立即拔出或放置几个月后拔出。长期放置的管会老化或易断；因为在几周后可形成纤维瘘管，所以可以拔掉旧管并由窦道立即插入新管。

并发症包括炎症、包扎过紧导致的头部肿胀、开口周围蜂窝织炎和饲管堵塞。当使用荷包缝合切口时，更容易出现蜂窝织炎。小孔周围的炎症和感染可以通过局部治疗和拔管来解决。只要止血钳尖端在切开皮肤前穿过食道、肌层和皮下组织，则很少发生出血。动物能呕吐出较细较软的饲管，使得饲管从颈部通过咽掉出口腔。较粗较硬的管不会发生这种情况。因为钳子长度有限，某些大型犬很难放置饲管。经皮饲管安装器可替代钳子使用。

放置饲管时少见发生食道撕裂，食道撕裂会导致食道泄露、脓肿，可能引发败血症。可能因食道较脆（如幼年动物），在试图夹住管时钳子开张过大，多次尝试将钳子穿过食道，或由颈部拉入饲管时发生食道撕裂。

参考文献

Devitt CM and Seim HB. Clinical evaluation of tube esophagostomy in small animals. J Am Anim Hosp 1997;33:55-60.

Han E. Esophageal and gastric feeding tubes in ICU patients. Clin Tech Small Anim Pract 2004;19:22-31.

Ireland LM et al. A comparison of owner management and complications in 67 cats with esophagostomy and percutaneous endoscopic gastrostomy feeding tubes. J Am Anim Hosp Assoc 2003;39:241-246.

Mazzaferro EM. Esophagostomy tubes: don't underutilize them! J Vet Emerg Crit Care 2001;11:153-156.

59 猫甲状腺切除术

Feline Thyroidectomy

甲状腺机能亢进是中老年猫常见的内分泌疾病。其中最常见的原因是甲状腺良性腺瘤性增生，70%~91%的猫为双侧腺体发病。大约9%的猫为甲状腺组织活性异常增强。甲状腺机能亢进的临床症状包括体重减轻、多食、行为改变、脱毛、过度兴奋、烦渴和呕吐。少数猫会因昏睡和厌食表现为无精打采。有95%的猫，基于T4浓度升高和触诊甲状腺增大。对于T4浓度正常但具有甲亢症状的猫，可在数周后重复检查T4浓度或进行锝-99m同位素扫描。

治疗猫甲状腺机能亢进包括抗甲状腺药物，如甲巯咪唑或卡比马唑；放射性碘（I-131）；或手术切除所有增生的甲状腺组织。放射性碘副作用极小，并可破坏所有位置的增生的甲状腺组织。放射碘治疗的缺点包括作用有限，受限于当地放射性安全管理的法律，需要较长时间的住院治疗。大约5%的猫对放射性碘无反应并需要重新治疗。

绝大多数医生都较易实施手术，但是，进行双侧甲状腺切除术时需要注意保护甲状旁腺，以避免发生医源性甲状旁腺机能减退。甲亢患猫有2%~3%被诊断为甲状腺腺癌，可通过手术切除、放疗或两者联合进行治疗。肾功能不全的猫应进行手术和放射性碘联合治疗，因为甲状腺功能的下降会降低肾小球滤过率。有些猫用甲巯咪唑治疗数周后会表现肾功能不全。如果用甲巯咪唑治疗后出现肾功能不全，可降低药物剂量或间断用药。约10%的猫在用甲巯咪唑治疗后3个月内出现副作用，包括厌食、呕吐、嗜睡、瘙痒、肝毒性、中性粒细胞减少和血小板减少。如果甲巯咪唑治疗是猫唯一的治疗方法，可能需要终身用药。

术前管理

患甲状腺机能亢进的猫常表现出心动过速和心脏杂音，约50%的猫发展为肥厚型心肌病，10%~15%的猫发展为充血性心力衰竭。建议通过超声心动图评价心脏功能。很多医生会在术前先用甲巯咪唑，同时使用或不使用β受体阻断剂（普萘洛尔、阿替洛尔）治疗数周，以减少心律失常和心动过速的发生，降低麻醉风险。

闪烁描记法常被用来确定病变是单侧还是双侧，是否有异常增生的甲状腺组织位于颈部、胸腔入口或头侧胸腔。约有1/3的猫存在低钾血症，术前应检查血液生化以评价是否存在低钾血症和肾功能不全。由于颈静脉采血部位的出血会使甲状旁腺变色并模糊，因此，应避免在颈静脉采血后1周内手术。

颈腹侧剃毛及准备区域应从下颌角至胸腔入口后4cm处。猫仰卧，前肢向尾侧牵拉，且保持头颈部的充分伸展。猫颈下可放置毛巾或沙袋，以便使颈部完全伸直。创巾钳只能穿透皮肤，以避免伤及颈静脉。在切开时，双极电灼术、精细剪和按捏镊、无菌棉签和放大设备通常是有用的。

手术

如果没有闪烁描计法，那么可通过术中对腺体的大小、形状和颜色来判断疾病的程度。腺瘤时腺体通常胖圆，并呈肝脏颜色，而正常腺体由于萎缩，外观较小、薄并且苍白。对于甲状腺活动性增强的患猫，即使对侧腺体的大小正常，也极可能已经发生病变。外侧的甲状旁腺正常时直径为1~3mm，比甲状腺苍白，位于甲状腺头极腹侧。有些猫甲状旁腺位于尾极。如果存在局部出血，甲状旁腺表现为红色或粉红色。必须将甲状旁腺与囊上的脂肪区分。在放大镜下，可见小血管分叉并环绕于腺体。

患单侧甲状腺机能亢进的猫，可经囊外切除甲状腺。进行该操作时，结扎甲状腺头侧和尾侧的血管，沿甲状旁腺将甲状腺切除。由于绝大多数猫为双侧发病，建议进行改良的囊内或囊外操作，以保护甲状旁腺及其血供。改良式的囊外技术是在摘除甲状腺之前先将甲状旁腺及其动脉与甲状腺囊游离。改良式的囊内技术是切开甲状腺囊将甲状腺组织切除，再切除甲状腺囊，但保留其与甲状旁腺接触的部分。两种技术都存在潜在的并发症：改良式囊内技术可能会有甲状腺组织残留于囊内；改良式囊外技术可能在分离时切除甲状旁腺或损伤其血管。

如果手术中损坏了甲状旁腺的血供，可将甲状旁腺移植入局部的肌肉内。甲状旁腺自体移植可重新恢复血供，并在14~21d内恢复功能。

有些兽医会间隔3~4周分步切除甲状腺。即使在术中损伤甲状旁腺也可在间隔期恢复血供。

手术技术：改良式甲状腺囊外切除术

1. 从甲状软骨至颈中部沿正中线切开皮肤。

2. 用刀片切开颈部括约肌肌纤维（图59-1），显露其下方的胸骨舌骨肌。

3. 用手指轻压两侧的胸骨舌骨肌并来回滑动以确认其正中线（图59-2）。

4. 沿正中线切开并分离成对的胸骨舌骨肌并用Gelpi开张器向两侧牵开。

5. 用双极电凝器对穿过中缝的小血管进行止血。

6. 紧贴气管，钝性分离气管和肌肉间的筋膜，直至确认位于气管外侧或背外侧面的甲状腺，其腹内侧为颈总动脉（图59-3）。甲状腺位于甲状软骨附近。

7. 确认喉返神经。其可能位于甲状腺内侧或背侧面的筋膜内，沿气管移行。分离牵拉甲状腺时应避免损伤该神经。

8. 确认外侧的甲状旁腺（图59-4）。

9. 如果可能，确认甲状腺动脉的甲状旁腺分支（需借助放大镜）。用11号、15号或Beaver刀片沿甲状旁腺切开甲状腺囊（图59-5），保护甲状旁腺动脉。也可在囊上用刀片切一个小口，再用虹膜剪将其扩大。

10. 轻轻游离甲状旁腺及与其相连的甲状腺囊，注意保护甲状旁腺动脉（图59-6）。

11. 游离所有附着于甲状腺的筋膜并结扎血管。

    a. 于甲状旁腺分支远端用小型血管夹或4-0可吸收合成线结扎甲状腺动脉。于结扎处切断组织。切除剩余甲状腺囊及其内的甲状腺，结扎对侧极的所有甲状腺血管。

    b. 也可先结扎甲状旁腺所在部位（通常在尾极）的甲状腺血管并分离筋膜。先分离甲状腺尾极并逐渐向头侧分离其筋膜（图59-7）。于甲旁分支远端结扎并切断头侧的甲状腺动脉（图59-8）。

12. 如果闪烁描计法发现颈部存在异位的甲状腺组织，向头侧和尾侧扩大皮肤切口并定位和切除组织。胸骨舌骨肌的尾侧1/3被胸头肌覆盖，沿中线分离并牵拉胸头肌以显露靠近胸腔入口处的气管。

13 如果甲状旁腺被意外分离，将其从甲状腺完全分离。切开胸骨甲状肌或胸骨舌骨肌。将甲状旁腺插入肌肉切口内（图59-9）并用3-0或4-0可吸收线缝合肌肉。

图59-1 于颈中部沿腹侧正中线切开皮肤和颈部括约肌。

图59-2 下压并牵开组织，显露胸骨舌骨肌中隔。通常可见小血管位于中隔处。

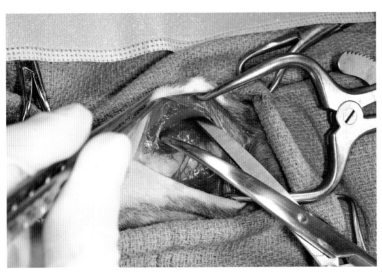

图59-3 当胸骨舌骨肌被分离牵开时，即可显露气管背外侧的甲状腺。若甲状腺不易看到，可轻轻钝性分离气管与周围肌肉间的筋膜。

14 如果施行了单侧的甲状腺切除术，缝合前应检查对侧的甲状腺。甲状腺外观应小、薄并苍白。如果甲状腺大小正常，则很可能发生了增生，应同时切除或在将来切除。

15 用3-0可吸收线沿中线缝合肌肉。常规缝合皮下组织和皮肤。

图59-4　显露甲状腺和外侧的甲状旁腺。甲状腺动脉（蓝箭头所示）头侧有两根小的动脉分支（绿箭头所示）供应甲状旁腺。分离过程中应保留这些血管。

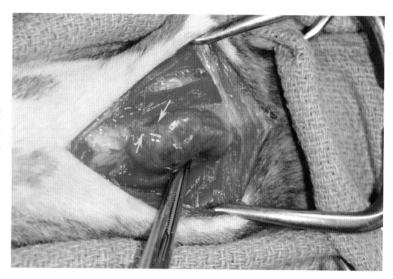

图59-5　沿甲状旁腺用11号刀片切开甲状腺囊，保护甲状旁腺动脉。

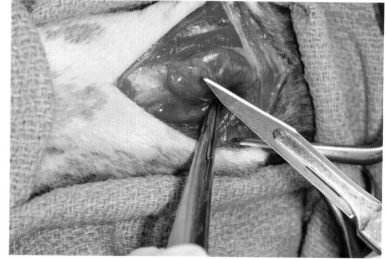

图59-6　由甲状腺及其背侧轻轻分离甲状旁腺，保护其血供。

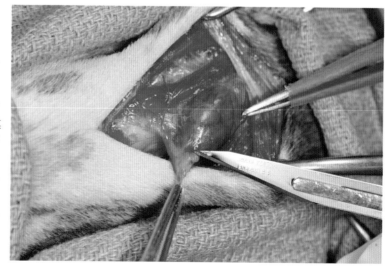

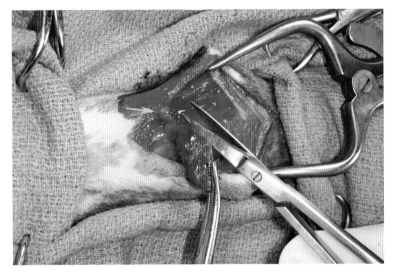

图59-7　结扎尾侧的甲状腺血管，并轻轻的从气管游离甲状腺，向甲状旁腺（箭头）分离。

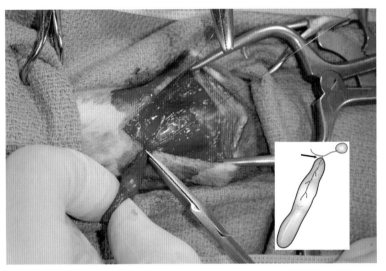

图59-8　在完全切除甲状腺前，于甲状腺和甲状旁腺分支（箭头，小图注解）之间结扎头侧的甲状腺动脉。

图59-9　如果甲状旁腺的血供被破坏，将腺体植入胸骨甲状肌或胸骨舌骨肌内。

术后注意事项　　手术后，应注意猫是否出现出血、心率不齐、喉功能丧失和低钙血症。如果由富有经验的术者进行手术并保留甲状旁腺于正常位置，仅有的6%的猫发生低钙血症。进行双侧甲状腺切除术的猫发生甲状腺机能减退很罕见，因此，除非出现临床症状（如嗜睡、肥胖），否则不需要给甲状腺素。甲状腺功能正常后甲状腺毒性心脏病会消退，持续的心功能异常提示存在其他的原发心脏疾病。

双侧甲状腺切除术后最常见的问题是低钙血症。甲状旁腺破裂的临床症状包括烦躁不安、面部及全身肌肉震颤、虚弱、厌食、气喘、四肢抽搐或癫痫，这些症状发生于破裂后12h至6d。患有严重低钙血症（<6.5mg/dL）的猫中只有60%会表现出临床症状。进行双侧甲状旁腺自体移植的猫会在术后24h内发生低钙血症，但通常会在术后14d内恢复正常血钙水平；87%的猫不需要在术后给钙制剂。对于切除全部甲状旁腺的猫，即使口服钙补充剂也会出现2~3个月的低钙血症。

出现急性低钙血症症状的猫，慢速（超过10~20min）静脉注射葡萄糖酸钙（10%葡萄糖酸钙0.25~1.5mL/kg）至效。之后，恒速输注葡萄糖酸钙［5~15mg/(kg·h)，IV］进行治疗。另外，可将静脉输注剂量的葡萄糖酸钙以1∶3或1∶4配入生理盐水，分2~3点皮下注射，每天2~4次。在输液过程中应监测心电图并在发生心律失常时停止治疗。

口服碳酸钙（0.25~0.5g钙，PO，q12h）并在猫稳定后开始改为骨化三醇［0.25μg/(kg·d)，使用2d，在5d左右逐步将总量减至0.25μg，q24~48h］。是否继续进行口服钙支持治疗取决于甲状旁腺损伤的程度及每周的钙检测结果。所有药物在术后1~2个月均可尝试逐渐减量。切除全部甲状旁腺的猫在术后3个月内无需给外源性钙，也可维持正常的血清钙浓度，但在应激或厌食时可能发生低钙血症。

其他可能的并发症包括麻醉死亡、出血、Horner's综合征或喉麻痹，以及甲状腺机能亢进复发。10%的猫在术后1.5~2年复发。复发可能的原因包括增生腺体切除不完全（例如：与保留的囊相连的甲状腺组织残留）、对侧甲状腺发病或异位的甲状腺组织增生。应进行闪烁描记以确定残留的增生组织的位置，治疗方法包括碘放射性治疗或再次手术。

参考文献　　Birchard SJ. Thyroidectomy in the cat. Clin Tech Small Anim Pract 2006;21:29-33.

Naan EC et al. Results of thyroidectomy in 101 cats with hyperthyroidism. Vet Surg 2006;35:287-293.

Padgett SL et al. Efficacy of parathyroid gland autotransplantation in maintaining serum calcium concentrations after bilateral thyroparathyroidectomy in cats. J Am Anim Hosp Assoc 1998;34:219-224.

Peterson ME. Radioiodine treatment of hyperthyroidism. Clin Tech Small Anim Pract 2006;21:34-39.

Trepanier LA. Medical management of hyperthyroidism. Clin Tech Small Anim Pract 2006;21:22-28.

PART

8

第八部分　其他操作

Miscellaneous Procedures

60 甲切除术（断爪术）
Onychectomy

猫用爪子可以做很多事情，包括自我保护、攀爬、狩猎及逃跑。尽管用爪子进行抓挠活动是猫的天性之一，但当主人的财产或身体因抓挠而受损时，这一天性便会遭到主人的排斥。为猫提供专门的挠抓板或每周修剪指甲，可以控制或减少一些猫不恰当的挠抓活动。但对于那些皮肤极易受损伤、凝血有障碍或是免疫系统脆弱的动物主人，以及由于猫的这种行为而要实行安乐死时，断爪术就是一个积极可行及必要的选择。

甲切除术就是移除每一指的第三指骨 (图 60-1)。可实施这个操作的工具包括：手术刀、灭菌环状Rescoe指甲剪、CO_2激光或电刀。当由兽医学生来执行手术时，使用手术刀与使用环状指甲剪这两种甲切除术之间的不同为，用手术刀的手术耗时长，并且易引发急性术后疼痛和并发症；用指甲剪实施的甲切除术则往往会引起诸如跛行和爪再生长等慢性并发症。可能由于术中不需要止血带及术后无需绷带止血的关系，激光甲切除术能够有效减少术后疼痛。

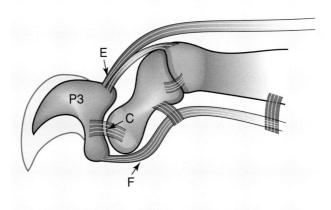

图60-1 第三指骨由背侧伸肌腱（E）和背侧韧带，以及腹侧的屈肌腱（F）和副韧带（C）连接固定于足部。

术前管理　　　　甲切除术的手术对象通常是年轻健康动物，因此，仅需要很少的术前诊断。有些外科医生在术前会对术部指甲进行修剪，而多数外科医生通常对术部进行清洗或一并将前臂和爪子用氯己定溶液浸泡消毒。由于酒精具有挥发性，因此，不能用于激光甲切除术的术前消毒。术前使用注射用阿片类药物以及局部或区域性神经阻断进行镇痛，以减轻术后不适。进行神经阻断的操作方法是将药物分别注射在桡骨背外侧和掌侧以上近腕关节处，以阻断桡神经和正中神经。沿尺骨背外侧及掌侧以相同方式阻断尺神经分支（背侧支和掌侧支）。

手术　　　　　　用环形指甲剪或手术刀实施甲切除术时，可在肘部上方或下方放置血带以防出血。将对折的1.3cm Penrose引流管缠绕在腿部。将引流管的两个游离端从另一端的圆环中穿过并向上拉紧，在靠近对折处用止血钳夹住引流管的根部，保持止血带紧张。放置在肘关节以下的止血带可能不会阻断骨间小动脉。而肘关节以上的止血带若留置时间过长，则会造成神经损伤。

　　　　甲切除术应完全切除P3，以防止爪再生。同时应切除爪脊——深部指屈肌腱的腹侧附着点。分离爪脊周围组织时，偶尔会横断与其相邻的爪垫，这样就会引发术后不适。

　　　　将P3截断后，通常对手术部位进行简单间断缝合或应用局部组织黏合剂。有时，甲切除术的创口允许二期愈合。一期愈合常发生在术后出血控制良好和P2没有暴露出创口的病例。组织黏合剂应小心涂抹在伤口的边缘部位。组织黏合剂不可被机体组织吸收，并可能引发刺激和感染。目前，甲切除术术后绷带包扎虽有多种方法，但这些包扎方法都会增加术后的疼痛和不适，若包扎过紧还会引起局部缺血或跛行。

手术技术：Rescoe环形指甲剪甲切除术

1 若指甲过长过弯，需进行适当修剪，以便指甲能够顺利穿过环状指甲剪的圆环。为方便操作，指甲应留足够长度。

2 按压爪垫，伸展脚爪。

3 用左手，将Rescoe环状指甲剪套在P2和P3之间的背侧关节间隙，刀片朝上，柄朝向术者（图60-2）。

   a. 保持指甲剪位于关节间，术者上抬肘关节，并将指甲剪拉向自己。在这种状态下，即使刀片端处于开张状态，指甲剪仍应该位于背侧关节间隙中。

4 Rescoe指甲剪紧贴背侧关节腔，闭合刀片，使刀片接近爪部掌侧面。

5 右手用硬镊子或拇指的指甲固定P3。

   a. 拇指指甲固定技术：将拇指的指甲插入猫的脚指甲尖下方（图60-3）。

   b. 止血钳固定技术：用弯头止血钳、Kelly止血钳或老式持针钳从猫脚趾甲的背侧面夹住指甲，这样器械的柄会远离操作者（图60-4）。器械口应该平行于沿指甲附着的皮肤，并垂直于爪的长轴。

6 将爪向后（背侧）推，贴着指甲剪的边缘远离操作者。同时使刀片足够放松，以便其可以移到掌结节的下方，但要将爪垫拉离手术区（图60-3）。

   a. 如果在操作过程中，器械滑脱，应适当松开指甲剪，使其更多地开张。

   b. 如果在刀片前（上方）能看到爪垫，说明指甲剪太松，一定要进行调整。

   c. 如果指甲全部滑脱，远离操作者，指甲剪就不再处于背侧关节间，需要重新定位。

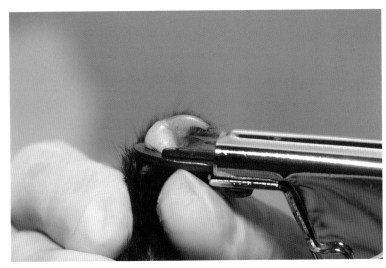

图60-2 将Rescoe环形指甲剪的刀片朝上，柄朝向外科医生。通过按压趾甲下方的骨骼使其显露。指甲剪的背侧弓应该位于背侧关节间隙中。

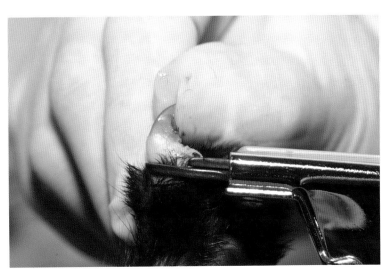

图60-3 使拇指的指甲位于猫脚指甲的下方，将P3向背侧推，压在指甲剪的弓部。轻轻松开刀片，使掌部结节位于刀片之上，而爪垫位于刀片下方。

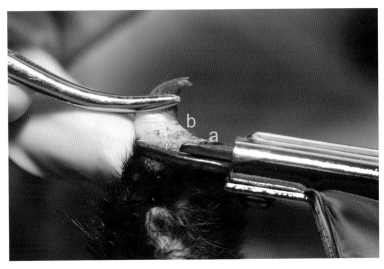

图60-4 另外，也可以用止血钳夹住指甲向背侧拉（使关节过度伸展）。注意，一旦刀片放在掌部结节下方的正确位置，位于刀片（线a）上方骨骼（爪脊）的量将是脚趾甲厚度（线b）的两倍。

图60-5 若用止血钳旋转指甲，用全手抓住止血钳，并顺时针和逆时针沿基部交替旋转指甲，同时缓慢闭合指甲剪，使其通过关节间隙。

图60-6 若用手指旋转指甲，将食指放在指甲一边，将指甲固定在拇指与食指之间。

7 检查刀片的位置，确保其在掌部结节下方。

  a. 掌部结节是位于刀片前方（上方）的一个微小凸起。

  b. 如果刀片处于正确位置，刀片边缘与指甲剪背侧之间的距离是指甲基部长度的2倍（图60-4）。

  c. 如果指甲剪超过关节间隙，则在刀片上方就能看到爪垫。

8 当刀片到达指间关节面水平时（爪脊下方指深屈肌腱的附着点），轻轻闭合指甲剪。

9 用左手逐渐闭合指甲剪，同时右手沿长轴旋转指甲。切勿摇摆、提拉、扭转或旋转指甲剪。

  a. 止血钳法：右手掌心向下，抓住止血钳体。沿指甲长轴顺时针和逆时针交替旋转（图60-5）。

  b. 拇指指甲法：用拇指肚和食指边缘抓住指甲（图60-6）。沿指甲长轴以"拧螺丝刀"样旋转。

  c. 如果闭合指甲剪时阻力过大，应再次检查确保刀片仍在指间关节水平，并位于背侧关节间隙内。

10 一旦刀片完全闭合，将指甲剪拉离指部，以切断所有附着的软组织。

11 按压指垫，检查横断部位。P2的末端应该呈圆形（图60-8）。用止血钳夹住骨骼，用11号手术刀切除所有附着的软组织，将P3的残迹完全去掉。

12 用快吸收单股缝线简单间断缝合伤口边缘（图60-9）或用组织黏合剂（见下文）。

图60-7 沿基部旋转指甲（就像拧螺丝刀一样），同时逐渐闭合指甲刀。

图60-8 按压爪垫充分暴露和检查光滑的P2结节。

图60-9 用快吸收单股缝线简单间断缝合伤口边缘。

手术技术：手术刀甲切除术

1 在已消好毒的术部将毛发扒开暴露手术部位。

2 穿过指甲背侧面用止血钳将指甲固定（头朝下而柄朝向操作者）。

3 用11或12号刀片于靠近皮肤在指甲附着部的近端环形切开皮肤，尽可能留下较多的皮肤（图60-10）。

4 向近端牵拉皮肤，充分暴露背侧关节间隙上的伸肌腱和外侧副韧带。

5 用手术刀小心横断伸肌腱、背侧韧带和副韧带（图60-11和图60-12）。为了充分暴露关节间隙，同时要屈曲关节，并旋转指甲。

6 一旦切断伸肌腱和外侧韧带，最大限度屈曲关节，暴露关节间隙，并确认屈肌腱。

7 切断屈肌腱（图60-13），当要切断残留的附着组织时，手术刀要围绕P2面，并朝上（图60-14）。在最后切除过程中，刀锋应朝向指甲和外科医生的脸，以保持爪垫的完整性。

8 完成手术后，缝合或用组织黏合剂闭合伤口。

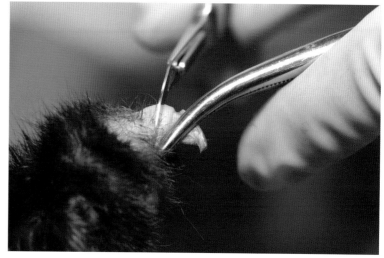

图60-10　用止血钳夹住指甲，在靠近皮肤与指甲的附着处环形切开皮肤。

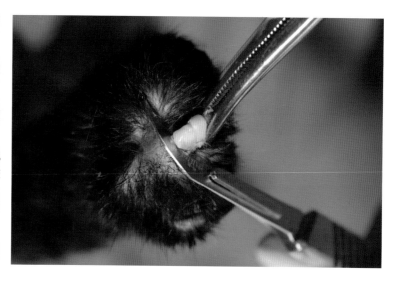

图60-11　在掌背侧方向通过洞穿关节间隙切断伸肌腱和背侧韧带，并同时顺时针和逆时针交替旋转。

图60-12 在切除副韧带的过程中，最大限度屈曲关节，并使刀片朝向P2。切除时内外旋转指甲。

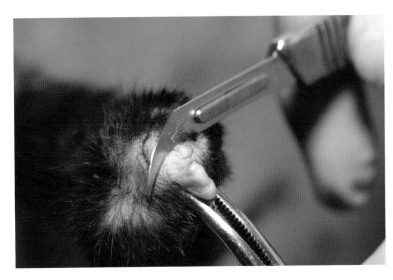

图60-13 最大限度屈曲关节，将刀片置于P2和P3近端的屈肌腱上。向下切开肌腱，同时顺时针和逆时针交替旋转指甲。注意不要伤及爪垫。

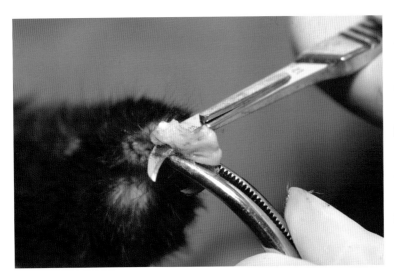

图60-14 将刀片置于掌部结节和爪垫之间，切断屈肌腱，沿掌部结节的弧度向上，避免伤及爪垫。

1 选用不可燃杀菌剂进行术部消毒。术者需佩戴防护玻璃眼镜，以防反射波束。

2 安装一个新的0.4mm头，调整到连续工作模式，功率设定为5~8W。根据切割组织的难易程度，调整功率。

3 用止血钳从背侧面夹住指甲（图60-10）。

4 用激光刀沿指甲的皮肤边缘做360°环切（图60-15）。

5 一旦皮肤已经轻度分离，向后2~3mm处围绕指甲做第二次环形切开，以切断所有附着的皮下筋膜。

6 向掌侧拉指甲，以屈曲关节。用手指或器械向背侧（近端）牵拉皮肤，以暴露伸肌腱。在指部附着处切断肌腱和关节囊（图60-16）。

7 继续向掌侧拉指甲，以暴露副韧带。由背侧到腹侧切开每一边的韧带，激光束垂直于韧带（图60-17）。确保在切除过程中，皮肤被向后拉，并离开韧带（图60-17）。

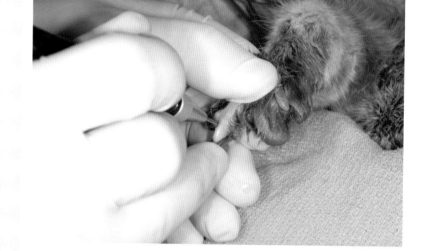

图60-15　环形切开指甲周围的皮肤。

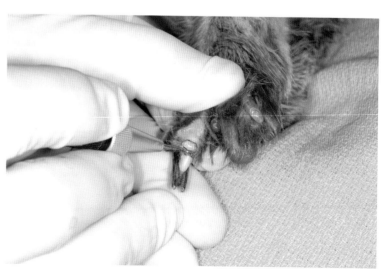

图60-16　向腹侧屈曲指甲，切断肌腱和背侧的韧带。

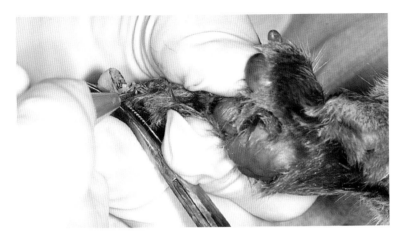

图60-17 在切断副韧带和屈肌腱时，分别向内外侧和腹侧屈曲指甲，以打开关节。

图60-18 此图为闭合前的手术创口。尽管没有应用止血带，但术部没有出血。

8 继续向掌侧拉，暴露屈肌腱。在P3的附着处由背侧至腹侧切断屈肌腱。

9 随着指甲过度向掌侧旋转以及背侧指骨的牵拉，暴露剩余附着的皮下组织，并将其切断。保持激光束贴近P3，以防伤及皮肤或爪垫。

10 切除过度烧焦的组织，并检查是否有组织出血（图60-18）。

手术技术：组织黏合剂应用

1 用拇指和食指抓住手术创口两侧皮肤边缘，并将其外翻（图60-19）。

2 与此同时，将食指指垫在紧位于P2上方压在一起。这样做会覆盖骨骼末端，并保持皮肤外翻（图60-20）。

3 助手将一小滴组织黏合剂滴入暴露的伤口内。用食指迅速由创缘近端向远端按压闭合创口，使多余的组织黏合剂流出伤口。

4 将创缘摁在一起10s，然后轻轻放开。

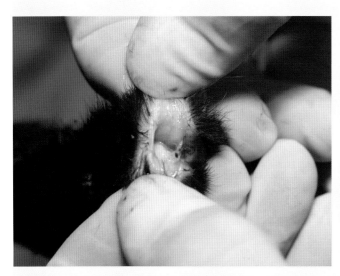

图60-19　用拇指和食指抓住皮肤的每一边。清除伤口处的毛发。

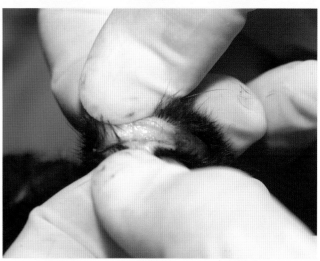

图60-20　将食指指尖压在一起，在P2末端之上对合皮肤，仅使皮肤边缘外翻。

术后护理　　　术后持续镇痛至少48h。为减少爪部颤动和出血，推荐使用镇定剂。术后16h内需拆除任何包扎绷带。由于情绪激动紧张易导致出血，拆除绷带过程中建议进行镇定。为了防止自损，可能需要给猫佩戴伊丽莎白脖圈。应该在便盆中使用纸屑或压缩的小纸球，直至伤口愈合。术后应保证猫留在室内活动。

　　报道的猫术后并发症高达50%，包括疼痛、跛行、出血、肿胀、伤口开裂、感染、因激光使用不当或绷带过紧导致的坏死、屈肌腱挛缩症、掌行姿态（palma-grade stance），以及行为改变。P2露出愈合中的创口将导致持续性跛行，需要对P2末端进行截肢术，并对伤口进行一期闭合。若P3的生发组织没有被完全切除，可能导致皮下爪再生，从而引发慢性跛行、感染、肿胀或瘘管形成。若怀疑发生甲再生，需对所怀疑的足部进行X线片检查，以评估甲再生的数量。用刀片在出现甲再生的指背侧末端做切口，并切除所有的韧带样附着物，以去除残留的组织。

参考文献

Cambridge TC et al. Subjective and objective measurements of postoperative pain in cats. J Am Vet Med Assoc 2000; 217: 685-690.

Ellison GW. Feline onychectomy complications: prevention and management. NAVC Clinician's Brief 2003; April: 29-31, 47.

Gaynor JS. Chronic pain syndrome of feline onychectomy. NAVC Clinician's brief 2005; 3: 11-13, 63.

Patronek GJ. Assessment of claims of short- and long-term complications associated with onychectomy in cats. J Am Vet Med Assoc 2001; 219: 932-937.

Robinson DA et al. Evaluation of short-term limb function following unilateral carbon dioxide laser or scalpel onychectomy in cats. J Am Vet Med Assoc 2007; 230: 353-358.

Young WP. Feline onychectomy and elective procedures. Vet Clin North Am Small Anim Pract 2002; 32: 601-619.

61 悬趾切除术
Dewclaw Removal

　　犬后肢的第一趾称为悬趾，多数犬后肢的第一趾已经退化。悬趾是一个含有多骨的退化结构，孤立附着在后肢内侧面。一些犬的悬趾包括有趾甲的第三趾骨、第一趾骨和跖骨或掌骨（图61-1）。在后肢，跖骨和第一跗骨可能会融合成一块骨骼。有时，某些犬一个后爪上会长有两个悬趾。通常认为双悬趾会出现在某些特定的犬种身上，如冰岛牧羊犬和大白熊犬（Great Pyrenees）。

　　在一些品种的标准中，可能需要切除前爪或后爪的第一趾。在这些动物，如犬，刚出生数天就会施行手术。在成年犬进行悬趾切除术通常是为避免悬趾发生创伤性撕裂。

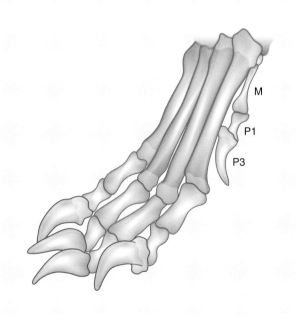

图61-1　图示为犬右前肢，悬趾包括第三指骨（P3）、第一指骨（P1）和与第一腕骨成关节的第一掌骨（M）。

术前管理

　　悬趾周围大范围剃毛和准备。剃毛有一定的难度，主要是由于术部凹凸不平，特别是脚趾间和脚垫周围不规则的形状结构。术前或完成手术皮肤缝合后建议进行局部神经传导阻断，以减轻疼痛。鉴于有污染的可能，静脉给预防性抗生素（比如：第一代头孢菌素），2~6h后再重复给药。

手术

　　在成年犬，对未发育完全的悬趾实施切除术比较容易，通常用剪刀或手术刀对悬趾的皮肤连接附着部分进行横切。皮肤切口用缝线缝合或者以组织黏合剂闭合，手术部位用绷带包扎。对发育完全的第一趾行切除术，则需要对术部的组织进行更广泛地分离。这些手术部分很容易因张力或自损出现开裂。

手术技术：断趾术

1　在连接与爪近心端关节间隙同一水平面的脚垫和悬趾的基部作泪滴状或椭圆形皮肤切口（图61-2）。将多余的皮肤留下，以便缝合时减少张力。

2　如果需要暴露更多的骨骼，可以沿着跖骨或掌骨的轴面扩大皮肤切口。

3　仔细分离骨骼下方的皮下组织（图61-3），以充分暴露跖趾关节或掌指关节。

4　必要时对内侧和外侧的固有背侧指（趾）动脉结扎或烧烙。

5　横断连接第一趾骨（指骨）和第一跖骨或掌骨之间的肌腱和韧带（图61-4）。

6　若第一跖骨或掌骨骨节突出妨碍闭合手术创口时，可用骨钳将其去除（图61-5），并用骨钳或骨锉将横断面磨平。

7　用3-0或4-0快吸收线间断缝合，将多余的皮下组织包埋在创口内（图61-6），打结时缝线的拉伸方向与切口走向一致（图61-7）。

8　采用间断缝合闭合皮肤创口（图61-8）。使用衬垫绷带保护术部。

图61-2　围绕悬趾基部做椭圆形切口。如果爪有附属的骨组织，皮肤切口可以向上扩至跖趾关节或掌指关节。

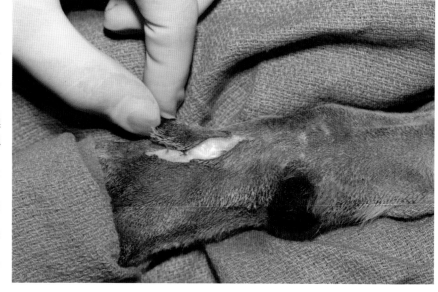

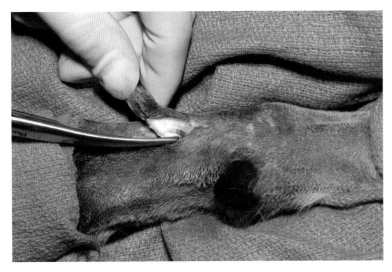

图61-3 仔细分离趾骨或指骨下方的皮下组织。如果需要，可在横断固有背侧指动脉前将其结扎或烧烙。

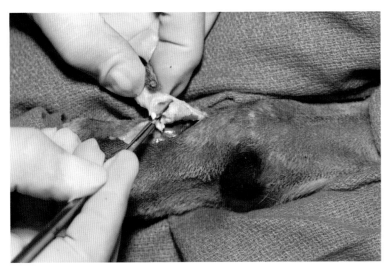

图61-4 用手术刀横断第一趾骨上的肌腱和韧带。

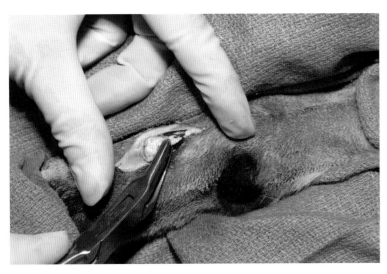

图61-5 如果跖骨或掌骨髁太突出，用咬骨钳清除突出部分。

图61-6 用包埋式皮内缝合闭合皮下组织。

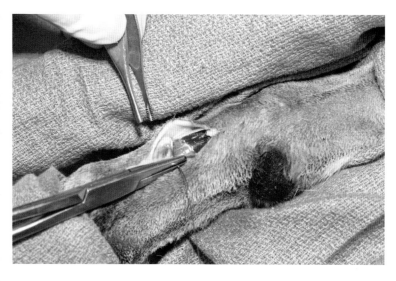

图61-7 打结时缝线的拉伸方向与切口走向一致，使线结包埋在组织内。

图61-8 采用间断缝合闭合皮肤创口。

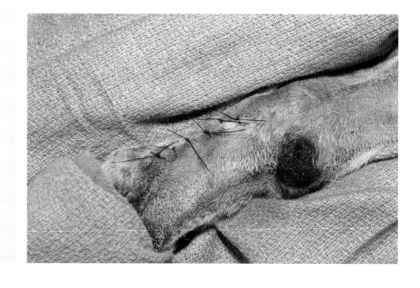

术后护理　　　　绷带可以使用1～7d。第1～3天可适当使用镇痛剂。手术创口完全愈合前，犬应一直佩戴伊丽莎白脖圈。伤口裂开是常见的术后并发症，多因自损引起。其他常见的并发症包括出血、感染及疤痕。

62 胸导管放置
Thoracostomy Tube Placement

胸导管最主要的适应证是排除胸腔内的气体或液体，也能为脓胸动物开胸后局部镇痛药的使用提供一个胸膜腔给药的通道。

由于与胸导管相关的并发症多数能危及生命，因此，实施胸腔手术后不一定会留置胸导管。若术后不太可能发生气胸或出血，胸腔内少量的气体或液体可通过导管或经切口管排出，这些导管在闭合皮肤创口时或之后可随时移除。

术前管理

术前应对胸腔进行X线评估，检查是否存在肿物或胸膜粘连。胸导管的放置位置应避开以上两种病灶。应该对胸腔积液进行细胞学检验、细菌培养及生化检验。若怀疑乳糜胸，应检测甘油三酯的含量。若为乳糜胸，其甘油三酯的含量要高于外周血液中的含量。

胸导管通常在全身麻醉的状态下放置。如果动物有明显的积液和呼吸机能障碍，建议诱导麻醉前采用胸腔穿刺的方法将胸腔积液排出。诱导麻醉前预给氧几分钟。除了放置胸导管及穿过肋间隙进入胸腔以外，其余麻醉状态时的呼吸频率都设定为6~8次/min。术中和术后应当使用阿片类药物进行镇痛。同时也能在预期胸导管穿过肋间的位点做一个肋间阻滞的局麻操作。从肩胛至第13肋的整个胸部区域剃毛消毒，术野要求将第6~10肋间的皮肤显露出来。放置胸导管前准备好合适的接头、注射器、夹子和缝线，还要准备一根与放置的胸导管相同长度的导管，以便通过体外对比来确定胸导管的最终位置。

手术

通常使用红色橡胶鼻饲管和商品化带套针的导管来进行胸腔引流。商品化的胸导管带有一个金属质地的针芯，这样就能快速便利地放置胸导管。然而在放置胸导管的过程中，尖的管心针却增加了肺组织损伤的危险性。商品化的胸导管比红色橡胶鼻饲管的质地更硬一些，这样在肋间组织肌肉间穿行时不易发生纽结。然而，也因为导管坚硬，会使动物在术后感到不适，而且也更易脱出。

胸导管尺寸的选择应视动物体型大小及放置导管的用途而定。导管直径可粗略参考动物主支气管直径大小。对于猫和小型犬，14~16Fr导管通常比较合适。大型犬使用24~36Fr导管较为合适。对于脓胸的患病动物，由于胸腔渗出液比较黏稠，可考虑采用胸腔双侧留置超大直径的胸导管。在患气胸的动物用直径较小的导管足矣。

实施开胸术的动物，能采用多孔连续抽吸式引流设备（比如：Jackson Pratt）进行术后引流和镇痛管理。与圆柱形硬管相比，这些导管不易堵塞、纽结或脱落。这些柔软、狭窄、易弯曲的引流管易沿肋间隙穿入胸腔，并压在肋骨上，并能减少不适感。

放置胸导管时，皮肤切口应选择在距胸导管进入肋间入口后背侧几厘米处。这样能最大限度地避免胸腔与外界发生过多的气体或液体流通和交换。如果可能，助手可以将切口处皮肤向前腹侧牵引。这样胸导管就能通过皮肤切口垂直插入肋间预期的位置。一旦胸导管放置好，皮肤回复到正常位置，这样它就能覆盖几厘米的导管。

手术技术：套管

1 在导管上预置一个夹子；使夹子打开。确认针芯完全插入导管内，这样它的针头就会超过管的末端。

2 在第9、10或第10、11肋间做一个长1.0cm的皮肤切口（图62-1）。切口应位于胸廓高度中间2/3与背侧交汇处。

3 将一个带有针芯的导管插入皮肤切口，并将导管向前腹侧推进。

4 在皮下将胸导管推至第7或第8肋间，胸部背侧和腹侧中间处（图62-2）。

5 使导管向上倾斜，与胸壁和桌面垂直（图62-3）。在预期的位点将胸导管插入肋间，同时使皮肤缩回。

6 在离比预期胸壁厚度稍厚一点的部位用非主导手拳握导管（图62-3）。拳头起到防止导管穿入胸腔过深的作用。

7 用主导手紧紧按压或敲击胸导管末端，使胸导管猛地穿过肋间进入胸腔（图62-3）。

8 将胸导管向尾侧倾斜，使其与胸壁平行。将其向肺与胸壁间的胸膜腔推进1cm，如果胸导管不能被推进，就说明胸导管没有完全穿透胸膜。

9 一只手握住针芯保持不动，另一只手进一步将胸导管向胸腔内推进几厘米，使其离开针芯（图62-4）。

10 回撤针芯，将其退出胸导管在胸膜腔内的部分。暂时将其保留在胸腔外的胸导管内。

11 完全移除针芯之前，夹住皮肤切口和针芯之间的胸导管部分（图62-5）。

12 将接头、三通阀和注射器与导管末端相连接。

13 打开夹子，并向外抽吸胸膜腔。

    a. 抽吸胸腔积液或积气时，将三通阀门盲端调至三通的侧口（侧口与胸导管和注射器垂直）。排空注射器时，将三通阀门盲端调至三通与胸导管连接的开口。用一个灭菌容器来收集胸腔抽吸液。

    b. 回抽注射器，直到注射器塞回缩2~3cm的负压。

    c. 夹住导管。移去注射器并用三通阀或接头封住接口。

14 检查导管的位置（图62-6）.

    a. 用一个相同长度的导管与插入的导管进行对比。

    b. 根据需要来调整导管的位置，一般建议胸腔内导管的长度至少为8cm（除非患病动物的体型太小）。导管的前端应当延伸至第2肋间水平，但是不应进入前纵隔内或胸腔入口。如果没有抽出液体，说明导管头可能太靠前。

    c. 确保导管的所有侧孔全部都在胸膜腔内。

15 在胸导管周围做一个荷包缝合，如下所述固定导管。

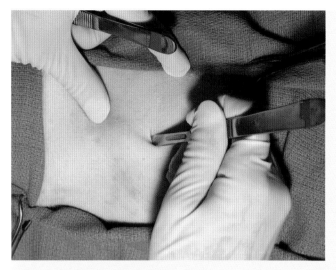

图62-1 在第10肋间背侧1/3处做一个切口。

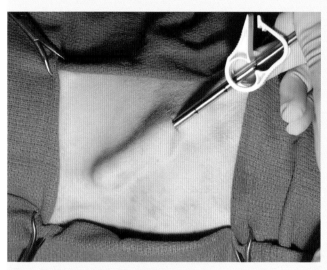

图62-2 将一个带有针芯的导管插入皮肤切口并将导管向前腹侧推进，在皮下将胸导管推至第7或第8肋间中间1/3处。照片中患犬的头位于左侧。

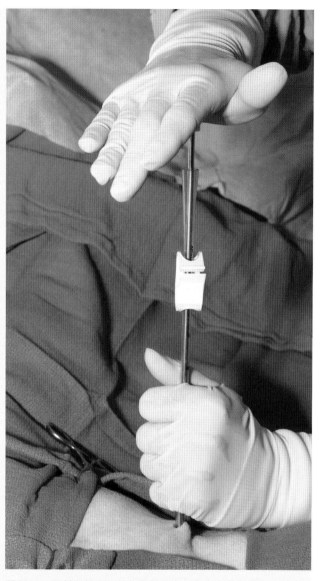

图62-3 倾斜导管直至其与胸壁垂直，用非主导手在离体壁皮肤上方2~3cm处拳握导管。敲击胸导管末端，使其猛地穿过肋间和胸膜，握住的拳头可防止导管插入胸腔过深。

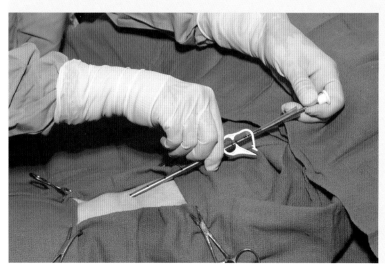

图62-4 使导管与胸壁平行，一边向外撤针芯，一边向前将导管推入胸腔内。

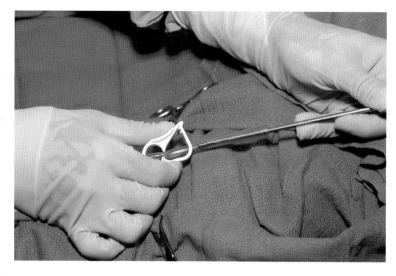

图62-5　一旦导管部分拔出，要将其夹住。

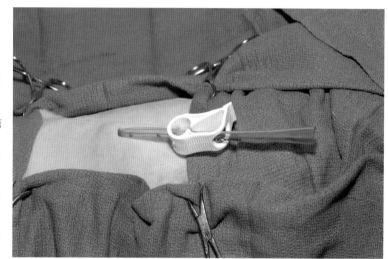

图62-6　在固定导管之前对其进行调整，使管头位于第二肋间水平。

手术技术：红色橡胶导管的放置

1 在红橡胶管的前端增加更多侧孔（图62-7）。

    a. 在距橡胶管前端2cm处将管折叠。

    b. 将对折形成的两个折角中的一个剪掉一小部分，形成一个新的侧开口。新的开口不应超过橡胶管直径的1/3。

    c. 根据需要在距管前端4~6cm范围内做3~5个开口。

2 用夹子夹住橡胶管。

3 在第9、10或11肋间做一个1~2cm的皮肤切口。切口应位于胸廓高度背侧与中间2/3的交汇处。

4 将导管夹在Carmalt或Kelly止血钳口内插入皮下组织和肋间。

    a. 将闭合的Kelly止血钳向前腹侧穿过皮下组织，到第7肋间（图62-8）。

    b. 用力将Kelly止血钳的尖端穿过肋间肌肉并进入胸膜腔。用手指或记号工具在贯穿肋间处的皮肤上做好标记，移除Kelly止血钳。

    c. 用Kelly止血钳夹住红色橡胶管的头，使管头与止血钳头平齐。

    d. 将夹着橡胶管的Kelly止血钳插入之前准备好的皮下通道和肋间孔内（图62-9）。

      i. 若难以找到准备好的肋间穿孔，则按照套管针放置的方法进行操作（图62-10）或按照下面的步骤5所述直视插入导管。

  e. 打开Kelly止血钳口，并将导管向前推入胸腔内（图62-11）。

5 此外，也可以在直视下插入导管。

  a. 一位助手将胸腔皮肤向前腹侧牵拉，使皮肤切口位于第7肋间、胸部背侧与腹侧之间的中间部位。

  b. 将Kelly止血钳头插入肋间肌肉和胸膜。

  c. 将钳口打开，使导管通过张开的钳口，缓慢导入胸膜腔。

6 抽吸胸腔，检查导管位置，并固定导管。

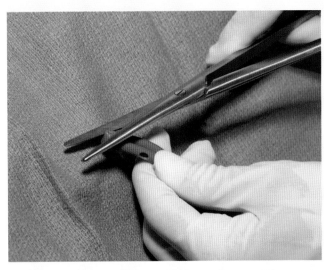

图62-7　通过对红色橡胶管进行折叠并剪掉折叠形成的侧角增加开口。

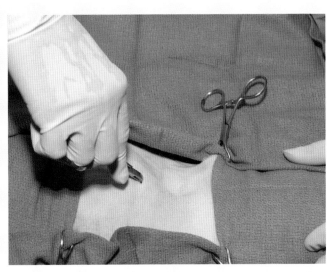

图62-8　用闭合的Kelly止血钳向前腹侧插入，然后将止血钳头穿过第7或第8肋间。照片中患犬的头部位于右侧。

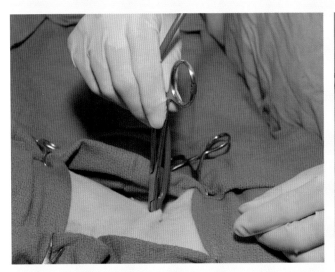

图62-9　用Kelly止血钳夹住导管。向前插入止血钳和导管，使其穿过肋间孔进入胸膜腔。

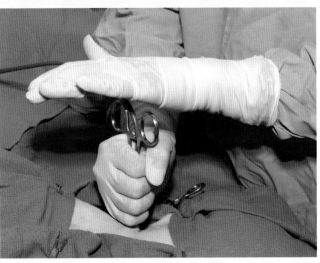

图62-10　若难以找到之前准备好的肋间孔，则按照套管针放置的方法进行操作。用手紧握Kelly止血钳，以防插入过深。

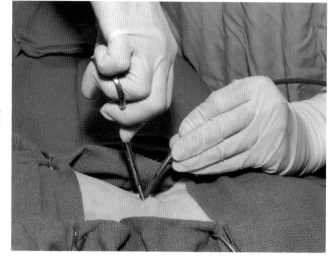

图62-11 一旦Kelly止血钳已经插入肋间肌肉和胸膜，打开Kelly止血钳钳口，将导管向前推进胸膜腔内。

手术技术：固定胸导管

1 对导管的皮肤出口处进行荷包缝合（图62-12）。

  a. 用2-0或3-0单股尼龙线，将导管出口端周围的皮肤采用全层贯穿行针的方式连续缝3~5针，并使缝线环绕导管。

  b. 将导管周围的缝线拉紧打结，但避免过紧造成皮肤坏死。

2 若在放置导管时不经意将皮下隧道扩的太宽大，可用2-0尼龙线环绕隧道和导管做深层褥式缝合（图62-13）。

  a. 将针插入导管背侧和皮肤切口与肋间孔之间的中部。

  b. 然后将针从导管下方穿过，带上下方的皮下组织或肌肉。

  c. 再将针从导管腹侧的皮肤穿出。

  d. 最后将缝线打结。避免缝线内的皮肤发生坏死。

3 指套缝合法（第336~339页）固定导管（图62-14）。对猫进行胸导管固定时，缝合部分肌肉或环肋骨进行指套缝合可防止导管随皮肤移。

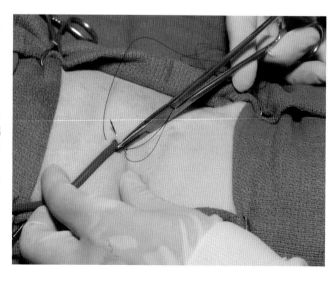

图62-12 用不可吸收单股缝线对胸导管出口端的皮肤进行荷包缝合。

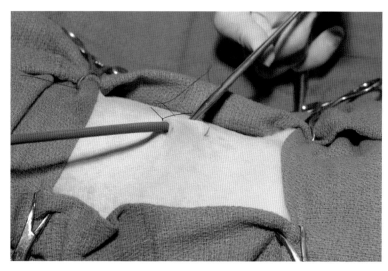

图62-13 环绕导管做褥式缝合闭合皮下隧道，导管下
进针较深，而导管上进针较浅。

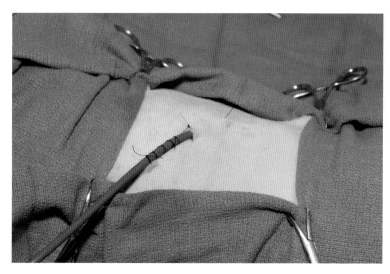

图62-14 用指套缝合将导管固定在胸部皮肤或肌肉，
或围绕最后肋骨进行固定。

术后注意事项　　实施胸导管放置术后建议拍摄胸部X线片，以确认导管的位置。应该给动物佩戴伊丽莎白脖圈防止自损，并用绷带保护导管出口的位置，以减少污染和渗漏。若导管上连有三通阀，也应将其遮盖起来，防止其挂住笼门或底部的格栅。一些临床医师会将三通或连接管安置或缝合到胸导管上，以避免意外脱落。应对放置了胸导管的动物实行连续监护，直至胸导管拆除。除非之前动物已存在感染，否则不建议使用抗生素。

　　患持续性气胸的动物可能需要用水下密封装置进行连续抽吸。负压应保持在10~20cmH$_2$O。在患脓胸和持续性胸膜渗出液的动物，可用温生理盐水冲洗胸膜腔，10~20mL/kg，每天1~4次。注入液体，时间应控制在10min以上。立即抽出灌洗液或将液体留置30~60min，以溶解脱落物。患持续性脓胸或气胸的动物可能需要进一步诊断（如CT）和开胸术。

　　胸腔抽吸会引起疼痛，需要对动物进行镇痛，直到拆除导管。在犬，用布比卡因进行胸膜内灌输会产生良好的镇痛作用，尤其当联合应用静脉注射阿片类药物时。将布比卡因（0.25~1mg/kg，q6h）用生理盐水稀释到10mL。抽吸胸膜后，通过胸导管注入稀释的布比卡因。在夹住导管之前，应向管中推入5mL的空气或生理盐水。由于利多卡因能引起猫心脏功能障碍，因此应避免使用。

在胸导管正式移除前，应对动物进行胸部X线片评估，确定胸腔内积液或气体已消除。通过剪断指套缝合缝线迅速将导管抽出。除非影响到胸导管的移除，否则荷包缝合和褥式缝合缝线可不用拆除。胸腔插管处的伤口须用绷带进行包扎并观察动物是否有呼吸困难。肋间隙和皮肤的伤口一般1~2d就能愈合。如果动物有明显的胸腔液聚集，这些积液可能会漏至皮下或从皮肤切口流出。

最常见的术后并发症为胸导管阻塞和气胸。如果液体或气体的积聚造成呼吸受影响，都会是致命的。造成气胸有多重原因，如医源性肺脏损伤、接头或导管的意外脱落、导管插入不足、导管周围漏气或操作错误等。若通过导管抽吸时无负压产生，医生需检查所有的连接部分，确保其密封性。随后，用夹子夹住导管并进行抽吸。若无负压产生，则说明胸导管本身或连接管存在漏气现象；若能够产生负压，则应及时拆除胸绷带，并对胸导管的出口端进行评估。将浸有灭菌抗生素软膏的辅料紧紧压在胸导管出口端，然后再次抽吸，若产生负压则说明发生漏气的部位有可能位于导管出口端，或在胸导管周围存在过大或较短的皮下隧道，亦或者胸导管部分脱出使前端侧孔进入皮下组织。可根据需要对胸导管的位置进行调整，同时可在胸导管皮肤出口和末端覆盖碘浸润过的黏性辅料使胸导管出口端创口保持密封性。或者对胸腔进行X线片检查，若无气胸发生，最简单的方法莫过于直接移除胸导管。

其他并发症包括院内感染、皮下气肿和血清肿形成。在胸导管放置过程中可能对心脏或肋间血管造成损伤。偶尔，导管会意外进入腹腔或完全缩回到皮下。

由于局部炎症和刺激，胸导管会刺激机体产生胸腔液〔2.2mL/(kg·d)〕。若没有收集到液体，则要进行胸部X线片检查。如果胸腔存在积液，导管可能发生扭结或被凝块和碎片堵塞。局部组织也可能阻塞导管，尤其当插入太靠前时。可用灭菌生理盐水冲洗导管或重置。在一些动物，需要更换导管。

参考文献

Dugdale A. Chest drains and drainage techniques. In Practice 2000; Jan: 2-15.

Moores AL. Indications, outcomes and complications following lateral thoracotomy in dogs and cats. J Small Anim Pract 2007; 48: 695-698.

Roberts J and Marks SL. How to place a chest tube. NAVC Clinician's Brief 2003; April: 10-11.

Tillson DM. Thoracostomy tubes: part I. Indications and anesthesia. Compend Cont Educ Pract Vet 1997; 11: 1258-1267.

Tillson DM. Thoracostomy tubes: part II. Placement and maintenance. Compend Cont Educ Pract Vet 1997; 12: 1331-1338.

63 指套缝合
Finger-Trap Suture

有多种技术可用于防止导管和引流装置被意外拔掉。以"蝴蝶"式样将黏性胶带黏在导管上（在导管的两侧自黏成双层）能直接被缝在皮肤上。这种技术用于小导管非常好，因为胶带不会意外压迫导管，阻塞管腔。但其缺点是，当黏合剂黏度下降或受潮时导管会在胶带内滑动，而且异物和潮湿可能聚集于胶带周围。指套缝合技术推荐用于固定较大且不易弯曲的导管。这种缝合固定方式允许对开口处进行清洗，而且如果放置得当，放置延长时会变紧，从而减少导管移动或脱落的风险。

指套缝合随皮肤移动。对于皮肤较为松弛或移动性较大的动物（如猫），被牢固固定在皮肤上的导管也能被拉离原来的位置数厘米。尤其当导管被插入胸腔内或消化道内时，这样的错位可能导致致命的并发症。在这些动物，为了防止导管移动，要将指套缝合固定在更深层的肌肉或骨膜或围绕骨骼放置（例如，猫的最后肋骨）。

术前管理

在准备放置和缝合导管的部位及其周围进行剃毛消毒。

手术

如果可以，应该在围绕导管出口的皮肤上做一个荷包缝合。应该在荷包缝合之后再开始指套缝合。如果从荷包缝合直接开始指套缝合，可能会引起导管出口处的皮肤坏死。

手术技术：指套缝合

1 在胸腔引流管或任何需要连续抽吸所用引流管周围的皮肤上做一个荷包缝合。

2 皮肤外导管放置的方向取决于导管朝哪个方向动物最舒适。

3 在距导管出口1~2cm的导管下方皮肤上（+/-附带皮下深部组织）做一个宽1cm的缝合，可选用长40~60cm的2-0或0号单股缝线（图63-1）。

4 在缝线的中间位置打两个结（4个简单缠绕），使其与皮肤轻轻贴合。当结系紧后，缝线的带针端和游离端应该不少于15cm。

5 将导管翻回原来的方向和位置。将缝线端从相反方向缠绕导管，使导管被包裹在缝线中，然后采用外科缠绕将缝线系紧在导管上方（离自身最近的一面；图63-2）。当拉紧外科缠绕时，缝线轻轻嵌入导管，但不会扭绞或挤压导管。

6 将缝线游离端分别以相反方向从导管下方穿过，360°缠绕导管（图63-3），这样导管就被缝线再一次包裹，在距第一个外科缠绕3~6mm处的导管上方再系一个外科缠绕。

7 继续穿过缝线，并做外科缠绕，至少包裹导管5次。

8 在最后一次缠绕时，打2个结，但不要剪断缝线（图63-4）。

9 用带针这一端在导管下方的皮肤上做第二针缝合（图63-5）。系2个结，并剪断缝线末端（图63-6）。在导管出口位点放置绷带。

图63-1　在明确了导管自然状态时的方位后，将导管反向180°翻转。在距导管出口位点1~2cm的导管下方皮肤上缝合一针。在图示的病例，导管出口位点已经被单独用荷包缝合闭合。

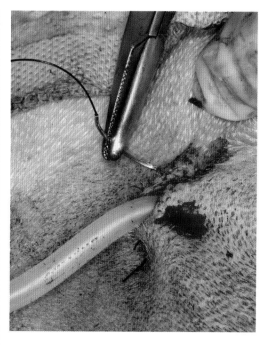

图63-2　在皮肤上打完结后，使缝线末端围绕导管，并在导管上方系紧一个外科缠绕。

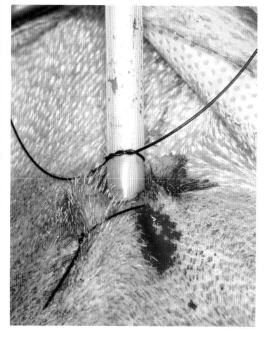

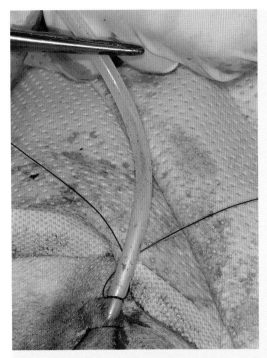

图63-3 将缝线游离端以相反方向围绕导管穿过，在距第一个外科缠绕3~6mm处的导管上方再系一个外科缠绕。

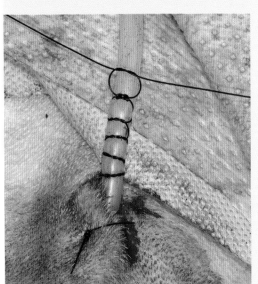

图63-4 重复此操作，至少使导管被围绕5次；然后打2个结。缝线末端留长些。

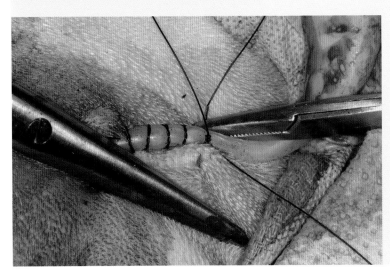

图63-5 在导管下的皮肤上再缝合一针，并再打2个结。

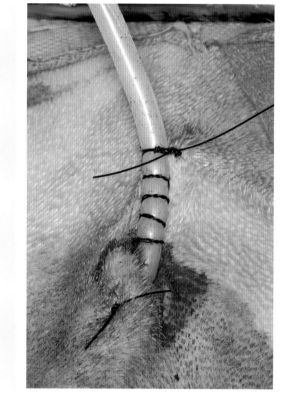

图63-6　完成后的效果。导管在皮肤上固定了两次。

术后管理　　剪断指套缝合两端在皮肤上的缝线，就能很轻松地拔掉导管。如果需要，可以不拆除荷包缝合。建议拔管前20min在导管周围用布比卡因进行镇痛。拔管前要用夹子夹住导管，以防其内容物泄露，并要对导管的出口处进行清洁和打绷带。

出现并发症多可能是因为技术粗糙。指套缝合与软的或者窄的导管缝合太紧会引起导管扭结或阻塞。如果未采用外科缠绕，而是使用了简单缠绕或打结，当对导管有牵拉时，指套可能不会变紧。导管上方的外科缠绕间隔太近会导致指套缝过松。

参考文献　　Smeak DD. The Chinese finger trap suture technique for fastening tubes and catheters. J Am Anim Hosp Assoc 1990; 26: 215-218.

Song EK, Mann FA, Wagner Mann CC. Comparison of different tube materials and use of Chinese finger trap or four friction suture technique for securing gastrostomy, jejunostomy, and thoracostomy tubes in dogs. Vet Surg 2008; 37: 212-221.

附录 可吸收缝线材料
Absorbable Suture Materials

缝线	商品名	单股/编织	最初张力的保持	有效伤口支持时间（d）	吸收时间（d）
聚乙醇酸	Dexon S	编织/无包层	2周/65%	21	60~90
	Dexon II	编织/有包层	3周/35%		
羟基乳酸聚合物910	Vicryl,vicryl plus	编织/有包层	2周/75% 3周/50% 4周/25%	30	56~70
	Vicryl rapide		5d/50%	10	42
Glycomer631	Biosyn	单股	2周/75% 3周/40%	21	90~110
聚卡普隆	Monocryl	单股	染色的： 1周/60% 2周/30% 4周/0% 未染色的： 1周/50% 2周/20% 3周/0%	20	90~120
聚葡糖酸酯	Maxon	单股	2周/75% 3周/65% 4周/50% 6周/25%	42	180
聚二噁烷酮	PDS II	单股	3-0或3-0以上： 2周/80% 4周/70% 6周/60%； 4-0或4-0以下： 2周/60% 4周/40% 6周/35%	60	180~210